晶体生长研究前沿

王渠东　著

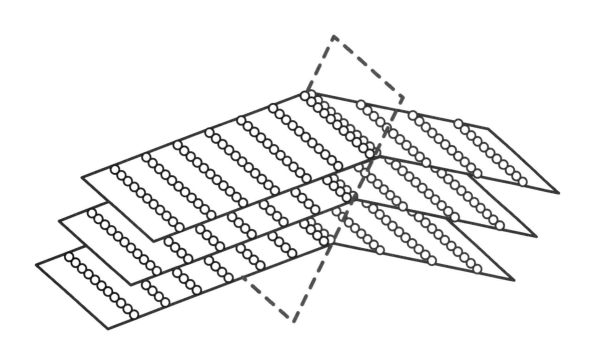

上海交通大学 出版社
SHANGHAI JIAO TONG UNIVERSITY PRESS

内容提要

本书分为上篇(晶体生长研究实例)和下篇(晶体生长研究进展)。上篇收集了作者团队及其他相关研究人员有关晶体生长的研究成果,包括离心倾液法与铝硅合金中 Si 的晶体生长、纳米颗粒对纯铝和铝硅合金晶体生长的影响、边对边匹配模型在阐释铝合金晶体生长机制中的应用、纳米颗粒对镁合金凝固组织及力学性能的影响、合金元素对镁合金表面氧化膜生长的影响等研究实例。下篇以专题综述的形式介绍了目前国内外超高温 Nb‐Si 基合金及其定向凝固研究进展、激光焊接铝合金过程中的晶体生长研究进展、激光增材制造过程中的晶体生长研究进展、第二相对铝合金再结晶过程影响的研究进展、镁合金动态再结晶的研究进展、金属构筑成形过程中的再结晶研究进展、纳米晶材料的结晶与晶粒长大研究进展、非晶合金的晶化行为研究进展、电沉积过程中的晶体生长及其影响因素研究进展、钙钛矿薄膜制备及其结晶研究进展等涉及不同晶体生长方向的前沿研究进展。本书适合学习过结晶原理或晶体生长基础理论知识的硕士研究生、博士研究生或本科高年级学生,以及在材料科学与工程领域从事凝固过程晶体生长、塑性变形再结晶、薄膜制备与晶体生长等研究和技术开发的工程技术人员学习和参考。

图书在版编目(CIP)数据

晶体生长研究前沿/ 王渠东著. —上海: 上海交通大学出版社,2024.1
ISBN 978‐7‐313‐29515‐6

Ⅰ.①晶… Ⅱ.①王… Ⅲ.①晶体生长‐研究生‐教材 Ⅳ.①O78

中国国家版本馆 CIP 数据核字(2023)第 181740 号

晶体生长研究前沿
JINGTI SHENGZHANG YANJIU QIANYAN

著　　者:王渠东
出版发行:上海交通大学出版社　　　　　地　　址:上海市番禺路 951 号
邮政编码:200030　　　　　　　　　　　电　　话:021‐64071208
印　　制:上海景条印刷有限公司　　　　经　　销:全国新华书店
开　　本:710 mm×1000 mm　1/16　　　印　　张:19.75
字　　数:342 千字
版　　次:2024 年 1 月第 1 版　　　　　　印　　次:2024 年 1 月第 1 次印刷
书　　号:ISBN 978‐7‐313‐29515‐6
定　　价:68.00 元

前言 | *Foreword*

　　金属结晶原理是材料科学与工程学科的重要知识,2002 年至今,笔者一直为上海交通大学的博士研究生开设"结晶原理"课程,但国内并没有相关教材可以直接采用,一直通过自编讲义和专题讲座的形式授课,在上海交通大学材料科学与工程学院的支持下,《金属结晶原理》已经在上海交通大学出版社出版,主要内容是晶体生长的基础理论知识。针对培养研究生创新能力、研究能力的教学实际需要,为了让学生更深入地学习和理解结晶原理,掌握晶体生长的研究方法,了解国内外晶体生长的前沿研究动态,拓展研究视野,为开展相关研究工作奠定更深入的理论知识和研究方法的基础,笔者在《金属结晶原理》教材的基础上,以教学过程中通过讲座形式介绍不同方向的晶体生长研究实例和晶体生长研究进展报告材料为基础,增补了一些最新的研究实例和研究进展,编著了适合研究生学习的这本配套书籍《晶体生长研究前沿》。

　　本书主要内容包括晶体生长研究实例和晶体生长研究进展两篇。上篇主要收集了作者团队及国内外相关研究人员有关晶体生长的研究成果和实例,包括离心倾液法与铝硅合金中 Si 的晶体生长、纳米颗粒对纯铝和铝硅合金晶体生长的影响、边对边匹配模型在阐释铝合金晶体生长机制中的应用、纳米颗粒对镁合金凝固组织及力学性能的影响、合金元素对镁合金表面氧化膜生长的影响等。下篇以专题综述的形式介绍了目前国内外超高温 Nb‐Si 基合金及其定向凝固研究进展、激光焊接铝合金过程中的晶体生长研究进展、激光增材制造过程中的晶体生长研究进展、第二相对铝合金再结晶过程影响的研究进展、镁合金动态再结晶的研究进展、金属构筑成形过程中的再结晶研究进展、纳米晶材料的结晶与晶粒长大研究进展、非晶合金的晶化行为研究进展、电沉积过程中的晶体生长及工艺因素的影响研究进展、钙钛矿薄膜制备及其结晶研究进展等涉及不同晶体生长方向的前沿研究进展。

本书适合学习过结晶原理或晶体生长基础理论知识的硕士研究生、博士研究生或本科高年级学生,以及在材料科学与工程领域从事凝固过程晶体生长、塑性变形再结晶、薄膜制备与晶体生长等晶体生长研究和技术开发的工程技术人员学习和参考。

在本书的写作过程中笔者参考了大量国内外相关文献,并且成文和定稿过程中得到了近年选修作者主讲的"结晶原理"课程的博士生的协助和试用,在此对他们致以衷心感谢。

由于本人水平有限,而且本书涉及晶体生长研究的众多领域和方向,书中可能存在一些缺点和不足,恳请读者批评指正。

目录
Contents

上篇　晶体生长研究实例

下篇　晶体生长研究进展

上篇

晶体生长研究实例

　　本书上篇介绍晶体生长研究实例,收集了作者团队及其他相关研究人员有关晶体生长的研究成果,包括离心倾液法与铝硅合金中Si的晶体生长、纳米颗粒对纯铝和铝硅合金晶体生长的影响、边对边匹配模型在阐释铝合金晶体生长机制中的应用、纳米颗粒对镁合金凝固组织及力学性能的影响、合金元素对镁合金表面氧化膜生长的影响等有关研究实例。

第 *1* 章 离心倾液法与铝硅合金中初晶 Si 的生长

本章介绍作者首次提出的一种研究晶体生长的新方法——离心倾液法。用该方法获得了过共晶 Al-Si 合金初晶 Si 的生长形貌,发现了初晶 Si 存在位错台阶生长机制,并且借助该生长机制成功地解释了初晶 Si 的分枝和初晶 Si 包裹共晶体的形成机理。此外,观察到了共晶体包裹初晶 Si 生长的过程。

1.1 引言

倾液法可以直接将生长过程中的固-液界面保存下来,从而获得晶体生长形态与晶体生长机制的有关信息[1]。这种方法是在晶体生长过程中,快速地将晶体与熔体分离。例如,在水平舟中生长晶体时,快速地倾倒坩埚,将熔体倒去。在直拉法生长中,快速地将晶体从熔体中拉脱。这样获得的固-液界面上虽然黏附了一层液膜,但却真实地反映了固-液界面的形态。

一般认为,具有金刚石结构的 Si 晶体是依靠 {111} 孪晶形成的凹角而生长的,其生长为孪晶凹角(twin plane re-entrant edge, TPRE)机制,其结果是 Si 晶体生长成板片状[2]。虽然采用 TPRE 机制成功地解释了板状初晶 Si 和球状初晶 Si 的生长[3],以及五次花瓣初晶 Si 的生长[4]。但是,TPRE 机制并不能圆满地解释初晶 Si 存在的五种基本形貌[5]。Atasoy 等[6]发现,初晶 Si 能够从没有孪晶的核心上生长,并且观察到了初晶 Si 在形核和生长过程中没有出现孪晶的情形。最近又发现,初晶 Si 普遍存在层状生长[7],在所研究的八面体初晶 Si 中,并没有发现 TPRE 机制有助于生长的证据[8]。由于 Al-Si 合金的力学性能、物理性能、加工性能在很大程度上由 Si 相的形貌决定[9],而初晶 Si 对共晶凝固存在很大的影响[10]。因此,进一步认识过共晶 Al-Si 合金中初晶 Si 的生长过程,具有重要意义。

本研究[11-14]提出并采用离心倾液法获得了过共晶 Al-Si 合金中初晶 Si 的

生长形貌,同时,结合对深腐蚀试样的观察,发现了初晶 Si 存在位错台阶生长机制,并且用该生长机制解释了几种形貌初晶 Si 的生长结果。

1.2　离心倾液法

离心倾液法的原理是将金属液浇入绕垂直轴旋转的金属模中,控制散热条件,使金属液从外向内凝固,如图 1.1(a)所示。在凝固的不同阶段,使金属模立即停止旋转,未凝固的金属液在重力作用下则自然滑落到金属模底部,完全凝固后获得一杯形物,如图 1.1(b)所示。于是杯形物侧壁内侧保留了生长到不同阶段的固-液界面形貌。

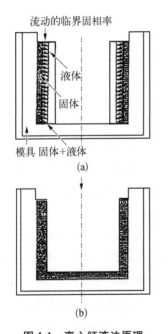

图 1.1　离心倾液法原理

(a) 结晶过程;(b) 结晶完毕

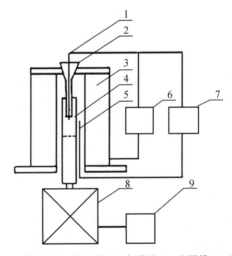

1,5—热电偶;2—浇口杯;3—加热炉;4—金属模;6—温度控制器;7—温度记录仪;8—电动机;9—调速器。

图 1.2　垂直离心铸造装置示意图

图 1.2 为本研究所用离心铸造装置简图。金属模转速为 1 000 r/min,金属模内径为 60 mm,高为 80 mm。用工业纯铝和工业纯硅配制 Al - 20%(质量分数)Si[实际成分 Si=19.34%(质量分数)]过共晶铝硅合金,用电阻炉熔化,浇注温度为 780 ℃。浇注之前预热金属模,浇注之后,加热炉立即断电,使金属液自外而内凝固,金属模经不同时间的旋转后,突然停转,用扫描电子显微镜

(scanning electron microscope,SEM)研究杯形物(见图 1.3)侧壁内侧的固-液界面。同时,使金属液完全凝固后获得一管件,取管件中部横截面,经 25% HCl 水溶液深腐蚀后,用扫描电子显微镜研究 Si 的生长形态。

1.3　结果与讨论

1.3.1　初晶 Si 生长的宏观形貌

观察杯形物(见图 1.3)的内壁可见,固-液界面凸凹不平,界面上存在很多伸向

图 1.3　离心倾液法获得的杯形物

内部的针形物,经确认,针形物为初晶 Si,其生长方向由外向内。尽管凝固时的散热方向沿侧壁法向向外,但是大多数初晶 Si 的针形物并不垂直于内壁。这说明初晶 Si 的生长方向并不与散热方向一致,其生长具有各向异性,是按其特定晶向生长。

1.3.2　初晶 Si 的台阶生长

采用扫描电子显微镜观察离心倾液法所得杯形物侧壁内侧获得的初晶 Si 的生长形态如图 1.4(a)(b)所示。初晶 Si 棱角分明,表面为光滑界面;初晶 Si 存在生长台阶,台阶的高度为数十微米至数百微米,并且从初晶 Si 根部至尖端,台阶高度逐渐变小。可见初晶 Si 存在典型的位错台阶生长机制。

图 1.5 所示是初晶 Si 按位错台阶生长机制生长到不同阶段的模型。在驱动力的作用下,Al-Si 合金液中的 Si 原子沿着台阶沉积,台阶就以一定的速率向前推进。随台阶运动,初晶 Si 很快形成螺旋线,这样的生长方式将在奇异面(singular interface)上形成螺状的生长丘,如图 1.4(a)(b)和图 1.5(d)~(f)所示。

初晶 Si 生长台阶的高度为数十微米至数百微米,但不是单原子台阶,这种显微尺度的台阶实际上是由单原子台阶聚并而成的[4]。从初晶 Si 根部至尖端台阶高度变小的原因是大台阶的生长速率较快,台阶聚并较多[5]。

初晶 Si 的上述台阶生长机制,使其空间形态为棱锥体或棱柱体,这从图 1.6 中也可以得到证实,此时初晶 Si 锥体被试样磨面纵向切开,同时能够看到图中箭头处存在生长台阶。

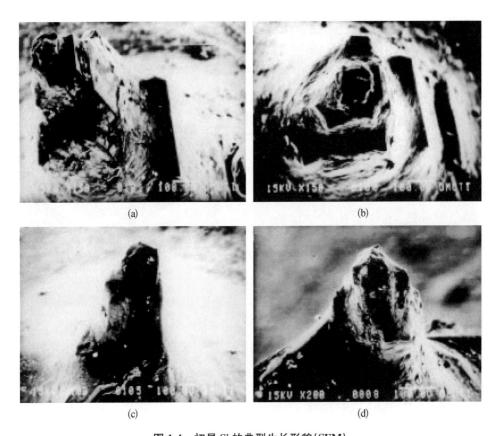

图 1.4　初晶 Si 的典型生长形貌(SEM)

(a) 初晶 Si 光滑界面;(b) 生长台阶;(c)(d) 初晶 Si 尖端形貌

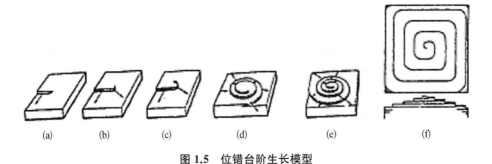

图 1.5　位错台阶生长模型

(a)~(c) 螺旋线的形成;(d)~(f) 生长丘的形成

1.3.3　初晶 Si 的分枝

图 1.6 中 A 处初晶 Si 产生了分枝,这是初晶 Si 生长的一种常见形态。初晶

Si 中存在大量的{111}孪晶沟槽,为 Si 晶体在长大过程中改变空间方向提供了方便条件,从而引起 Si 晶体的分枝[6]。我们认为,初晶 Si 的分枝也是位错台阶生长的一种结果。可以分为以下几种情况:

图 1.6　初晶 Si 的形貌

(1) 如果界面上有一对异号位错,每一个位错在界面上都发出台阶圈,在同一平面上相遇时就合并而消失。在这种情况下,界面由一个生长丘构成,而在很接近位错露头处继续生长,才生长成两个生长丘。因此,这种情况下初晶 Si 的分枝很小(见图 1.7)。

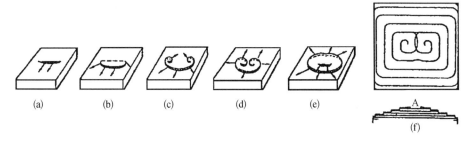

图 1.7　异号位错的台阶生长模型

(2) 两个距离很远的异号位错所产生的结果与上述情况大体相同。界面也可以分成两部分,台阶分别来自两个位错,此时,两个位错分别按位错台阶机制生长,所以两分枝都生长成锥体,如图 1.6 中 A 处所示。

(3) 如果两同号位错相距足够远,则两个位错仍可按各自的位错台阶蜷线向上生长,结果是初晶 Si 也产生分枝。

1.3.4　初晶 Si 包裹共晶体生长

经常发现,初晶 Si 内部包裹着共晶体,如图 1.6 中 B 处所示。下面说明初晶 Si 按位错台阶机制生长能够产生这一结果的原因。

一对异号位错在奇异面露头时,它们将分别按位错台阶生长机制生长,因而分枝得以增厚,如图 1.8(a)所示。由于分枝间金属液中 Si 浓度较低,其结晶过冷度增大,因而两分枝向中间的扩展速度降低,两分枝间保持为金属液[见图 1.6 中、图 1.7(f)中 A 处]。对这部分金属液,随后将按以下两种情形之一发生变化:

① 达到共晶温度时，形成共晶组织，于是在整个固-液界面前沿又恢复了原始成分，初晶 Si 的横向扩展速度加快，将共晶体前的开口闭合。② 由于温度和浓度起伏，金属液中的 Si 原子在分枝顶部的横向沉积速度突然增大，导致台阶顶部开口处闭合，初晶 Si 将金属液包住。这两种情况发生后，都将形成一闭合平台，而位错又将重新在平台上露头[见图 1.8(c)]。如果这对位错露头各自传播出的台阶相遇、合并而消失后，将产生闭合的台阶圈，平台得以增厚[见图 1.7(a)～(e)和图 1.8(b)]。平台增厚后，如果位错对露头按自己的分枝生长，其间仍保持为金属液，则分枝又将增厚[见图 1.8(c)]。

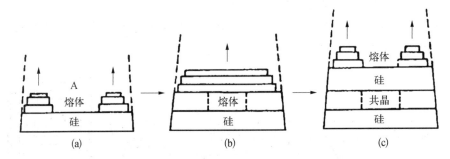

图 1.8　初生硅包覆共晶的生长

(a) 一对位错生长形成的 2 个台阶；(b) 台阶合并后封闭了熔体；(c) 一对位错生长形成 2 个新的台阶

随初晶 Si 的生长，如果上述过程反复进行，则初晶 Si 将不断包裹共晶体或金属液。对包裹在初晶 Si 中的金属液，达到共晶温度之前，金属液中的 Si 原子首先吸附到初晶 Si 基底的凹角处；到共晶温度以后，这部分金属液发生共晶反应形成共晶体或离异共晶组织，将形成如图 1.6 中一连串类似 B 的孔洞。

1.3.5　共晶体的依附生长

在初晶 Si 台阶底部凹角处可以看到，初晶 Si 结晶后，在其台阶处存在(α-Al+Si)共晶体，如图 1.4(a)(b)所示。这是达到共晶温度后，共晶体首先在台阶处成核生长的结果，说明初晶 Si 的生长台阶不仅是金属液中 Si 原子易于吸附的地方，也是(α-Al+Si)共晶体易于成核长大的位置。

图 1.4 还可以说明共晶体包裹在初晶 Si 外面生长的情况。在图 1.4(a)(b)所示的生长状态时，共晶体刚刚在初晶 Si 上成核生长，初晶 Si 的生长台阶清晰可见；初晶 Si 生长到图 1.4(c)所示的状态时，初晶 Si 外面仅包裹了一层薄薄的共晶体，此时还能看清初晶 Si 生长台阶的轮廓；到图 1.4(b)所示的状态时，初晶

Si 已完全被共晶体包裹。这一过程说明,共晶体可以包裹初晶 Si 而长大。

1.4　本章小结

（1）离心倾液法是研究晶体生长的一种有效方法,可望广泛应用于熔体、溶液中晶体生长的研究。

（2）初晶 Si 存在位错台阶生长机制。

（3）位错台阶生长机制能够使初晶 Si 生长成典型空间形态的棱锥体或棱柱体。

（4）位错台阶生长机制可以产生初晶 Si 的分枝和形成初晶 Si 包裹共晶体的组织。

（5）初晶 Si 的生长台阶不仅是初晶 Si 生长时 Si 原子吸附的有利位置,而且也是共晶晶核成核生长的有利位置。

（6）共晶体可以包裹初晶 Si 生长。

参考文献

［1］Chadwick G A. Decanted interfaces and growth forms[J]. Acta Metallurgica, 1962, 10(1): 1 - 12.

［2］Hellawell A. The growth and structure of eutectics with silicon and germanium[J]. Progress in Materials Science, 1970, 15(1): 3 - 78.

［3］Kobayashi K, Shingu P H, Ozaki R. Crystal growth of the primary silicon in an Al - 16wt％Si alloy[J]. Journal of Materials Science, 1975, 10(2): 290 - 299.

［4］Kobayashi K, Hogan L M. Fivefold twinned silicon crystals grown in an Al - 16wt％Si melt[J]. Philosophical Magazine, 1979, 40(3): 399 - 407.

［5］Yilmaz F, Elliott R. Halo formation in Al - Si alloys[J]. Metal Science, 1984, 18(7): 362 - 365.

［6］Atasoy O A, Yilmaz F, Elliott R. Growth structure in aluminium-silicon alloys[J]. Journal of Crystal Growth, 1984, 66: 137 - 146.

［7］Wang R Y, Lu W H, Hogan L M. Twin related silicon crystals in Al - Si alloys and their growth mechanism[J]. Materials Science and Technology, 1995, 11(5): 441 - 449.

［8］Wang R Y, Lu W H, Hogan L M. Faceted growth of silicon crystals in Al - Si alloys[J]. Metallurgical and Materials Transactions, 1997, 28(3): 1233 - 1243.

［9］Tuttle M M, Mclellan L. Silicon particle characteristics in Al - Si - Mg castings[J]. American Foundry Society, 1982, 90: 12 - 23.

［10］Criado A J, Martinez J A, Calabres R. Growth of eutectic silicon from primary silicon crystals in aluminium-silicon alloys[J]. Scripta Materialia，1997，36(1)：47-54.

[11] 王渠东. 离心铸造自生梯度复合材料的研究[D]. 大连：大连理工大学，1995.

[12] 王渠东，丁文江，金俊泽. 离心倾液法与初晶 Si 的生长[J]. 人工晶体学报，1998，27(1)：94-99.

[13] 王渠东，丁文江，翟春泉，等. Al-Si 合金中初晶 Si 的台阶生长[J]. 上海交通大学学报，1999,33(2)：142-145.

[14] Wang Q D，Ding W J，Ding J Z. Step growth of primary silicon crystal observed by decantation during centrifugal casting[J]. Materials Science and Technology，1999，15(8)：921-925.

第2章 TiCN 纳米颗粒对纯铝凝固组织及力学性能的影响

本章介绍了利用高能超声处理将 TiCN 纳米颗粒分散到纯铝熔体中,通过纳米颗粒诱发的生长控制,实现纯铝微观组织的控制。此外,还介绍了 TiCN 纳米颗粒对纯铝微观组织及力学性能影响的研究结果,包括 TiCN$_p$/Al 复合材料制备和 TiCN 纳米颗粒的分散过程,TiCN 纳米颗粒在纯铝中的分布及其对纯铝微观组织的影响,TiCN 纳米颗粒诱发球状 α - Al 晶粒细化的机理,提出了 TiCN 纳米颗粒诱发球状晶的生长抑制机制和形核促进机制,介绍了 TiCN 纳米颗粒对纯铝力学性能影响的研究结果。

2.1 引言

金属凝固过程中形成的组织结构对于金属及其复合材料的性能有显著的影响,外加颗粒对凝固过程组织形成和晶体生长具有重要影响,不仅有利于控制和获得要求的组织结构,而且可以减少制造过程中的缺陷,比如缩松和热裂,还会影响第二相在基体上的弥散分布情况[1-3]。在工业生产中常使用晶粒细化剂来影响晶体生长以细化晶粒[4-6]。近年来,人们对于颗粒增强材料的研究从微米颗粒研究偏向于纳米颗粒研究。微米颗粒会在显著提高室温强度的同时明显牺牲材料的塑性,并且难以在高温力学性能的提升方面具有理想效果。通过降低颗粒增强体的尺寸至亚微米级(小于 1 μm)甚至纳米级(小于 100 nm),可以在一定程度上解决此问题,尤其是在增强体粒子尺寸为纳米数量级时,制得的金属基材料的力学性能、导电及导热等性能有很明显的改善,其优良的力学和物理性能引起了诸多学者的兴趣[7-9]。因此,制备和研究纳米颗粒对金属基材料晶体生长的意义重大,是目前国内外复合材料领域的热点和前沿课题。

2.2 TiCN$_p$/Al 复合材料制备与 TiCN 纳米颗粒的分散过程

TiCN$_p$/Al 复合材料的制备过程分为三步[10]：① 商用纯铝的熔体精炼；② 利用高能超声处理技术分散熔体中的 TiCN 纳米颗粒；③ 金属模浇铸和坩埚空冷成型。具体的制备过程如下。

（1）精炼：将商用纯铝置于氧化铝坩埚中并通过坩埚式电阻炉进行加热熔炼，待金属熔化后，在 720～740 ℃ 下保温 10 min。随后，加入铝合金三合一精炼剂，加入量为浇注合金质量的 1%。待精炼 10～20 min 后，撇渣除气，并将熔体重新加热至 720～740 ℃。

（2）超声处理：将不同体积分数的 TiCN 纳米颗粒用铝箔包裹好并在 150 ℃ 下预热，预热 1 h 后分别加入铝熔体中，加入量分别为 0.5%、1.0%、1.5% 和 2.0%（体积分数），利用高能超声处理技术分散加入熔体中。超声处理系统主要由传感器、变幅杆和超声探头组成，其中传感器的工作频率为 20 kHz，最大输出功率为 2 kW。先将探头尖端深入熔体液面以下 10 mm 处，之后将预热好的纳米颗粒加入铝熔体中。超声处理在 720～740 ℃ 下进行 15～20 min，同时通入 Ar 保护气体。

（3）浇铸：待纳米颗粒分散后，将超声探头移出熔体并重新将熔体加热至 720～740 ℃，保温 10～15 min 后浇铸到金属型模具中，获得不同纳米颗粒含量的铝基复合材料。

2.3 TiCN 纳米颗粒在纯铝中的分布

为了研究纳米颗粒在铝基体中的分布情况，需要对复合材料的微观组织进行观察。图 2.1 所示为 2.0%（体积分数）TiCN 纳米颗粒增强铝基复合材料的扫描电子显微镜（SEM）分析结果[10]。结果表明，绝大部分纳米颗粒会沿着 α-Al 晶粒的晶界分布，即晶间分布。此外，还有少量纳米颗粒会分布在 α-Al 晶粒的内部，即晶内分布。

如图 2.1(b) 所示，大量的纳米颗粒分布在 α-Al 晶粒的三叉晶界处。事实上，纳米颗粒吸附在生长的界面上有利于减小界面面积，降低系统的界面能，因此，纳米颗粒在晶界处的分布是一种自发的过程。当纳米颗粒加入熔体中后，由于受体系自由能减小的驱动，大量纳米颗粒会自发地优先吸附在 α-Al 晶粒的晶界处，从而形成沿晶间分布的形态。同时，少量的纳米颗粒由于生长界面与纳米颗粒之间的相互作用而被吞噬到晶粒的内部，从而形成了晶内分布的分布形态。图 2.2 所

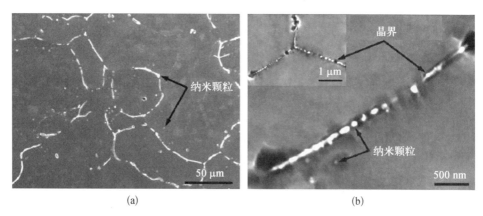

(a) (b)

图 2.1　2.0％(体积分数)TiCN 纳米颗粒增强铝基复合材料的 SEM 分析[10]

(a) TiCN 纳米颗粒分布的低倍照片；(b) TiCN 纳米颗粒分布的高倍照片

元素	质量分数/%	原子分数/%
铝	87.72	94.16
钛	12.28	5.84

图 2.2　纳米颗粒的高倍 SEM 形貌和对应的能谱(EDS)分析以及 Al 和 Ti 元素的面扫描[10]

(a) 纳米颗粒的高倍 SEM 照片；(b)(c) Al 和 Ti 元素的面扫描分析；(d) 图(a)对应的 EDS 分析

示为复合材料中纳米颗粒的高倍 SEM 形貌和对应的能谱仪(energy dispersive spectrometer, EDS)分析以及 Al 和 Ti 元素的面扫描分析结果[10]。从分析结果可以看出，在晶界上分布的纳米颗粒的形貌为不规则的块状结构，尺寸在几十纳米到一百多纳米的范围内。此外,面扫描分析结果表明,这些纳米颗粒为外加的TiCN纳米颗粒,沿晶界分布,呈现出典型的晶间分布形态。

2.4 TiCN 纳米颗粒对纯铝微观组织的影响

图 2.3 为工业纯铝和不同纳米颗粒加入量下的铝基复合材料的偏光金相照片[10]。如图 2.3(a)所示,工业纯铝典型的微观组织为粗大的柱状晶粒,其平均晶粒尺寸约为 1 500 μm。在加入 0.5%(体积分数)纳米颗粒之后,α‐Al 晶粒的尺寸和形貌都发生了明显的变化,形貌由原来粗大的柱状晶变成了细小的等轴晶,尺寸也由原来的 1 500 μm 细化到了 285 μm。测量的晶粒尺寸随纳米颗粒加入量变化的曲线如图 2.4 所示[10]。从图 2.4 可以看出,随着纳米颗粒加入量的提高,工业纯铝的晶粒尺寸急剧减小。当纳米颗粒的加入量达到 2.0%(体积分

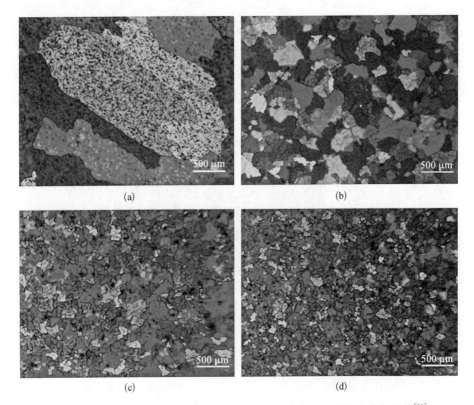

图 2.3 工业纯铝和不同纳米颗粒加入量下铝基复合材料的偏光金相照片[10]

(a) 基体合金;(b) 0.5%(体积分数);(c) 1.0%(体积分数);(d) 2.0%(体积分数)

数)时,晶粒尺寸被极大地细化到了 138 μm 左右,相较于原始的晶粒组织,细化后的晶粒尺寸几乎减小了 91%。

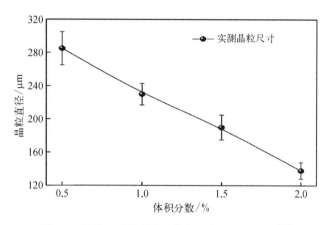

图 2.4　晶粒尺寸随纳米颗粒加入量变化的曲线[10]

此外,图中曲线的另一个明显特征是晶粒尺寸对纳米颗粒含量的变化十分敏感,晶粒尺寸与纳米颗粒含量几乎呈线性变化,即使是在较高的颗粒含量下,这种趋势也是十分明显的。有研究表明[11-12],对于传统的晶粒细化剂而言,当其加入量高于 0.3%(质量分数)时,晶粒尺寸的变化并不十分明显,晶粒细化的效果趋于饱和。但是本研究发现即使纳米颗粒的加入量高达 2.0%(体积分数),晶粒细化的效果依然十分显著。

2.5　TiCN 纳米颗粒诱发球状 α - Al 晶粒细化的机理

通过复合材料微观组织的研究发现,TiCN 纳米颗粒的加入可以实现工业纯铝晶粒尺寸的细化,而且随着纳米颗粒含量的增加,晶粒细化的效果变得更为显著,即便在较高的加入量[如 2.0%(体积分数)]下,晶粒细化的效果也并没有趋于饱和,这充分说明纳米颗粒的细化方法突破了传统孕育处理的瓶颈。下面将纳米颗粒诱发球状 α - Al 晶粒细化的作用机理分为以下两点加以阐述:纳米颗粒诱发的生长抑制机制、纳米颗粒诱发的形核促进机制。

2.5.1　生长抑制机制

在通常的铸造条件下,由于冷却速率较低,例如空冷的样品,其凝固时的冷却速率一般为 1.5 K/s,基体中的 TiCN 纳米颗粒大多沿 α - Al 晶粒的晶界分布,因而形成了一层致密的纳米壳层,包裹在 α-Al 晶粒的表面,有效地阻碍了液相中的原子向生长界面处的扩散,从而抑制了晶体的生长,细化了晶粒的尺寸。

如图 2.5 所示,一个在液相中生长的球状晶粒,其周围的纳米颗粒在超声处理的作用下均匀地分散在液相中,并且在体系自由能减小的驱动下自发地聚集在球状晶粒的表面。当包裹在球状晶粒表面的纳米壳层形成之后,生长的固-液界面(S/L)就停止向液相中推移,这也意味着晶体生长过程的结束。

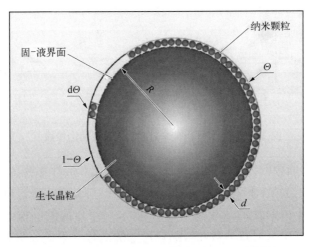

图 2.5　纳米颗粒诱发球状晶生长抑制示意图[10]

2.5.2　形核促进机制

根据以上分析结果,尽管大部分纳米颗粒是沿晶界分布的,但是仍有少部分纳米颗粒分布在晶粒的内部,这些晶内分布的纳米颗粒与 α-Al 基体之间具有较好的晶体学匹配关系,即 $(\bar{1}\bar{1}1)_{Al}[011]_{Al}//(\bar{1}\bar{1}1)_{NP}[011]_{NP}$。表 2.1 中列出了 $TiC_{0.5}N_{0.5}$ 纳米颗粒的晶体学参数。

表 2.1　TiCN 纳米颗粒的晶体学参数[13]

化合物	结构类型	皮尔逊符号	空间群	原 子 位 置			
				原子	x	y	z
$TiC_{0.5}N_{0.5}$	NaCl	$cF8$	$Fm\bar{3}m$	C/N	0	0	0
				Ti	0.5	0.5	0.5

　　从表 2.1 中可以看出,TiCN 具有 NaCl 类型的晶体结构,空间群为 Fm$\bar{3}$m。截至目前,人们对于 TiCN 晶体结构的研究,尤其是不同原子在点阵中的占位,还存在着不同的看法。根据 *Pearson's Handbook of Crystallographic Data for Intermetallic Phases*(简称 *Pearson's Handbook*)[13] 中的描述,TiCN 具有完全无序的结构,其中不同的原子(如 Ti、C 和 N)随机地占据两种点阵位置:4a(0,0,0)和 4b(0.5,0.5,0.5)。但是这种结构模型与纯 TiC 和 TiN 的不符,在纯 TiC 和 TiN 中,Ti 原子只占据 4a(0,0,0)点阵位置,而 C 或 N 只占据 4b(0.5,0.5,0.5)点阵位置。因此,*Pearson's Handbook* 对于 TiCN 点阵中原子占位的描述并不能反映真实情况。另外,根据 TiC-TiN 体系的相图可知,TiC 可以在 TiN 中完全固溶,因此 TiCN 的形成机制为取代机制,也就是说,C 原子可以取代 N 原子形成一个 Ti 有序而 C-N 无序的面心立方 NaCl 类型的晶体结构,其中 Ti 占据 4a(0,0,0)点阵位置,而 C 和 N 原子随机地占据 4b(0.5,0.5,0.5)点阵位置。根据 Zhang 等[15-16]提出的边对边匹配模型可知,对于 FCC 结构的晶体,点阵中有三个密排或近密排方向:⟨110⟩、⟨100⟩和⟨112⟩。FCC 晶体的密排面为{111},其包含⟨110⟩和⟨112⟩密排方向;第二个密排面为{200},其上的密排方向为⟨110⟩和⟨100⟩;第三个密排面为{220},其包含以上三个密排方向。本文对 TiCN 和 Al 的取向关系(orientation relationship,OR)进行预测,并计算出了可能的沿匹配方向上的原子间错配度,计算结果列在表 2.2 中。从表 2.2 中可以看出,TiCN 与 Al 之间可以形成 16 组取向关系,而且这些取向关系中原子间的错配度都小于 10%。换言之,TiCN 和 Al 之间具有较高的晶体学匹配度。对于前文所述的匹配关系 $(\bar{1}\bar{1}1)_{Al}[011]_{Al}//(\bar{1}\bar{1}1)_{NP}[011]_{NP}$,通过边对边匹配模型计算可知,其原子间错配度为 5.853%,小于 10%。此外,根据 Bramfitt[17]提出的晶格错配度理论计算可知,TiCN 和 Al 之间的晶格错配度为 5.5%,小于 6%。该理论认为,当错配度小于 6% 时,形核颗粒的细化效果最好;当错配度为 6%~12% 时,形核颗粒的细化效果次之;当错配度大于 12% 时,形核颗粒的细化效果最差。因此可以得出结论:TiCN 可以作为 α-Al 异质形核有效的形核核心,促进 α-Al 晶粒的形核细化。

　　大量研究表明[14-16,18-24],当熔体冷却到温度低于液相线温度时,晶体会在形核颗粒的表面自由生长。这些生长的晶体会释放出结晶潜热,降低金属凝固时的冷却速率,并最终导致熔体温度上升,即再辉(recalescence)。如前文所述,纳米颗粒依附在生长的界面上可以有效地抑制晶粒生长,而晶粒生长速率的下降会减少结晶潜热的释放,这就增加了再辉发生前熔体总的过冷度,从而提高形核效率。另外,少量分布在液相中的 TiCN 纳米颗粒可以作为 α-Al 异质形核有效的形核核心,促进α‑Al晶粒的形核。因此,由于TiCN纳米颗粒的加入而引起的α‑Al形核效力和效率的提高会在很大程度上改善工业纯铝晶粒细化的效果。

表 2.2　根据边对边匹配模型预测的 TiCN 与 Al 之间可能的取向关系[10]

晶体结构与晶格参数/nm	匹配面	晶格错配度/%	匹配方向	原子间错配度/%	取向关系
N：Al FCC $a=0.404\,9$	$\{111\}_N//\{200\}_S$	8.328	$\langle110\rangle_N//\langle110\rangle_S$	5.853	$\{111\}_N//\{200\}_S$ $\langle110\rangle_N//\langle110\rangle_S$
	$\{111\}_N//\{111\}_S$	5.853	$\langle110\rangle_N//\langle110\rangle_S$ $\langle112\rangle_N//\langle112\rangle_S$	5.853	$\{111\}_N//\{111\}_S$, $\langle110\rangle_N//\langle110\rangle_S$ $\{111\}_N//\{111\}_S$, $\langle112\rangle_N//\langle112\rangle_S$
S：TiCN FCC $a=0.428\,6$	$\{200\}_N//\{200\}_S$	5.853	$\langle100\rangle_N//\langle100\rangle_S$ $\langle110\rangle_N//\langle110\rangle_S$	5.853	$\{200\}_N//\{200\}_S$, $\langle100\rangle_N//\langle100\rangle_S$ $\{200\}_N//\{200\}_S$, $\langle110\rangle_N//\langle110\rangle_S$
	$\{220\}_N//\{220\}_S$	5.853	$\langle100\rangle_N//\langle100\rangle_S$ $\langle110\rangle_N//\langle110\rangle_S$ $\langle112\rangle_N//\langle112\rangle_S$	5.853	$\{220\}_N//\{220\}_S$, $\langle100\rangle_N//\langle100\rangle_S$ $\{220\}_N//\{220\}_S$, $\langle110\rangle_N//\langle110\rangle_S$ $\{220\}_N//\{220\}_S$, $\langle112\rangle_N//\langle112\rangle_S$

2.6　TiCN 纳米颗粒对纯铝力学性能的影响

含有纳米颗粒的铝合金实际上是一种复合材料,即纳米颗粒增强铝基复合材料。由于具有较高的硬度和强度、高的熔点和高的热稳定性、较高的化学稳定性等特点，TiCN 纳米颗粒被认为是铝及其合金优良的颗粒增强体。将 TiCN 纳米颗粒加入工业纯铝中势必有利于提高复合材料的宏观力学性能。接下来将纳米颗粒对工业纯铝力学性能的影响分为两部分来阐述：纳米颗粒对纯铝硬度的影响，纳米颗粒对纯铝拉伸性能的影响。

2.6.1　纳米颗粒对纯铝硬度的影响

硬度为材料的物理特性，表征了材料抵抗局部塑性变形的能力。图 2.6 中列出了不同纳米颗粒加入量下铝基复合材料的显微硬度。从图中可以看出，随着加入量的增加，复合材料的显微硬度值明显提高。工业纯铝的原始硬度约为 22.4 HV。当加入 0.5%（体积分数）TiCN 纳米颗粒后，复合材料的硬度提高到了约 38.2 HV，提高了约 71%，而且随着纳米颗粒含量的进一步提高，复合材料的硬度在 2.0%（体积分数）纳米颗粒加入量下达到了 68.5 HV，与基体合金相比提高了 2 倍以上。

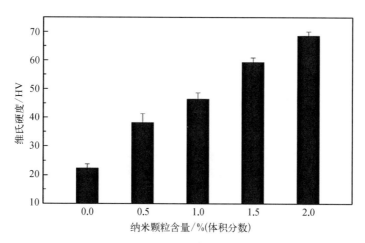

图 2.6　基体合金和不同纳米颗粒加入量下复合材料的显微硬度[10]

2.6.2　纳米颗粒对纯铝拉伸性能的影响

图 2.7 给出了不同纳米颗粒加入量下铝基复合材料的拉伸性能。从图中可以看出，随着纳米颗粒的加入，复合材料在强度和塑性方面都展示出比工业纯铝基体合金更优越的性能，而且随着加入量的不断提高，复合材料的抗拉强度（ultimate tensile strength，UTS）、屈服强度（yield strength，YS）和伸长率都明

显地提高。工业纯铝的抗拉强度、屈服强度和伸长率分别为 53.5 MPa、41.5 MPa 和 38.5%，其性能特点为高塑性、低强度。当加入 0.5%（体积分数）TiCN 纳米颗粒后，复合材料的抗拉强度、屈服强度和伸长率分别为 64.6 MPa、49 MPa 和 40.0%，复合材料在强度提高的同时，塑性并没有降低，反而有小幅度的增加。此外，当纳米颗粒的加入量达到 2%（体积分数）时，复合材料的抗拉强度、屈服强度和伸长率分别达到了 96.3 MPa、69.2 MPa 和 43.7%，相比于工业纯铝，分别提高了约 80%、67% 和 14%，复合材料的性能表现为高塑性、高强度。

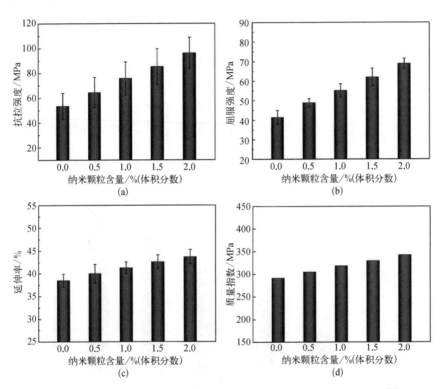

图 2.7 基体合金和不同纳米颗粒加入量下铝基复合材料的拉伸性能[10]

（a）抗拉强度；（b）屈服强度；（c）伸长率；（d）质量指数

2.7 结论

利用高能超声处理将 TiCN 纳米颗粒分散到纯铝熔体中，通过纳米颗粒诱发的生长控制实现了纯铝微观组织的控制，研究了 TiCN 纳米颗粒对纯铝微观组织的影响及其细化机制，以及复合材料的力学性能，获得了如下结论。

（1）在工业纯铝中加入 TiCN 纳米颗粒后，α-Al 晶粒的尺寸和形貌发生了显著变化，形貌由原来粗大的柱状晶变成了细小的等轴晶；TiCN 纳米颗粒加入量为 2.0%（体积分数）时，与工业纯铝相比，基体晶粒尺寸减小了 91%，其晶粒尺寸细化到约 138 μm。

（2）大部分 TiCN 纳米颗粒沿 α-Al 晶粒的晶界分布，即晶间分布；少部分分布在 α-Al 晶粒的内部，即晶内分布。晶间分布的纳米颗粒会在 α-Al 晶粒的表面形成一层纳米颗粒壳层，有效阻碍液相中的溶质原子向生长界面扩散，从而抑制晶体生长。晶内分布的纳米颗粒与基体之间具有特定的晶体学匹配关系，如有 $(\bar{1}\bar{1}1)_{Al}[011]_{Al}//(\bar{1}\bar{1}1)_{NP}[011]_{NP}$，通过边对边匹配模型计算，TiCN 和 Al 之间可以形成 16 组取向关系，这些取向关系中原子间的错配度均小于 10%，表明 TiCN 可以作为 α-Al 异质形的有效核心，促进 α-Al 形核。

（3）TiCN 纳米颗粒依附在生长界面上可以有效抑制 α-Al 晶粒的生长，而晶粒生长速率的下降会减少结晶潜热的释放，从而增加再辉发生前熔体总的过冷度，提高形核的效率，与 TiCN 纳米颗粒促进形核共同作用，促进纯铝的晶粒细化。

（4）在 2.0%（体积分数）范围内，随 TiCN 纳米颗粒加入量的增加，复合材料的硬度、强度和伸长率均得到提高。

参考文献

［1］Evans P V, Vitta S, Hamerton R G, et al. Solidification of germanium at high undercoolings: morphological stability and the development of grain structure[J]. Acta Metallurgica Et Materialia, 1990, 38 (2): 233-242.

［2］Quested T E, Greer A L. Athermal heterogeneous nucleation of solidification[J]. Acta Materialia, 2005, 53 (9): 2683-2692.

［3］Schumacher P, Greer A L. Enhanced heterogeneous nucleation of α-Al in amorphous aluminium alloys[J]. Materials Science & Engineering A, 1994, 181: 1335-1339.

［4］Bolzoni L, Nowak M, Babu N H. Grain refinement of Al-Si alloys by Nb-B inoculation. Part II: Application to commercial alloys[J]. Materials & Design, 2015, 66 (Feb.): 376-383.

［5］Nowak M, Bolzoni L, Babu N H. Grain refinement of Al-Si alloys by Nb-B inoculation. Part I: Concept development and effect on binary alloys[J]. Materials & Design, 2015, 66 (Feb.): 366-375.

［6］Zhang Y, Ji S, Fan Z. Improvement of mechanical properties of Al-Si alloy with effective grain refinement by in-situ integrated Al2. 2Ti1B – Mg refiner[J]. Journal of Alloys and Compounds, 2017, 710: 166 – 171.

[7] Shehata F, Fathy A, Abdelhameed M, et al. Preparation and properties of $Al_2 O_3$ nanoparticle reinforced copper matrix composites by in situ processing[J]. Materials & Design, 2009, 30 (7): 2756 – 2762.

[8] 龚荣洲,沈翔,张磊,等. 金属基纳米复合材料的研究现状和展望[J]. 中国有色金属学报,2003,13(5): 1311 – 1320.

[9] Ferkel H, Mordike B L. Magnesium strengthened by SiC nanoparticles[J]. Materials Science & Engineering A, 2001, 298 (1 – 2): 193 – 199.

[10] 王奎. TiCN 纳米颗粒细化纯铝及铝硅合金的机理研究[D].上海：上海交通大学, 2017.

[11] Greer A L. Overview: application of heterogeneous nucleation in grain-refining of metals [J]. The Journal of Chemical Physics, 2016, 145: 211704.

[12] Schumacher P, Evans P V, Fisher P, et al. New studies of nucleation mechanisms in aluminium alloys: implications for grain refinement practice[J]. Materials Science and Technology, 1998, 14: 394 – 404.

[13] Villars P, Calvert L O. Pearson's handbook of crystallographic data for intermetallic phases[M]. Ohio: ASM, 1985.

[14] Greer A L, Bunn A M, Tronche A, et al. Modelling of inoculation of metallic melts application to grain refinement of aluminium by Al – Ti – B[J]. Acta Materialia, 2000, 48: 2823 – 2835.

[15] Zhang M X, Kelly P M. Edge-to-edge matching and its applications part I. application to the simple HCP/BCC system[J]. Acta Materialia, 2005, 53: 1073 – 1084.

[16] Zhang M X, Kelly P M. Edge-to-edge matching and its applications part II. application to Mg – Al, Mg – Y and Mg – Mn alloys[J]. Acta Materialia, 2005, 53: 1085 – 1096.

[17] Bramfitt B L. The effect of carbide and nitride additions on the heterog eneous nucleation behavior of liquid iron[J]. Metallurgical Transactions, 1970, 1(7): 1987 – 1995.

[18] Men H, Fan Z. Effects of solute content on grain refinement in an isothermal melt[J]. Acta Materialia, 2011, 59: 2704 – 2712.

[19] Easton M, St John D. An analysis of the relationship between grain size, solute content, and the potency and number density of nucleant particles[J]. Metallurgical and Materials Transactions A, 2005, 36: 1911 – 1920.

[20] St John D, Qian M, Easton M, et al. The interdependence theory: the relationship between grain formation and nucleant selection [J]. Acta Materialia, 2011, 59: 4907 – 4921.

[21] Prasad A, Yuan L, lee P D, et al. The Interdependence model of grain nucleation: a numerical analysis of the nucleation-free zone [J]. Acta Materialia, 2013, 61: 5914 – 5927.

[22] Maxwell I, Hellawell A. A simple model for grain refinement during solidification[J]. Acta Materialia, 1975, 23: 229 – 237.

［23］Grandfield J F，Eskin D G. Design of grain refiners for aluminium alloys［M］. Hoboken：John Wiley & Sons，2013.

［24］Qian M，StJohn D，Frost M T. Heterogeneous nuclei size in magnesium-zirconium alloys［J］. Scripta Materialia，2004，50：1115 – 1119.

第**3**章 纳米颗粒对亚共晶 Al – 10Si 合金组织细化的影响

本章介绍了利用高能超声处理将 TiCN 纳米颗粒分散到亚共晶 Al – 10Si 合金熔体中,通过纳米颗粒诱发的生长控制,实现亚共晶 Al – 10Si 合金微观组织的控制。本章还介绍了 TiCN 纳米颗粒对亚共晶 Al – 10Si 合金微观组织及力学性能影响的研究结果,包括 TiCN$_p$/Al – 10Si 复合材料的制备和 TiCN 纳米颗粒的分布,TiCN 纳米颗粒对铝硅合金初生 α – Al 生长的影响及抑制机理、对初生 α – Al 形核的促进机理,以及 TiCN 纳米颗粒对铝硅合金共晶组织的细化和作用机理。

3.1 引言

铝硅合金是工业中应用最广泛的铸造铝合金之一,通常未细化变质处理的亚共晶铝硅合金的微观组织是由粗大的 α – Al 枝晶和针片状的共晶硅组成的,有效细化初生 α – Al 和共晶硅将有利于改善合金的宏观力学性能。细化变质剂通常是一个较为有效的手段,但对于铝硅合金来说,如果硅含量超过 3.0%(质量分数),加入 Al – Ti – B 细化剂的细化效果就会大大减弱,产生"硅的毒化作用",这主要是由于合金中的 Si 会与细化剂中的 Ti 反应生成 Ti$_5$Si$_3$,它与铝基体之间具有较差的晶格匹配度,导致晶粒细化效果减弱。为了解决这个问题,人们相继开发了 Al – B、Nb – B 和低 Ti 富 B 细化剂,但是由于减少了可以作为强晶粒生长抑制剂的 Ti 含量,晶粒细化效果同样不佳。研究表明,纳米颗粒依附在生长界面上,可以抑制溶质原子的扩散,从而达到组织细化的目的,这为细化铝硅合金的微观组织开辟了新的途径。

将纳米/微米级陶瓷颗粒加入铝合金中是提高其力学性能的有效途径。大量研究表明,SiC、TiC、TiN、B$_4$C 和 TiB$_2$ 等陶瓷颗粒可以用于强化铝硅合金。TiCN 具有较高的硬度、耐磨性和高的熔点,是 TiN 和 TiC 的固溶体,兼具 TiN 和 TiC 两者的优点和特性。因此,TiCN 有望取代 TiN 和 TiC 来强化铝合金。

另外,一些研究发现,将纳米颗粒引入铝合金中能够在提高复合材料强度的同时不降低其塑性。

我们通过高能超声处理将 $TiC_{0.5}N_{0.5}$ 纳米颗粒(nanoparticles,NPs)添加到 Al‐10Si 合金中,研究了纳米颗粒对初生 α‐Al 及共晶组织的微观组织的影响,分析了纳米颗粒对初生 α‐Al 及共晶组织生长的限制和形核的促进作用,获得了纳米颗粒对亚共晶 Al‐10Si 合金组织细化的规律。下面介绍 $TiC_{0.5}N_{0.5}$/Al‐10Si 复合材料的制备和纳米颗粒在 Al‐10Si 合金中的分布规律,$TiC_{0.5}N_{0.5}$ 纳米颗粒对 Al‐10Si 合金初生 α‐Al、共晶组织的影响及其组织细化机理[1]。

3.2　$TiCN_p$/Al‐10Si 复合材料制备与 TiCN 纳米颗粒的分布规律

$TiCN_p$/Al‐10Si 复合材料的制备过程分为四步[1-2]:Al‐10Si 合金的熔体精炼,合金熔体的变质处理,利用高能超声处理技术分散熔体中的 TiCN 纳米颗粒,金属模浇铸和坩埚空冷成型。具体的制备过程如下。

(1) 精炼:将 Al‐10Si 合金置于氧化铝坩埚中,通过坩埚式电阻炉进行加热熔炼。待合金熔化后,在 720~740 ℃下保温 10 min。随后,加入六氯乙烷精炼剂,加入量为浇注合金质量的 1%。待精炼 10~20 min 后,撇渣除气,并将熔体重新加热至 720~740 ℃。

(2) 变质处理:将适量的 Al‐10Sr 中间合金加入合金熔体中,使熔体的 Sr 含量达到 200 mg/L。熔体在 740~760 ℃下保温 20 min。

(3) 超声处理:将不同体积分数的 TiCN 纳米颗粒用铝箔包裹好并在 150 ℃下预热 1 h,然后分别加入铝熔体,加入量分别为 0.5%、1.0%、1.5% 和 2.0%(体积分数)。利用高能超声处理技术分散加入熔体中的纳米颗粒。超声处理系统主要由传感器、变幅杆和超声探头组成,其中传感器的工作频率为 20 kHz,最大输出功率为 2 kW。先将探头尖端深入熔体液面以下 10 mm 处,之后将预热好的纳米颗粒加入铝熔体中。超声处理在 720~740 ℃下进行 15~20 min,同时通入 Ar 保护气体。

(4) 浇铸:待纳米颗粒分散后,将超声探头移出熔体并重新将熔体加热至 720~740 ℃,保温 10~15 min 后浇铸到金属型模具中,获得不同纳米颗粒含量的铝基复合材料。

研究表明,纳米颗粒倾向于在初生 α‐Al 枝晶界面聚集,在 α‐Al 枝晶晶界和枝晶区域分布着大量的纳米颗粒,在 α-Al 枝晶和共晶组织之间形成纳米颗粒层,有效防止枝晶的结合(见图 3.1)。此外,在共晶组织内部也发现了少量纳米颗粒。纳米颗粒的分布是由凝固顺序决定的。在凝固过程中,当凝固温度低于液相线温度时,初生 α-Al 开始形核并长大,与此同时,铝溶体中的纳米颗粒会大量聚集在生长枝晶的界面。当温度继续降低,直至达到共晶温度时,在晶界位置开始发生共晶反应,部分纳米颗粒被共晶组织包围。因此,部分纳米颗粒分布在共晶组织内部,而大部分纳米颗粒会在 α-Al 枝晶与共晶组织之间形成纳米颗粒层。

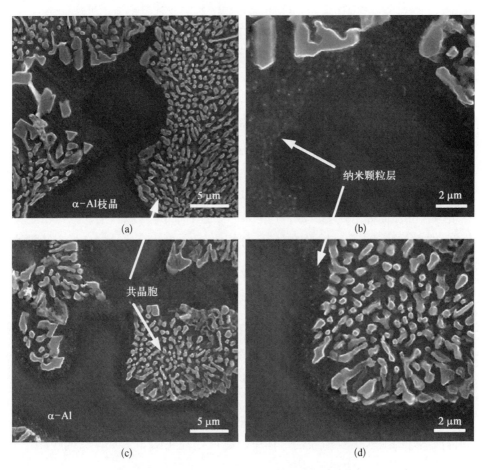

图 3.1　Sr 变质的 Al-10Si 合金的 SEM 显微图

(a) α-Al 枝晶组织;(b) 图(a)的放大图;(c) α-Al 共晶组织;(d) 图(c)的放大图

　　如图 3.2 所示,纳米颗粒在基体中存在三种分布类型[3],分别是晶粒内分布(在初生 α-Al 内部)、晶间分布(沿晶界分布)和晶外分布(在共晶组织内部),其中以沿晶分布为主。纳米颗粒的状态也存在差异,有些纳米颗粒直接接触,在α‑Al 枝晶形成纳米颗粒层,可以有效限制溶质的扩散,从而达到限制晶粒生长的目的。而部分纳米颗粒不会直接接触,而是形成几纳米至几十纳米的间隙,这些间隙会成为凝固过程中溶质传输中的纳米通道,可以有效抑制溶质从液体向固-液界面的扩散,也可以达到限制晶粒生长的目的(见图 3.3)。

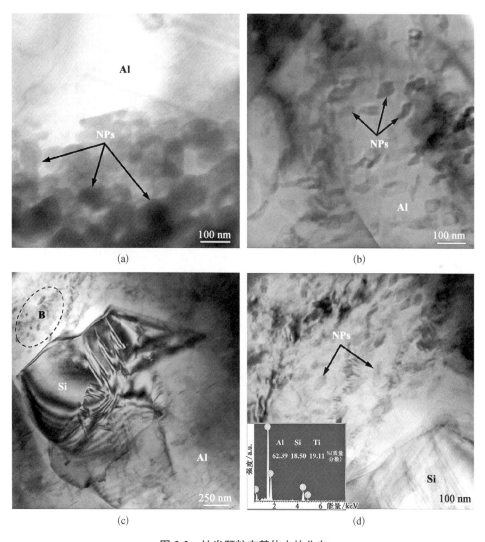

(a)　　　　　　　　　　　　　(b)

(c)　　　　　　　　　　　　　(d)

图 3.2　纳米颗粒在基体中的分布

(a)(b) 初生 α‑Al 界面和内部纳米颗粒分布的明场相;(c) 孪晶 Si 粒子的透射电子显微镜(transmission electron microscope,TEM)明场相;(d) 图(c)中 B 区域的放大图像,插图是纳米颗粒的能量色散 X 射线分析(energy-dispersion X-ray analysis,EDX)结果

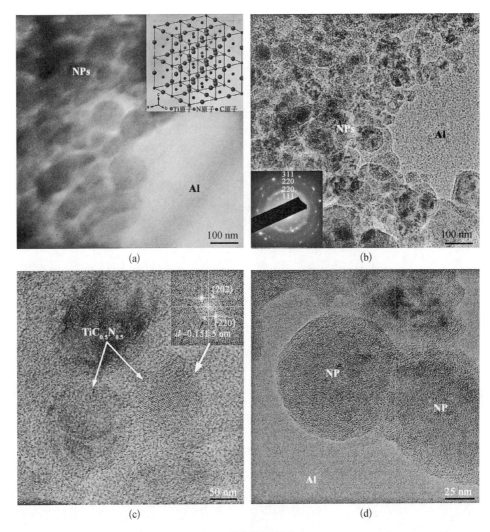

图 3.3　纳米颗粒的分布

(a) 纳米颗粒的 TEM 明场像(插图为 $TiC_{0.5}N_{0.5}$ 的晶体结构);(b)～(d) 同一区域内不同放大倍数下纳米颗粒的高分辨透射电子显微(high resolution transmission electron microscopy,HRTEM)图像[(b)和(c)中的插图分别是纳米颗粒团簇的选区电子衍射(selected area electron diffraction,SAED)图案和纳米颗粒的快速傅里叶变换(fast Fourier transform,FFT)]

　　为了解释纳米颗粒在基体中呈现不同的分布类型,我们研究了纳米颗粒与固-液界面的反应机理,并建立了相关的理论模型来预测纳米颗粒的分布情况[1]。通过比较固-液界面的临界速度(V_{cr})和枝晶尖端生长的速度(V_t)来判断纳米颗粒的分布类型。当 $V_t < V_{cr}$ 时,纳米颗粒被界面推动,纳米颗粒分布在 α-Al 晶界的位置(晶间分布)位于共晶组织外部(晶外分布);当 $V_t > V_{cr}$ 时,纳米颗粒被界面"吞没",分布在晶粒内部(晶内分布)。经过计算,枝晶生长速率为 0.38 mm/s,远小于临界速度(143.6 mm/s),所以大多数纳米颗粒被推到枝晶界的位置,从而起到限制枝晶生长的效果。而液/固界面的临界速度(V_{cr})和枝晶尖端生长的速度(V_t)与粒子半径 R 和过饱和度 Ω 密切相关,它们之间的关系可用图 3.4 表示。从图 3.4 中可以得出,在曲线上方时,$V_t > V_{cr}$,纳米颗粒被吞没,呈现晶内分布特征;在曲线下方时,$V_t < V_{cr}$,纳米颗粒被枝晶界面推动,呈现晶间分布和晶外分布特征。

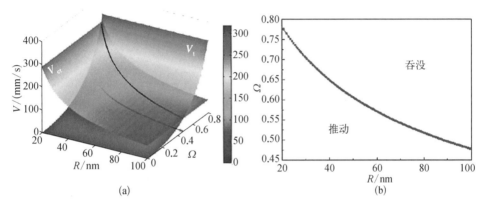

图 3.4 枝晶尖端速度和临界速度与晶粒半径和过饱和度的关系

(a) 三维图;(b) 底面投影图

3.3 纳米颗粒对铝硅合金初生 α－Al 的影响及其机理

3.3.1 纳米颗粒对铝硅合金初生 α－Al 的影响

在 Al－10Si 合金中添加不同体积分数的 $TiC_{0.5}N_{0.5}$ 纳米颗粒的金相组织如图 3.5 所示。当没有加入纳米颗粒时,基体呈现传统的铸态组织,表现为粗大的枝晶,并且平均晶粒尺寸达到了 1.8 mm[见图 3.5(a)]。当纳米颗粒的添加量从 0.5%(体积分数)增加到 2.0%(体积分数)时,晶粒的形态和晶粒尺寸发生了显著变化:由柱状枝晶转变为等轴枝晶,并且等轴枝晶明显细化,平均晶粒尺寸变为 128 μm,与基体相比降低了约 93%。如图 3.6 所示,平均晶粒尺寸与纳米颗粒添加量近乎呈线性关系:纳米颗粒的添加量每升高 0.5%(体积分数),枝晶的平均晶粒尺寸便会降低 15%,这表明 $TiC_{0.5}N_{0.5}$ 纳米颗粒对晶粒细化的作用非常显著。

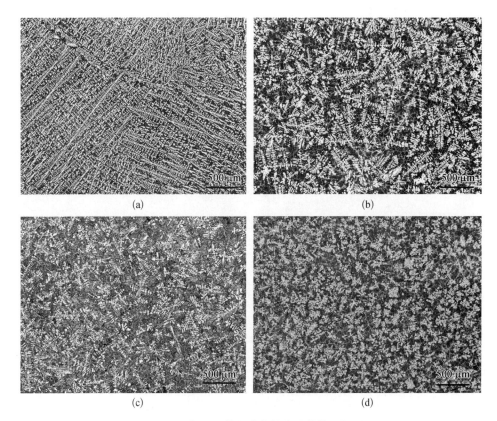

图 3.5 添加不同体积分数纳米颗粒的组织图

(a) 基体合金；(b) 0.5%（体积分数）；(c) 1%（体积分数）；(d) 2%（体积分数）

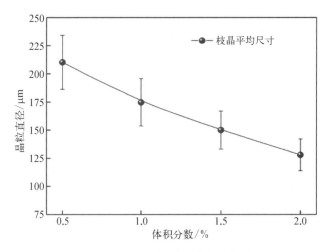

图 3.6 α-Al 枝晶尺寸随纳米颗粒加入量变化的曲线

3.3.2　纳米颗粒对初生 α‑Al 生长的抑制机理

下面详细探讨纳米颗粒对等轴枝晶生长的限制机理[1,3]。图 3.7(a)是初生 α‑Al 的形核和纳米颗粒抑制生长过程示意图,图 3.7(b)是纳米颗粒抑制等轴枝晶生长的示意图。可以看出,过冷度足够大时,$TiC_{0.5}N_{0.5}$ 纳米颗粒会为形核提供衬底,α‑Al 会依附在纳米颗粒表面形核。然后,分散在溶体中的纳米颗粒会聚集在已形核的晶粒表面,在晶粒外表面形成一层纳米颗粒层,有效抑制溶质原子向生长界面传输,对晶体的生长起到物理限制的作用。

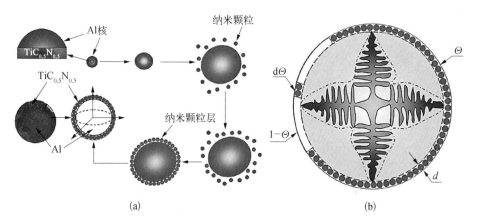

(a)　　　　　　　　　　　　　　(b)

图 3.7　纳米颗粒对 α‑Al 枝晶形核和生长的影响示意图

(a) 初生 α‑Al 的形核和纳米颗粒抑制生长过程示意图;(b) 纳米颗粒抑制等轴枝晶生长的示意图

下面定量研究纳米颗粒对等轴枝晶的限制生长效果。经计算,当冷却速度较低时,枝晶生长半径为

$$R_{C} = \lambda_{C}[\tau + (1 - f_{C})t] = \frac{\lambda_{C}}{K_{NP}}C_{NP}^{-1} + (1 - f_{C})\lambda_{C}t \tag{3.1}$$

式中,下标 C 表示低冷却速度下得到的参数,λ_{C} 为人为引入的变量;τ 为时间因子;f_{C} 为纳米颗粒层的扩散阻碍效率;t 为时间;K_{NP} 为常数;C_{NP} 为纳米颗粒的体积分数。

当处于高的冷却速度时,枝晶生长半径为

$$R_{T} = \sqrt[3]{3\lambda_{T}\tau + 3(1 - f_{T})\lambda_{T}t} = \sqrt[3]{\frac{3\lambda_{T}}{K_{NP}}C_{NP}^{-1} + 3(1 - f_{T})\lambda_{T}t} \tag{3.2}$$

式中,下标 T 表示高冷却速度下得到的参数。

从式(3.1)和式(3.2)可以得出,α-Al枝晶的细化效率与纳米颗粒对枝晶的阻碍系数 f(f_C 或 f_T) 密切相关,并且不同冷却速度下的阻碍效果也存在差异。将 10 K/s 作为区分低冷却速度和高冷却速度的临界速度。低冷却速度和高冷却速度下的枝晶尺寸可分别由式(3.1)和式(3.2)计算得出。无论是在低的冷却速度,还是在高的冷却速度,纳米颗粒层的扩散阻碍系数 f(f_C 或 f_T) 均会随着纳米颗粒添加量的增多而提高,如图 3.8(a)和图 3.8(b)所示,而时间因子 τ 却与纳米颗粒添加量呈负相关[见图 3.8(c)]。通过理论计算和实验测量得到的晶粒直径与纳米颗粒添加量的关系如图 3.8(d)所示,可以看出,理论计算值与实验统计的数值基本吻合,说明了理论计算的可靠性。此外,枝晶的尺寸随着纳米颗粒的添加呈现线性降低,这是由于纳米颗粒对 α-Al 枝晶的生长有限制作用。纳

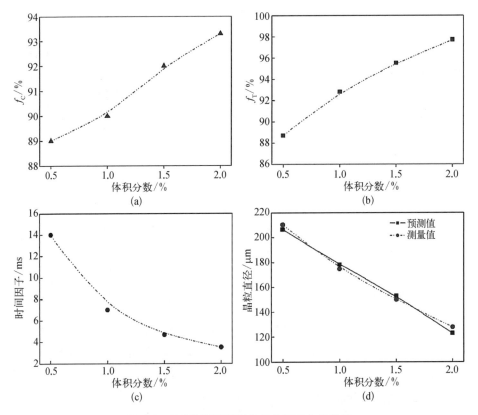

图 3.8 纳米颗粒对等轴枝晶的限制生长效果

(a) 低冷却速率下的扩散阻碍效率(f_C)与纳米颗粒添加水平的关系;(b) 高冷却速率下的扩散阻碍效率(f_T)与纳米颗粒添加水平的关系;(c) 时间因子 τ 与纳米颗粒添加水平的关系;(d) 测量数据(见图 3.6)与模型预测的比较

米颗粒的添加量越多,对 α‑Al 枝晶的生长限制效果越显著,枝晶的晶粒尺寸越小。使用常规的晶粒细化剂时,当添加量未到 2%(体积分数)时,便已达到饱和,细化效果便不会继续提升。而当使用 $TiC_{0.5}N_{0.5}$ 纳米颗粒作为细化剂时,在添加量达到 2%(体积分数)的情况下,细化效果仍然十分显著。

3.3.3　纳米颗粒对初生 α‑Al 形核的促进机理

由 3.2 节可知,大部分纳米颗粒是沿晶界分布的,通过阻碍溶质原子的传输,有效地抑制了枝晶晶粒的生长。研究表明,晶体的形核与形核晶粒的生长之间是一种竞争关系,这种竞争会一直持续到再辉的发生,即晶体结晶释放潜热的速率超过外部热传递的速率。再辉标志着晶体形核时达到了最大的过冷度,而且通常也意味着形核的结束。根据以上分析可知,纳米颗粒抑制了枝晶晶粒的生长,降低了晶体的生长速率,使熔体中结晶潜热的释放减少,这也就意味着再辉可以在较低的温度下发生,这为晶体的连续形核提供了更大的过冷度。此外,过冷度的增加还会降低晶体形核时的临界晶核半径,增加形核质点的数目,促进α‑Al 枝晶晶粒形核。

此外,如图 3.9 所示,这些晶间分布的纳米颗粒与初生 α‑Al 枝晶之间并不具有特定的晶体学匹配关系[4]。然而少部分纳米颗粒在晶粒内部分布,这些晶内分布的纳米颗粒与固相之间通常具有特定的晶体学匹配关系。如图 3.9(d)所示,$TiC_{0.5}N_{0.5}$ 纳米颗粒与 α‑Al 基体之间界面的 HRTEM 分析表明,纳米颗粒与铝基体之间形成了完全共格的界面,界面干净、光滑,没有中间产物产生,这说明纳米颗粒与铝基体之间并没有发生界面反应。为了进一步描述纳米颗粒与铝基体的原子间错配度,需要对其进行取向间的分析。

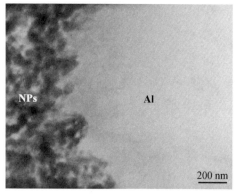
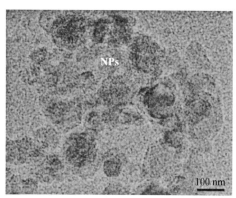

(a)　　　　　　　　　　　　　　　　　(b)

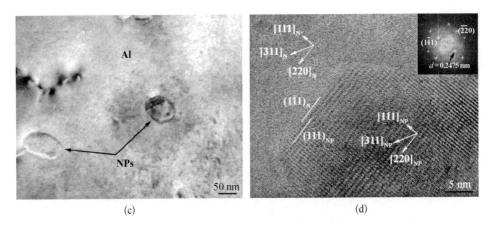

(c)   (d)

图 3.9　2.0%(体积分数)TiC_{0.5}N_{0.5} 纳米颗粒增强铝硅基复合材料的 TEM 和 HRTEM 分析

(a) 晶界处纳米颗粒的 TEM 照片；(b) 晶界处纳米颗粒的 HRTEM 照片；(c) 晶内分布的纳米颗粒的 TEM 照片；(d) 纳米颗粒与铝基体之间界面的 HRTEM 照片及纳米颗粒对应的快速傅里叶变换

　　由于 TiC 可以在 TiN 中完全固溶，因此，TiCN 的形成机制为取代机制，即 C 原子可以取代 N 原子形成一个 Ti 有序而 C-N 无序的面心立方 NaCl 类型的晶体结构，其中 Ti 占据 $4a(0,0,0)$ 点阵位置，而 C 和 N 原子随机地占据 $4b$ $(0.5,0.5,0.5)$ 点阵位置。对于 TiC_{0.5}N_{0.5} 晶体而言，其晶体结构可以用立方体的单胞来描述。如图 3.10(a) 所示，Ti 原子占据 $(0,0,0)$、$(0.5,0.5,0)$、$(0.5,0,0.5)$ 和 $(0,0.5,0.5)$ 点阵位置，C 和 N 原子随机地占据 $(0,0,0.5)$、$(0,0.5,0)$、$(0.5,0,0)$ 和 $(0.5,0.5,0.5)$ 点阵位置，而且 C 和 N 原子各占据点阵间隙位置的一半。图 3.10(b)(c) 是 TiCN 三个密排和近密排面上原子排列的示意图。对于 FCC 结构的晶体，点阵中有三个密排或近密排方向：$\langle 110 \rangle$、$\langle 100 \rangle$ 和 $\langle 112 \rangle$。FCC 晶体的密排面为 $\{111\}$，包含 $\langle 110 \rangle$ 和 $\langle 112 \rangle$ 密排方向；第二个密排面为 $\{200\}$，其上的密排方向为 $\langle 110 \rangle$ 和 $\langle 100 \rangle$；第三个密排面为 $\{220\}$，包含 $\langle 110 \rangle$、$\langle 100 \rangle$ 和 $\langle 112 \rangle$ 三个密排方向。对 TiCN 和 Al 的取向关系进行预测，并计算出可能的沿匹配方向上的原子间错配度(见表 3.1)[3]。可以看出，TiCN 与 Al 之间可以形成 16 组取向关系，且这些取向关系中原子间的错配度都小于 10%。换言之，TiCN 纳米颗粒与 Al 基体之间有较高的晶体学匹配度。在图 3.9 中可观察到如下匹配关系：$(1\bar{1}1)_{Al}[\bar{1}12]_{Al}//(1\bar{1}1)_{NP}[\bar{1}12]_{NP}$，通过边对边匹配模型计算可知，其原子间错配度为 5.853%，小于 10%。因此，可以得出结论，晶内分布的 TiCN 纳米颗粒可以作为 α-Al 异质形核有效的形核核心，促进 α-Al 晶粒的形核细化。

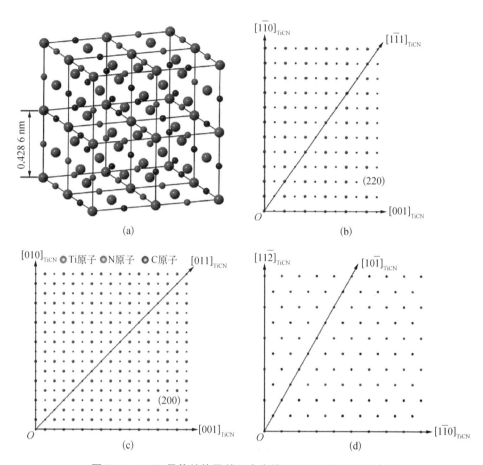

图 3.10　TiCN 晶体结构及其三个密排面上原子排列的示意图

（a）TiCN 晶体结构；（b）TiCN 三个密排面上原子排列，(220)$_{TiCN}$；（c）TiCN 三个密排面上原子排列，(200)$_{TiCN}$；（d）TiCN 三个密排面上原子排列，(111)$_{TiCN}$

表 3.1　根据边对边匹配模型预测的 TiCN 与 Al 之间可能的取向关系

晶体结构和晶格常数	匹配平面	晶面错配度 f_p/%	匹配方向	晶向错配度 f_a/%	取向关系
N：Al FCC $a=0.404\,9$ nm	$\{111\}_N//\{200\}_S$	8.328	$\langle110\rangle_N//\langle110\rangle_S$	5.853	$\langle112\rangle_N//\langle112\rangle_S$ $\langle110\rangle_N//\langle110\rangle_S$
	$\{111\}_N//\{111\}_S$	5.853	$\langle110\rangle_N//\langle110\rangle_S$	5.853	$\{111\}_N//\{111\}_S$ $\langle110\rangle_N//\langle110\rangle_S$
			$\langle112\rangle_N//\langle112\rangle_S$		$\{111\}_N//\{111\}_S$ $\langle112\rangle_N//\langle112\rangle_S$

（续表）

晶体结构和晶格常数	匹配平面	晶面错配度 $f_p/\%$	匹配方向	晶向错配度 $f_a/\%$	取向关系
S: TiCN FCC $a=0.428\,6$ nm	$\{200\}_N//\{200\}_S$	5.853	$\langle100\rangle_N//\langle100\rangle_S$	5.853	$\{200\}_N//\{200\}_S$ $\langle100\rangle_N//\langle100\rangle_S$
			$\langle110\rangle_N//\langle110\rangle_S$		$\{200\}_N//\{200\}_S$ $\langle110\rangle_N//\langle110\rangle_S$
	$\{220\}_N//\{220\}_S$	5.853	$\langle100\rangle_N//\langle100\rangle_S$	5.853	$\{220\}_N//\{220\}_S$ $\langle100\rangle_N//\langle100\rangle_S$
			$\langle110\rangle_N//\langle110\rangle_S$		$\{220\}_N//\{220\}_S$ $\langle110\rangle_N//\langle110\rangle_S$
			$\langle112\rangle_N//\langle112\rangle_S$		$\{220\}_N//\{220\}_S$ $\langle112\rangle_N//\langle112\rangle_S$

3.4 纳米颗粒对铝硅合金共晶组织的影响及其机理

3.4.1 纳米颗粒对铝硅合金共晶组织的影响

图 3.11 所示为基体合金和不同纳米颗粒加入量下 Sr 变质铝硅基复合材料中共晶组织的金相组织分析[5-6]。黄色的胞状结构被深绿色的区域包裹,黑色的初生 α-Al 枝晶在基体中均匀分布。结果表明,随着纳米颗粒含量的提高,共晶晶粒尺寸急剧下降。当加入量由 0%(体积分数)提高至 1.5%(体积分数)时,共晶晶粒的尺寸由 1 416 μm 锐减至 328 μm,相比于基体合金,复合材料中共晶晶粒的尺寸减小了 76.8%。但是,进一步提高纳米颗粒的加入量至 2.0%(体积分

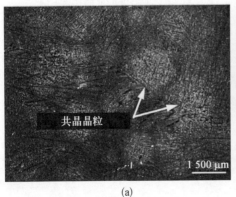

共晶晶粒

1 500 μm

(a)

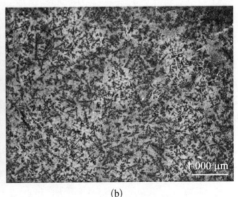

1 000 μm

(b)

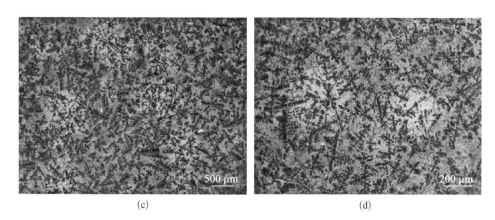

(c)　　　　　　　　　　　(d)

图 3.11　基体合金和不同纳米颗粒加入量下锶变质铝硅基复合材料中共晶晶粒的金相组织照片

(a) 基体合金；(b) 0.5％(体积分数)；(c) 1.0％(体积分数)；(d) 2.0％(体积分数)

数)后,共晶晶粒的尺寸变化却并不明显,与加入量为 1.5％(体积分数)相比,共晶晶粒的尺寸仅减小了 8.5％,这说明 1.5％(体积分数)纳米颗粒加入量是细化 Al‑10Si 合金共晶晶粒尺寸的最优加入量。

3.4.2　纳米颗粒对共晶 Si 的形核促进机理

图 3.12 所示为分布在铝硅共晶组织中纳米颗粒的 TEM 分析。图 3.12 (a)展示了复合材料中共晶硅颗粒的微观组织。如图所示,一些纳米颗粒在共晶硅的基体内分布。此外,在共晶硅的基体上还可以看到沿 $\langle 112 \rangle$Si 方向生长的平行硅孪晶。图 3.12(a)中标注的取向为共晶硅孪晶凹角机制典型的生长方向。将晶带轴旋转至 $\langle 001 \rangle_{Si}$ 可以获得共晶硅和纳米颗粒的选区衍射斑点图谱,如图 3.12(b)所示。选区电子衍射的分析表明,共晶硅基体与 TiCN 纳米颗粒之间具有特定的晶体学取向关系：$(020)_{Si}$ $[001]_{Si}$// $(\overline{1}1\overline{1})_{NP}$ $[\overline{1}12]_{NP}$。与 3.3.3 节类似,通过取向关系来计算硅晶体与 TiCN 纳米颗粒之间的错配度。经过计算可知,在 $\{200\}_{Si}$ 晶面上的 $\langle 100 \rangle_{Si}$ 晶向与 $\{111\}_{NP}$ 晶面上的 $\langle 112 \rangle_{NP}$ 晶向之间的原子间错配度约为 3.2％。共晶硅与纳米颗粒之间较小的错配度也说明,TiCN 纳米颗粒可以作为共晶硅异质形核有效的形核核心。应用边对边匹配模型对 TiCN 与 Si 之间的取向关系进行了预测,并计算出了可能的沿匹配方向上的原子间错配度,计算结果列在表 3.2 中。从表中可以看出,尽管 TiCN 和 Si 之间可以形成多组取向关系,但是只有一组取向关系满足原子间的错配度小于 10％,这组取向关系为 $\{200\}_N$//$\{111\}_S$,$\langle 001 \rangle_N$//$\langle 112 \rangle_S$。研

究表明,模型预测的取向关系与实验观察的结果相吻合。图 3.12(c)是另一个共晶硅颗粒的 TEM 分析图片。根据图 3.12(d)可以看出,TiCN 纳米颗粒与共晶硅之间形成了近乎完全共格的界面,而且界面处没有中间产物生成,这说明 TiCN 与 Si 之间并没有发生任何反应。此外,共晶硅的 $(0\bar{2}0)_{Si}$ 晶面与 TiCN 的 $(1\bar{1}1)_{NP}$ 晶面几乎平行,它们之间仅形成了 18° 的夹角。因此,可以得

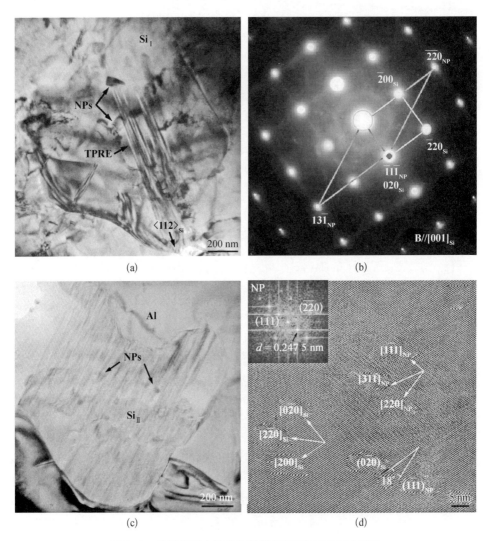

(a)   (b)

(c)   (d)

图 3.12　共晶组织中纳米颗粒的 TEM 和 HRTEM 照片

(a) Si_{I} 颗粒的明场 TEM 照片;(b) 纳米颗粒与基体的选区电子衍射斑点;(c) Si_{II} 颗粒的明场 TEM 照片;(d) 纳米颗粒和 Si_{II} 之间界面的 HRTEM 照片以及纳米颗粒的快速傅里叶变换结果

到一组共晶硅与纳米颗粒之间的取向关系：$(0\bar{2}0)_{Si}[001]_{Si}//(1\bar{1}1)_{NP}[\bar{1}12]_{NP}$。可以推测，硅晶体很有可能会依附在纳米颗粒的 $\{111\}_{NP}$ 密排面上形核。

表 3.2　根据边对边匹配模型预测的 TiCN 与 Si 之间可能的取向关系

晶体结构和晶格常数	匹配平面	$f_p/\%$	匹配方向	$f_a/\%$	取向关系
N：Si FCC $a=0.542\,1\ nm$	$\{200\}_N//\{111\}_S$	8.706	$\langle100\rangle_N//\langle112\rangle_S$	3.168	
	$\{220\}_N//\{200\}_S$	11.818	$\langle110\rangle_N//\langle100\rangle_S$	11.818	$\{200\}_N//\{111\}_S$
			$\langle112\rangle_N//\langle111\rangle_S$	11.817	$\langle001\rangle_N//\langle112\rangle_S$
S：TiCN FCC $a=0.428\,6\ nm$	$\{111\}_N//\{111\}_S$	20.916	$\langle111\rangle_N//\langle111\rangle_S$	20.933	

为了进一步验证这种推测，下面对形核过程进行理论分析。根据经典形核理论可知，每一个形核位置都只对应一个形核晶粒，这表明参与共晶硅形核的纳米颗粒的数量是十分有限的。尽管一些纳米颗粒会被生长的硅晶粒吞噬，从而分布于共晶硅的内部，但是这些纳米颗粒并不能对共晶硅的形核起到任何促进作用。此外，根据自由生长理论，纳米颗粒的尺寸以及它们的尺寸分布对晶体的形核效率具有十分重要的影响。对于给定的颗粒尺寸，晶粒在颗粒表面萌生的临界过冷度是固定的，当熔体过冷度高于临界过冷度时，晶核可以继续生长；反之，晶体的自由生长会被抑制。在自由生长理论中，临界过冷度 ΔT_{fg} 与颗粒尺寸 d 之间的关系为

$$\Delta T_{fg} = \frac{4\gamma}{\Delta S d} \tag{3.3}$$

式中，γ 为硅晶体的固-液界面能；ΔS 为硅晶体的单位体积熔化熵。在本研究中，γ 为 $3.52\times10^{-1}\ J\cdot m^{-2}$，$\Delta S$ 为 $7.3\times10^6\ J\cdot K^{-1}\cdot m^{-3}$。

经计算，平均尺寸为 80 nm 的纳米颗粒所对应的共晶硅临界过冷度为 2.4 K。而实验结果显示，当纳米颗粒的加入量达到 2.0%（体积分数）后，共晶过冷度从基体合金的 4.3 K 减小到 2.9 K。共晶过冷度的降低表明纳米颗粒促进了共晶硅的形核。由于测得的复合材料共晶过冷度（2.9 K）大于预测的临界过冷度（2.4 K），因此共晶硅的晶核可以依附在 TiCN 纳米颗粒的表面形核生长，即共晶硅的晶核会依附在 TiCN 纳米颗粒的 $\{111\}_{Si}$ 密排面上形核长大。

3.5 结论

TiC$_{0.5}$N$_{0.5}$纳米颗粒对铝硅合金的晶体生长有着非常明显的限制作用。纳米颗粒对α-Al晶粒的细化作用可以从生长和形核两方面来考虑,纳米颗粒会自发地在α-Al晶粒的晶界处富集并形成致密的纳米颗粒层,阻碍液相中的溶质原子向α-Al固-液界面处扩散传播,从而有效地抑制α-Al晶粒的生长。而纳米颗粒与α-Al之间的原子间错配度为5.853%,有特定的取向关系,可以作为α-Al异质形核有效的形核基底。另外,纳米颗粒对共晶组织也有良好的细化作用,其机理主要在形核方面。TiC$_{0.5}$N$_{0.5}$纳米颗粒与共晶硅之间具有特定的晶体学匹配关系。经计算,硅晶体与TiC$_{0.5}$N$_{0.5}$纳米颗粒之间的错配度约为3.2%,这表明TiC$_{0.5}$N$_{0.5}$纳米颗粒可以作为硅晶体异质形核有效的形核核心,促进共晶硅的形核。

参考文献

[1] Wang K, Jiang H Y, Jia Y W, et al. Nanoparticle-inhibited growth of primary aluminum in Al-10Si alloys[J]. Acta Materialia, 2016, 103: 252-263.

[2] Wang K, Jiang H Y, Wang Q D, et al. A novel method to achieve grain refinement in aluminum[J]. Metallurgical and Materials Transactions A, 2016, 47: 4788-4794.

[3] 王奎. TiCN纳米颗粒细化纯铝及铝硅合金的机理研究[D]. 上海:上海交通大学,2017.

[4] Wang K, Jiang H Y, Wang Y X, et al. Microstructure and mechanical properties of hypoeutectic Al-Si composite reinforced with TiCN nanoparticles[J]. Materials & Design, 2016, 95: 545-554.

[5] Wang K, Jiang H Y, Wang Q D, et al. Nanoparticle-induced nucleation of eutectic silicon in hypoeutectic Al-Si alloy[J]. Materials Characterization, 2016, 117: 41-46.

[6] Wang K, Jiang H Y, Wang Q D, et al. Influence of nanoparticles on microstructural evolution and mechanical properties of Sr-modified Al-10Si alloys[J]. Materials Science and Engineering A, 2016, 666: 264-268.

第4章 边对边匹配模型在阐释铝合金晶体生长机制中的应用

边对边匹配（edge-to-edge matching，E2EM）模型是一种基于界面能最小原则的相变晶体学模型，广泛应用于母相/沉淀相、形核核心/金属基体间的晶体学匹配关系计算。本章首先介绍了 E2EM 模型的基本求解方法与注意事项，随后介绍了利用 E2EM 模型分析铝合金 Zr 细化及 Zr/Ti"共中毒"现象的研究实例，最后对 E2EM 模型在阐释铝合金晶体生长机制中的作用进行了总结。

4.1 引言

相变晶体学研究相变过程中两相之间的晶体学规律，如沉淀析出相与母相之间的位向关系、沉淀析出相的惯态面（habit plane），以及两相间的界面结构等，能够为材料组织设计与控制提供理论支撑[1]。已有的经典相变晶体学模型包括基于界面错配度最小化的 O 点阵（O-lattice）模型和不变线（invariant line）模型；基于界面晶格匹配区域最大化的结构台阶（structure ledge）模型和近重位位置（near-coincidence site，NCS）模型等。

1999 年，张明星[2]在 Frank[3]和 Shiflet[4]等的研究基础上，基于界面原子列（atom row）匹配时界面能最小的原则，针对沉淀相变系统地提出了边对边匹配（edge-to-edge matching，E2EM）模型。与其他晶体学模型相比，E2EM 模型简单直观，并且能够预测两相的位向关系。大量学者利用 E2EM 模型成功推算了 FCC/BCC[2]、HCP/BCC[5]、HCP/FCC[6]等各种体系可能存在的晶体学关系，并用实例验证了该模型的适用性和普遍性。

近年来，E2EM 模型由母相/沉淀相体系逐渐拓展到形核核心/金属基体间的晶体学匹配关系计算中，进而在阐释晶粒细化和"中毒"现象的机制、评估现有晶粒细化剂的作用、寻找新的高效细化剂等方面发挥关键作用[7-10]。

4.2 边对边匹配(E2EM)模型

4.2.1 E2EM 模型的提出

Frank 最初于 1953 年提出原子列重位(row coincidence)模型[3]。Shiflet 和 Merwe 在 1994 年通过计算证明,当晶格常数比满足原子列匹配时,含有这些原子列的界面能量最低,即原子列匹配是界面能量最小化的充分条件,是比晶面匹配更好的判据[4]。在此基础上,张明星、Kelly 于 1999 年提出了一种能够预测由扩散相变形成的沉淀相的晶体学特征的边对边匹配(edge-to-edge matching,E2EM)模型[2]。该模型主要依赖于在析出相与基体间的界面上有相匹配的密排/近密排原子列,可以基于给定的晶体结构,简单、快速地预测两相位向关系(orientation relationship,OR)和惯态面,其缺点是无法精确描述界面结构(如位错等)。

4.2.2 E2EM 模型的基本原则

边对边匹配模型基于以下物理原则[11]:

(1)通常情况下,当长程原子扩散形成的沉淀相和母相表面能随界面位向关系变化而不发生显著变化时,沉淀相的晶体学特征是由两相界面能量最小化控制的。

(2)如果不考虑表面能各向异性,则两相的密排/近密排原子列在界面匹配时,界面能最小[4]。在判定原子列匹配时,原子间距不一定严格匹配,但原子列间距必须严格匹配,即原子列的各原子之间可以有错配,但原子列的法线方向无错配。

(3)为了实现两相密排/近密排原子列在界面的匹配,这些原子列需要相互平行,包含这些原子列的密排/近密排晶面需要在界面处满足边对边匹配,即晶面的边缘必须由密排/近密排原子列组成,如图 4.1 所示[10]。

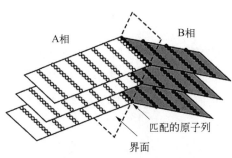

图 4.1 边对边匹配模型示意图(密排/近密排原子列相互平行且在界面处匹配)

4.2.3 E2EM 模型的基本求解方法

已知两相的晶体结构、晶格常数及原子位置后,即可使用 E2EM 模型求解两相的位向关系。求解过程通常包含以下三个基本步骤[11]。

1）第一步：确定匹配方向

首先，需要在两相中寻找相互平行、密排（close-packed，CP）或近似密排的原子列（atom row）。原子列可以是直线形（straight）或"之"字形（zigzag），如图 4.2 所示。之字形原子列相邻原子间的夹角应相对较大（通常大于 120°）[7]。

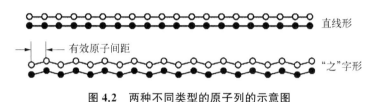

图 4.2 两种不同类型的原子列的示意图

随后，用式（4.1）计算选定密排方向的错配度 f_r：

$$f_\mathrm{r} = \frac{|r_\mathrm{A} - r_\mathrm{B}|}{r_\mathrm{A}} \tag{4.1}$$

式中，r 为密排方向的原子间距（若是"之"字形原子列，r 应为有效原子间距，如图 4.2 所示）。若 f_r 小于一定值（通常为 10%，参考 Kurdjumov-Sachs 关系和 Nishiyama-Wasserman 关系），则成功建立了一对相互匹配的晶向：$[u\ v\ w]_\mathrm{A}//[u\ v\ w]_\mathrm{B}$。

2）第二步：确定匹配晶面

首先在两相中寻找包含先前确定的匹配晶向的晶面，确保它们为密排或近似密排面，并具有较高的结构因子。

随后，用式（4.2）计算选定密排面的错配度 f_d：

$$f_\mathrm{d} = \frac{|d_\mathrm{A} - d_\mathrm{B}|}{d_\mathrm{A}} \tag{4.2}$$

式中，d 为密排面的晶面间距。若 f_d 小于一定值（通常为 10%，也有文献取 6%），则成功建立了一对相互匹配的晶面：$(h\ k\ l)_\mathrm{A}//(h\ k\ l)_\mathrm{B}$。

3）第三步：确定位向关系

根据筛选出的密排方向以及对应的密排面即可基本确定两相的位向关系：

$$[u\ v\ w]_\mathrm{A}//[u\ v\ w]_\mathrm{B}$$
$$(h\ k\ l)_\mathrm{A}//(h\ k\ l)_\mathrm{B}$$

式中，匹配晶向必须彼此平行，但允许匹配晶面围绕匹配方向进行小幅度旋转，

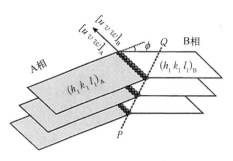

图 4.3 边对边匹配模型确定两相位向关系示意图

即可以表示为

$$[u\ v\ w]_A // [u\ v\ w]_B$$

$$(h\ k\ l)_A \Phi\, degree\ from\ (h\ k\ l)_B$$

如图 4.3 所示[11]。

利用 Δg 平行判据(Δg parallelism criterion)[12],可以进一步细化求解匹配晶面之间的角度偏差 Φ。Δg 是位移矢量,定义为

$$\Delta g = g_\alpha - g_\beta \qquad (4.3)$$

式中,g_α 和 g_β 是 α 和 β 晶格的倒易矢量。通常两个 Δg 是平行的,相应的惯态面则垂直于 Δg。Δg 平行判据并不归属于 E2EM 模型,此处不再赘述具体求解方法。下面介绍应用边对边匹配模型阐释铝合金 Zr 的细化机制和 Zr/Ti"共中毒"现象的两个研究实例。

4.3 应用边对边匹配模型阐释铝合金 Zr 的细化机制

在铝合金中添加 Zr 元素将产生显著的晶粒细化效果,许多学者简单地将其归因于 Al_3Zr 相引发的包晶反应[13],但是相关实验证据较缺乏。还有研究人员使用 Q 值模型分析了包括 Zr 在内的一系列包晶型溶质对纯铝的晶粒细化行为,并认为添加 Zr 引入了大量的形核核心,通过非均匀成核促进了晶粒细化[14]。然而,该研究提供的实验证据也很少。此外,虽然厘清 Al_3Zr 和 Al 基体间的晶体学关系对探明晶粒细化行为非常关键,但相关研究很少[15]。总之,现有的研究难以从理论和实验的角度充分理解晶粒细化的详细机制。Zr 的晶粒细化作用主要是与 Al_3Zr 相引发的包晶反应有关,还是与 Al_3Zr 相引发 Al 的非均质形核有关,或者两者兼而有之,也有待探讨。

Wang 等运用 E2EM 模型对 Al_3Zr 和 Al 基体之间的晶体学特征进行了计算,以评估 Al_3Zr 的形核能力,并结合电子背散射衍射(electron back scatter diffraction,EBSD)和透射电子显微镜表征验证了其晶体学匹配关系,证实了在铝合金中添加 Zr 导致的晶粒细化主要归因于 Al_3Zr 相促进的非均匀形核[8]。

4.3.1　铝合金 Zr 细化的 E2EM 分析

为了评估 Al_3Zr 相的成核能力,首先使用 E2EM 模型研究 Al_3Zr 与 Al 基体之间的晶体学匹配。E2EM 模型基于两相晶体结构、晶格参数和原子位置信息,确认密排原子列和密排面,并计算沿着密排方向错配度 f_r 和密排面间的错配度 f_d。Al 具有面心立方(FCC)结构,晶格参数 $a=0.404\ 9$ nm。Al 沿 $\langle 110 \rangle^S_{Al}$ 方向有一条密排的直线形原子列,沿 $\langle \bar{2}11 \rangle^Z_{Al}$ 方向有一条近似密排的"之"字形原子列。为方便起见,上标"S"和"Z"分别用于表示直线形和"之"字形原子列。Al 具有 3 个密排或近密排面。密排程度最高的晶面是 $\{111\}_{Al}$,它包含 $\langle 110 \rangle^S_{Al}$ 和 $\langle \bar{2}11 \rangle^Z_{Al}$ 方向。密排程度排在其次的晶面是 $\{020\}_{Al}$,它只包含 $\langle 110 \rangle^S_{Al}$ 方向。另一个密排面是 $\{220\}_{Al}$,它也包含 $\langle 110 \rangle^S_{Al}$ 和 $\langle \bar{2}11 \rangle^Z_{Al}$ 方向。Al 在最密排面 $\{111\}$ 内的原子排布如图 4.4(a) 所示。Al_3Zr 相具有四方结构,晶格参数 $a=0.400\ 7$ nm,$c=1.728\ 6$ nm,每个晶胞包含 12 个 Al 原子和 4 个 Zr 原子。Al_3Zr 的最密排面是 $\{114\}$,它包含 3 个密排原子列: $\langle 110 \rangle^S_{Al_3Zr}$、$\langle 40\bar{1} \rangle^S_{Al_3Zr}$ 和 $\langle 22\bar{1} \rangle^Z_{Al_3Zr}$。次密排面是 $\{020\}$,它只包含 1 个密排原子列: $\langle 40\bar{1} \rangle^S_{Al_3Zr}$。还有一个可能的密排面是 $\{220\}$,它包含 2 个密排原子列: $\langle 110 \rangle^S_{Al_3Zr}$ 和 $\langle 22\bar{1} \rangle^Z_{Al_3Zr}$。$Al_3Zr$ 在最密排面 $\{114\}$ 内的原子排布如图 4.4(b) 所示。

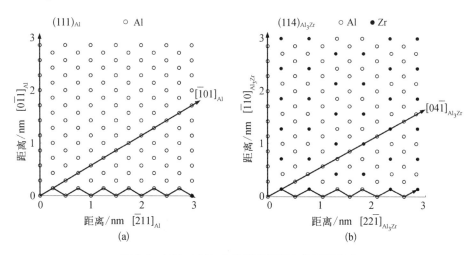

图 4.4　Al 和 Al_3Zr 在其最密排面上的原子排布

(a) $(111)_{Al}$; (b) $(114)_{Al_3Zr}$

基于以上确定的密排原子列和密排面,计算 Al_3Zr 与 Al 基体之间的 f_r 和 f_d 值。表 4.1 列出了计算所得 Al_3Zr 与 Al 之间相同类型的密排原子列(即直线与直线匹配,"之"字与"之"字匹配)的错配度 f_r 值。不难发现,所有 f_r 值均小于 5%。

表 4.1　Al₃Zr 与 Al 基体之间的密排原子列的错配度 f_r

类　别	$\langle 110\rangle_{Al}^S // \langle 110\rangle_{Al_3Zr}^S$	$\langle 110\rangle_{Al}^S // \langle 40\bar{1}\rangle_{Al_3Zr}^S$	$\langle \bar{2}11\rangle_{Al}^Z // \langle 22\bar{1}\rangle_{Al_3Zr}^Z$
错配度 f_r/%	1.05	1.990	4.03

表 4.2 列出了计算所得 Al₃Zr 与 Al 之间密排面的错配度 f_d 值。只有 3 对密排面的 f_d 低于 10%,分别如下:$\{111\}_{Al}//\{114\}_{Al_3Zr}$,$f_d=1.34\%$;$\{020\}_{Al}//\{020\}_{Al_3Zr}$,$f_d=1.05\%$;$\{022\}_{Al}//\{220\}_{Al_3Zr}$,$f_d=1.05\%$。

表 4.2　Al₃Zr 与 Al 基体之间的密排面的错配度 f_d

类　别	$\{111\}_{Al}//$ $\{114\}_{Al_3Zr}$	$\{111\}_{Al}//$ $\{020\}_{Al_3Zr}$	$\{111\}_{Al}//$ $\{220\}_{Al_3Zr}$	$\{020\}_{Al}//$ $\{114\}_{Al_3Zr}$	$\{020\}_{Al}//$ $\{020\}_{Al_3Zr}$
错配度 f_r/%	1.34	17.00	64.79	14.77	1.05

类　别	$\{020\}_{Al}//$ $\{220\}_{Al_3Zr}$	$\{022\}_{Al}//$ $\{114\}_{Al_3Zr}$	$\{022\}_{Al}//$ $\{020\}_{Al_3Zr}$	$\{022\}_{Al}//$ $\{220\}_{Al_3Zr}$
错配度 f_r/%	42.25	39.66	28.05	1.05

根据 E2EM 模型,为了形成有效的位向关系,匹配原子列必须位于匹配晶面中。f_r 小于 10% 的 3 对密排原子列及包含这 3 对密排原子列的 f_d 小于 10% 的密排面对如图 4.5 所示。因为给定原子列对始终位于一对或多对密排面中,所以用箭头指示给定原子列对的关联密排面对。

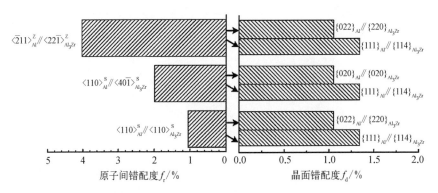

图 4.5　E2EM 预测的匹配原子列对和包含它们的相关匹配晶面对

将匹配的原子列对与相应的晶面对组合,即可获得 6 个可能的位向关系。使用 Δg 平行判据对这些位向关系进行细化后,预测了 Al_3Zr 与 Al 基体之间的 3 个可辨的位向关系,列于表 4.3 中,它们可能在 Al‑Zr 合金中被观察到。

表 4.3　Al_3Zr 和 Al 之间细化的晶体学位向关系

位相关系	匹配晶向 1	匹配晶向 2	匹配晶面
A	$[1\bar{1}0]^S_{Al_3Zr}//[101]^S_{Al}$	$[40\bar{1}]^S_{Al_3Zr}$ 与 $[1\bar{1}0]^S_{Al}$ 之间的夹角为 $1.34°$	$(114)_{Al_3Zr}$ 与 $(111)_{Al}$ 之间的夹角为 $3.50°$
B	$[40\bar{1}]^S_{Al_3Zr}//[1\bar{1}0]^S_{Al}$	$[1\bar{1}0]^S_{Al_3Zr}$ 与 $[101]^S_{Al}$ 之间的夹角为 $1.26°$	$(114)_{Al_3Zr}$ 与 $(111)_{Al}$ 之间的夹角为 $0.04°$
C	$[1\bar{1}0]^S_{Al_3Zr}$ 与 $[101]^S_{Al}$ 之间的夹角为 $0.68°$	$[40\bar{1}]^S_{Al_3Zr}$ 与 $[1\bar{1}0]^S_{Al}$ 之间的夹角为 $1.30°$	$(114)_{Al_3Zr}$ 与 $(111)_{Al}$ 之间的夹角为 $0.68°$

4.3.2　铝合金 Zr 细化的 EBSD 和 TEM 验证

进一步通过实验证实以上预测。首先,使用电子背散射衍射(electron back scattered diffraction,EBSD)确定 Al_3Zr 与 Al 基体间的位向关系,如图 4.6 所示。根据图 4.6(a)的背散射电子(back scattered electron,BSE)图像,可以清晰地观察到位于或靠近晶粒中心的 Al_3Zr 相,图 4.6(b)(c)分别为 Al_3Zr 和 Al 相应的 EBSD 图案。不难发现,$(114)_{Al_3Zr}$ 菊池线几乎平行于 $(11\bar{1})_{Al}$ 菊池线,并且 $[1\bar{1}0]_{Al_3Zr}$ 和 $[40\bar{1}]_{Al_3Zr}$ 菊池极分别非常接近 $[101]_{Al}$ 和 $[1\bar{1}0]_{Al}$ 菊池极。因此,图 4.5 所示的位向关系可以大致表示为 $[1\bar{1}0]_{Al_3Zr}//[101]_{Al}$、$[40\bar{1}]_{Al_3Zr}//[1\bar{1}0]_{Al}$ 和 $(114)_{Al_3Zr}//(11\bar{1})_{Al}$。

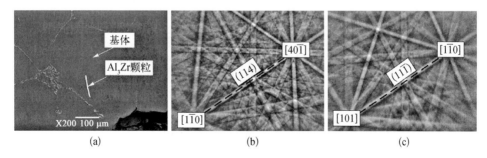

图 4.6　Al_3Zr 和 Al 基体的 SEM 背散射图像和 EBSD 图案

(a) 位于或靠近晶粒中心的 Al_3Zr 相的 BSE 图像;(b) Al_3Zr 相的 EBSD 图案;(c) Al 基体的 EBSD 图案

为了提高实验结果的准确性,并验证 EBSD 结果,在先进的 TEM 中使用会聚束菊池线衍射图案(convergent beam kikuchi line diffraction pattern,CBKLDP)进一步确定了 Al_3Zr 与 Al 基体间的位向关系,如图 4.7 所示。图 4.7(a)显示了分布在 Al 基体中的 Al_3Zr 相的典型 TEM 图像,图 4.7(b)(c)分别为 Al_3Zr 和 Al 相应的菊池线衍射图案。对菊池花样进行索引后,图 4.7 所示的位向关系可以表示如下:

(1) $[1\bar{1}0]_{Al_3Zr}$ 与 $[101]_{Al}$ 之间的夹角为 $0.91°$;

(2) $[40\bar{1}]_{Al_3Zr}$ 与 $[1\bar{1}0]_{Al}$ 之间的夹角为 $0.74°$;

(3) $(114)_{Al_3Zr}$ 与 $(11\bar{1})_{Al}$ 之间的夹角为 $0.87°$。

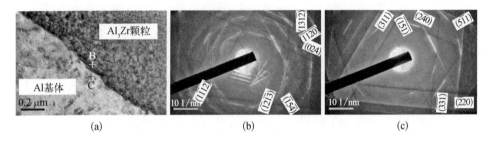

图 4.7　Al_3Zr 和 Al 基体间的位向关系

(a) Al_3Zr 与 Al 基体界面的 TEM 明场图像;(b) Al_3Zr 相的菊池图案;(c) Al 基体的菊池图案

不难发现,使用 EBSD 和 CBKLDP 方法确定的位向关系与 E2EM 模型预测的位向关系高度一致。这进一步证实了 E2EM 模型预测的准确性,以及 Al_3Zr 与 Al 之间有利的晶体学匹配。

4.3.3　小结

基于 E2EM 模型对 Al_3Zr 和 Al 的晶体学研究表明,Al_3Zr 与 Al 之间的原子间距错配 f_r 和晶面错配 f_d 值非常小,这意味着 Al_3Zr 在 Al 基体中的晶粒细化效率很高。

基于 E2EM 模型预测了 Al_3Zr 与 Al 之间的 3 种位向关系。EBSD 和 TEM 也对其进行了实验验证。这些位向关系如下:

(1) $[1\bar{1}0]_{Al_3Zr}^S//[101]_{Al}^S$;

　　$[40\bar{1}]_{Al_3Zr}^S$ 与 $[1\bar{1}0]_{Al}^S$ 之间的夹角为 $1.34°$;

　　$(114)_{Al_3Zr}$ 与 $(111)_{Al}$ 之间的夹角为 $3.50°$。

(2) $[40\bar{1}]_{Al_3Zr}^S//[1\bar{1}0]_{Al}^S$;

　　$[1\bar{1}0]_{Al_3Zr}^S$ 与 $[101]_{Al}^S$ 之间的夹角为 $1.26°$;

$(114)_{Al_3Zr}$与$(111)_{Al}$之间的夹角为 0.04°。

(3) $[1\bar{1}0]^S_{Al_3Zr}$与$[101]^S_{Al}$之间的夹角为 0.68°；

$[40\bar{1}]^S_{Al_3Zr}$与$[1\bar{1}0]^S_{Al}$之间的夹角为 1.30°；

$(114)_{Al_3Zr}$与$(111)_{Al}$之间的夹角为 0.68°。

4.4　应用边对边模型阐释铝合金 Zr/Ti"共中毒"现象

Cibula[16]发现,当 Ti 与 B 一起添加到铝合金中,将产生显著的晶粒细化效果。据此,他开发了一系列 Al - Ti - B 中间合金,其中 Al - 5Ti - 1B 具有最佳的细化效果。通常,在商业铝合金中仅添加 0.1%(质量分数)的 Al - 5Ti - 1B,即可将晶粒从几毫米减小至 200 μm。如 4.3 节所述,Zr 是另一种铝合金高效晶粒细化剂。不仅溶质 Zr 具有相当强的偏析能力,而且当 Zr 含量超过 0.11%(质量分数)时,形成的 Al_3Zr 相也可作为有效形核核心。然而,当 Ti 和 Zr 同时添加到铝熔体中时,其晶粒细化效果将小于两者单独添加时的效果,这一现象称为 Zr/Ti"共中毒(co-poisoning)"。例如,采用 Al - 5Ti - B 细化含 Zr 的 7 050 合金所得的晶粒尺寸是细化不含 Zr 的 7 050 合金的 2 倍。

产生这种"共中毒"现象的原因尚无统一解释,目前学界主要有两种观点：① Zr 干扰了 Al - Ti - B 中间合金中 Al_3Ti 和/或 TiB_2 的成核,与它们形成了 $Al_3(Zr_xTi_{1-x})$ 和/或 $(Zr_xTi_{1-x})B_2$ 化合物[17]；② Zr 与铝合金中的 Fe 杂质形成了某些无法参与成核的金属间化合物[18]。尽管这两种观点存在一定差异,但公认的是,当 Zr 和 Ti 同时存在于 Al 熔体中时,一定会形成某些"中毒化合物",使 Al - Ti - B 细化效率降低。但"中毒化合物"的成分及其损害细化效率的内在机制尚未厘清。

Qiu 等运用 E2EM 模型探索了可能的"中毒化合物"成分,以更严格、更合乎逻辑的方式解释了 Zr/Ti"共中毒"现象[9]。

4.4.1　不含 Fe 杂质的超高纯铝的 E2EM 分析

本节将 E2EM 模型应用于 Al - 5Ti - 1B 中间合金细化的超高纯 Al 体系,从晶体匹配的角度研究是否可能发生"共中毒"现象。除 Zr 外没有其他杂质参与反应,因此铝熔体中仅可能形成四种二元金属间化合物：Al_3Zr、Al_3Ti、ZrB_2 和 TiB_2。

表 4.4 中列出了 Al 和四种二元金属间化合物的晶体结构、晶格参数以及根

据 E2EM 模型计算的密排方向(CP row)和密排面(CP plane)。沿密排方向的原子间距用 r_{uvw} 表示,而密排面的面间距用 d_{hkl} 表示。密排方向的上标 S 代表它们是直线形原子列,"之"字形原子列在本节不予考虑。基于表 4.4 所列的晶体学数据,可以计算出这四种化合物与 Al 基体间沿密排方向的 f_r 值和密排面之间的 f_d 值,结果如图 4.8 所示。

表 4.4　Al 及不含 Fe 杂质的 Al 熔体中四种二元金属间化合物的晶体学数据

相	晶体结构	空间群	晶格参数/nm			密排方向	r_{uvw}/nm	密排面	d_{hkl}/nm
			a	b	c				
Al	立方晶系	$Fm\bar{3}m$	0.404 9	—	—	$\langle110\rangle^S$	0.286 3	$\{111\}$	0.233 8
								$\{020\}$	0.202 5
Al$_3$Ti	四方晶系	I4/mmm	0.385 4	—	0.858 4	$\langle201\rangle^S$	0.288 4	$\{112\}$	0.230 0
						$\langle110\rangle^S$	0.272 5	$\{040\}$	0.214 6
Al$_3$Zr	四方晶系	I4/mmm	0.399 9	—	1.728 3	$\langle401\rangle^S$	0.294 4	$\{114\}$	0.236 6
						$\langle110\rangle^S$	0.282 8	$\{080\}$	0.216 0
TiB$_2$	六方晶系	P6/mmm	0.303	—	0.323	$\langle2\bar{1}\bar{1}0\rangle^S$	0.303	$\{0\,001\}$	0.323 0
						$\langle0001\rangle^S$	0.323	$\{0\bar{1}10\}$	0.262 4
								$\{0\bar{1}11\}$	0.203 7
ZrB$_2$	六方晶系	P6/mmm	0.317	—	0.353	$\langle2\bar{1}\bar{1}0\rangle^S$	0.303	$\{0001\}$	0.353 0
						$\langle0001\rangle^S$	0.323	$\{0\bar{1}10\}$	0.274 5
								$\{0\bar{1}11\}$	0.216 7

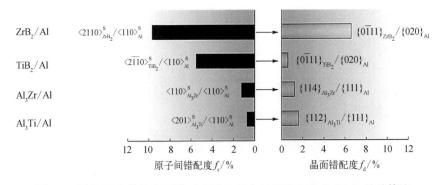

图 4.8　不含 Fe 杂质的 Al 熔体中各种二元金属间化合物 f_r 和 f_d 的计算值

从图 4.8 中可以看出,Al$_3$Ti 和 Al$_3$Zr 都拥有一对匹配良好的密排方向,根据计算,f_r 值分别为 0.7% 和 1.2%,而相应密排面的 f_d 值也均小于 2%。两种硼化物和 Al 之间的匹配程度相对较低,但 f_r 和 f_d 仍低于 10% 的阈值。总之,这四种相没有出现过大的 f_r 和 f_d 值,即它们都难以发生"中毒"现象。

此前有学者提出,当 Zr 和 Ti 同时加入时,部分 Zr 将取代 Ti,在 TiB$_2$ 颗粒表面形成一层 ZrB$_2$,使 TiB$_2$ 晶格膨胀,从而与 Al 晶格的错配度增加,最终降低其成核能力[19]。由图 4.8 可知,TiB$_2$ 和 ZrB$_2$ 的 f_r 值分别为 5.5% 和 9.7%,即对于 $(Zr_x Ti_{1-x})B_2$ 而言,f_r 值介于两者之间。这样来看,虽然 $(Zr_x Ti_{1-x})B_2$ 与 TiB$_2$ 相比,与基体的匹配度确实有所减少,成核能力轻度削弱,但是并不会产生严重的"中毒"现象。一方面,$(Zr_x Ti_{1-x})B_2$ 的 f_r 值未超过 10% 的经验阈值,仍然可以作为形核核心;另一方面,Zr 原子置换也会释放出部分 Ti 原子进入熔体,而 Ti 是铝合金中生长限制因子最大的元素,稍微增加 Ti 溶质含量就可大幅度提高溶质偏析能力,这将显著限制晶粒的长大,促进晶粒的细化。以此类推,Al$_3$$(Zr_x Ti_{1-x})$ 也不能对成核产生实质性的影响。此外,当 Zr 添加量超过 0.11% 时,在 Al 熔体中形成的 Al$_3$Zr 颗粒同样是有效的形核核心。综上,在高纯 Al 中同时加入 Zr 和 Ti,不会产生"中毒"现象。

4.4.2　含 Fe 杂质的工业级纯铝的 E2EM 分析

排除了第一组中毒机制后,进一步研究当 Al 熔体中存在 Fe 杂质时可能形成的"中毒化合物"。在 Al-Ti-Zr-Fe 四元系中,首先排除简单的二元 Al-Fe 化合物,因为 Fe 的添加对 Al-5Ti-1B 中间合金的晶粒细化没有任何毒害作用,反而可以在一定程度上提高晶粒细化效率[20]。不含 Al 的二元 Fe-Ti 和 Fe-Zr 化合物也被排除,因为 Al-Fe-Zr 和 Al-Fe-Ti 三元化合物在铝合金熔体中更稳定。因此,只关注可能在熔体中形成的富 Al 三元相。在 Al-Fe-Zr 体系中,有 3 种富 Al 相:Al$_8$Fe$_4$Zr、Al$_{17}$Fe$_3$Zr$_{10}$ 和 Al$_5$Fe$_2$Zr$_3$;而在 Al-Fe-Ti 体系中还有另外 2 种富 Al 相:Al$_{22}$Fe$_3$Ti$_8$ 和 Al$_2$FeTi。

表 4.5 总结了 Al 和 5 种三元相的晶体结构、晶格参数以及根据 E2EM 模型推导的密排方向和密排面,符号的含义与表 4.4 相同。图 4.9 还以更直观的方式展示了每种化合物在相应密排面中的密排方向,原子类别和相对于密排面的位置可见图例,粗实线突出显示密排方向。值得注意的是,Al$_2$TiFe 具有相当复杂的 Th$_6$Mn$_{23}$ 型结构,在单个晶胞中有 120 个原子。其唯一的密排面是 $\{440\}_{Al_2TiFe}$ 晶面族,其上的密排方向为 $[001]_{Al_2TiFe}$ 方向。如图 4.9(f) 所示,沿 $[001]_{Al_2TiFe}$ 方向的原子结构逐行变化,因此,无法在 Al$_2$TiFe 中定义一个可重复的密排原子列,这意味着其与 Al(或 Al$_3$Zr/Ti、Zr/TiB$_2$ 相)之间不能建立匹配界面,无法作为形核核心,但

也不会影响其他相的晶粒细化行为。后续的分析将不考虑 Al_2TiFe。

表 4.5　含 Fe 杂质的 Al 熔体中五种三元相的晶体学数据

相	晶体结构	空间群	晶格参数/nm			密排方向	r_{uvw}/nm	密排面	d_{hkl}/nm
			a	b	c				
Al	立方	$Fm\bar{3}m$	0.404 9	—	—	$\langle110\rangle^S$	0.286 3	$\{111\}$	0.233 8
								$\{020\}$	0.202 5
Al_8Fe_4Zr	四方	$I4/mmm$	0.863 1	—	0.501 5	$\langle011\rangle^S$	0.250 8	$\{040\}$	0.215 8
$Al_{17}Fe_3Zr_{10}$	立方	$Fa\bar{3}m$	0.746	—		$\langle112\rangle^S$	0.304 6	$\{222\}$	0.215 4
$Al_5Fe_2Zr_3$	六方	$P63/mmc$	0.528	—	0.874	$\langle1\bar{1}00\rangle^S$	0.304 8	$\{0004\}$	0.218 5
$Al_{22}Fe_3Ti_8$	立方	$Pm\bar{3}m$	0.394 4	—		$\langle110\rangle^S$	0.277 9	$\{111\}$	0.227 7
Al_2FeTi	立方	$Fm\bar{3}m$	1.203 8	—		NA	NA	$\{440\}$	0.210 2

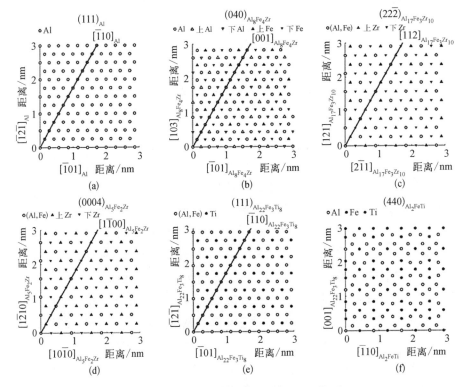

图 4.9　表 4.5 中所列相的密排面原子构型

(a) $(111)_{Al}$；(b) $(040)_{Al_8Fe_4Zr}$；(c) $(22\bar{2})_{Al_7Fe_3Zr_{10}}$；(d) $(0004)_{Al_5Fe_2Zr_3}$；(e) $(111)_{Al_{22}Fe_3Ti_8}$；(f) $(440)_{Al_2FeTi}$

图 4.10 为除 Al_2TiFe 之外,四种含 Fe 三元金属间化合物与 Al 基体间的 f_r 和 f_d 的计算值。简洁起见,只展示各相与 $\langle 110 \rangle_{Al}$ 错配度最低的密排方向,以及与 $\{111\}_{Al}$ 或 $\{200\}_{Al}$ 错配度最低的密排面。$Al_{22}Fe_3Ti_8/Al$ 体系具有最小的 f_r (2.7%) 和 f_d (2.7%),$Al_5Fe_2Zr_3/Al$ 和 $Al_{17}Fe_3Zr_{10}/Al$ 体系也都至少有一对密排方向和密排面满足 10% 的失配阈值。然而,Al_8Fe_4Zr/Al 体系的 f_r 高达 14.2%,表明在 4 种三元金属间化合物中,Al_8Fe_4Zr 与 Al 基体形成有利的位向关系的可能性最低。因此,若 Al_8Fe_4Zr 相存在于 Al 熔体中,则其作为非均匀形核核心的倾向最小。

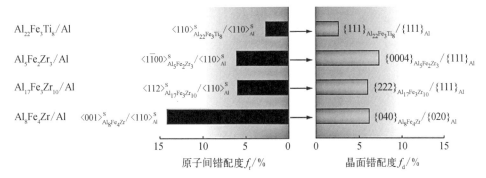

图 4.10　四种含铁三元金属间化合物和 Al 基体间的 f_r 和 f_d 的计算值

根据以上计算结果,最可能的"中毒化合物"是 Al_8Fe_4Zr。然而,在 Al 熔体中形成的 Al_8Fe_4Zr 相会影响哪种形核核心,还有待进一步探索。当 Zr 和 Al-Ti-B 中间合金都加入 Al 熔体中时,Al_3Zr、Al_3Ti、TiB_2 和 ZrB_2 均可以作为形核核心。在 Al_8Fe_4Zr 和 Al-Ti-B 中间合金中的 4 种形核核心以及 Al-Ti-C 中间合金中的主要形核核心 TiC 之间进行 E2EM 失配分析,结果如图 4.11 所示。

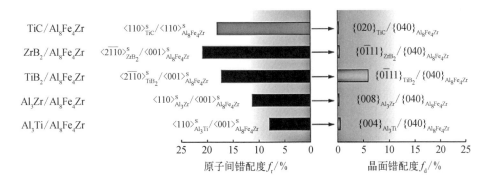

图 4.11　Al_8Fe_4Zr 与 Al-Ti-B/Al-Ti-C 中间合金中的五种晶粒细化剂间的 f_r 和 f_d 计算值

从图 4.11 中可以清晰地看出,只有一对匹配的原子列:$\langle 001 \rangle_{Al_8Fe_4Zr}$ // $\langle 110 \rangle_{Al_3Ti}$,其 f_r 为 7.9%;同时,密排面 $\{040\}_{Al_8Fe_4Zr}$ 和 $\{040\}_{Al}$ 的 f_d 几乎为 0。对于所有其他形核核心,没有一个密排方向符合 10% 失配标准。显然,在所有可能的晶粒细化相中,Al_3Ti 与 Al_8Fe_4Zr 具有最佳的晶体学匹配。因此,这种"中毒化合物"最有可能在 Al_3Ti 表面形成。基于匹配的原子列,采用 $\Delta\boldsymbol{g}$ 平行判据进一步预测 Al_8Fe_4Zr 和 Al_3Ti 之间可能的位向关系:

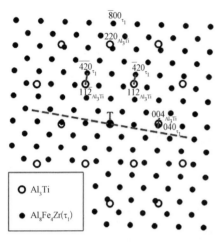

图 4.12 $Al_8Fe_4Zr(\tau_1)$ 和 Al_3Ti 的模拟衍射图案(沿 $[001]_{Al_8Fe_4Zr}$ // $[\overline{1}10]_{Al_3Ti}$ 晶带轴)

(1) $[001]_{Al_8Fe_4Zr}$ // $[\overline{1}10]_{Al_3Ti}$;

(2) $(040)_{Al_8Fe_4Zr}$ 与 $(004)_{Al_3Ti}$ 之间的夹角为 2°;

(3) $(\overline{4}00)_{Al_8Fe_4Zr}$ 与 $(220)_{Al_3Ti}$ 之间的夹角为 2°。

预测的位向关系如图 4.12 所示,其中用 τ_1 代表 Al_8Fe_4Zr。

4.4.3 小结

采用 E2EM 模型,从晶体学原子匹配的角度解释了铝合金中的 Zr/Ti"共中毒"现象,主要结论如下:

(1) 即使 TiB_2 颗粒表面上的一些 Ti 原子可以被 Zr 原子取代,Zr 本身也不会损害 Al - Ti - B 中间合金的晶粒细化效率。

(2) 当铝合金中存在一定量的 Fe 杂质时,就会产生"共中毒"现象。"中毒化合物"为 Al_8Fe_4Zr,这是 Al - Fe - Zr/Ti 体系中唯一一个不能与 Al 基体匹配良好的富 Al 三元相。

(3) Al_8Fe_4Zr 将优先覆盖在 Al_3Ti 表面,不仅使 Al_3Ti 失去形核能力,而且会抑制 Al_3Ti 的溶解速率,减缓 Ti 溶质的释放。这些都将使 Al - Ti - B 中间合金的细化效率降低。

4.5 本章小结

在阐释铝合金晶粒细化机制方面,利用 E2EM 模型成功预测了 Al_3Zr 与 Al

之间的 3 种位向关系,证实了在铝合金中添加 Zr 导致的晶粒细化主要归因于 Al_3Zr 相促进的非均匀形核。在阐释铝合金 Zr/Ti"共中毒"现象机制方面,利用 E2EM 模型寻找到了"中毒化合物"Al_8Fe_4Zr,其与 Al_3Ti 具有良好的晶体学匹配关系,这将对 Al_3Ti 对铝基体的细化效率产生不利影响。

以上研究充分表明,E2EM 模型是计算形核核心/金属基体间的晶体学匹配关系的简单且功能强大的工具。与其他模型相比,E2EM 模型的主要优势是能够预测而不仅仅是解释两相间位向关系,且预测结果与实验结果吻合良好,体现了该模型的正确性和实用性。

参考文献

[1] 邱冬,张文征. 沉淀相变晶体学模型的研究进展[J]. 金属学报,2006,42(4):341 - 349.

[2] Kelly P M, Zhang M X. Edge-to-edge matching-a new approach to the morphology and crystallography of precipitates[J]. Materials Forum, 1999, 23:41 - 62.

[3] Frank F C. Martensite[J]. Acta Materialia, 1953(1):15 - 21.

[4] Shiflet G J, Merwe J H. The role of structural ledges as misfit-compensating defects: fcc-bcc interphase boundaries[J]. Metallurgical and Materials Transactions A, 1994, 25 (9):1895 - 1903.

[5] Zhang M X, Kelly P M. Edge-to-edge matching and its applications: part I. Application to the simple HCP/BCC system[J]. Acta Materialia, 2005, 53 (4):1073 - 1084.

[6] 曹晔,钟宁,王晓东. 边-边匹配晶体学模型及其应用:HCP/FCC 体系晶体学位向关系的预测[J]. 上海交通大学学报,2007(4):586 - 591.

[7] Zhang M X, Kelly P M, Easton M A, et al. Crystallographic study of grain refinement in aluminum alloys using the edge-to-edge matching model[J]. Acta Materialia, 2005, 53 (5):1427 - 1438.

[8] Wang F, Qiu D, Liu Z L, et al. The grain refinement mechanism of cast aluminium by zirconium[J]. Acta Materialia, 2013, 61 (15):5636 - 5645.

[9] Qiu D, Taylor J A, Zhang M X. Understanding the Co-poisoning effect of Zr and Ti on the grain refinement of cast aluminum alloys[J]. Metallurgical and Materials Transactions A, 2010, 41A (13):3412 - 3421.

[10] Qiu D, Taylor J A, Zhang M X, et al. A mechanism for the poisoning effect of silicon on the grain refinement of Al - Si alloys[J]. Acta Materialia, 2007, 55 (4):1447 - 1456.

[11] Kelly P M, Zhang M X. Edge-to-edge matching-The fundamentals[J]. Metallurgical and Materials Transactions A, 2006, 37 (3):833 - 839.

[12] Zhang W Z, Ye F, Zhang C, et al. Unified rationalization of the Pitsch and T-H orientation relationships between Widmanstätten cementite and austenite[J]. Acta Materialia, 2000, 48 (9):2209 - 2219.

[13] Marcantonio J A, Mondolfo L F. Grain refinement in aluminum alloyed with titanium and boron[J]. Metallurgical & Materials Transactions B, 1971, 2: 465 – 471.

[14] Wang F, Liu Z, Qiu D, et al. Revisiting the role of peritectics in grain refinement of Al alloys[J]. Acta Materialia, 2013, 61 (1): 360 – 370.

[15] StJohn D H, Qian M, Easton M A, et al. Grain refinement of magnesium alloys[J]. Metallurgical and Materials Transactions A: Physical Metallurgy and Materials Science, 2005, 36: 1669 – 1679.

[16] Cibula A. The mechanism of rafinacija zrna of sand castings in aluminium leguras[J]. Journal of the Institute of Metals, 1949, 76 (4): 321 – 360.

[17] Abdel-Hamid A A. Effect of other elements on the grain refinement of Al by Ti or Ti and B[J]. International Journal of Materials Research, 1989, 80 (8): 566 – 569.

[18] Rao A A, Murty B, Chakraborty M. Role of zirconium and impurities in grain refinement of aluminium lNith Al – Ti – B[J]. Materials Science and Technology, 1997, 13 (9): 769 – 777.

[19] Jones G P, Pearson J. Factors affecting the grain-refinement of aluminum using titanium and boron additives[J]. Metallurgical Transactions B, 1976, 7 (2): 223 – 234.

[20] Spittle J, Sadli S. The influence of zirconium and chromium on the grain-refining efficiency of Al – Ti – B inoculants[J]. Cast Metals, 1995, 7 (4): 247 – 253.

第5章 纳米颗粒对镁合金凝固组织及力学性能的影响

本章介绍了纳米颗粒的添加对镁合金组织及性能影响的相关研究实例,包括以下几种:① 向 AZ91D 镁合金中添加 $TiC_{0.3}N_{0.7}$ 纳米颗粒,采用熔体超声处理和铸造的方式得到纳米颗粒分散的合金铸锭,研究 $TiC_{0.3}N_{0.7}$ 纳米颗粒在 AZ91D 合金基体中的分布规律,并从异质成核和生长受限的角度讨论纳米颗粒对 α - Mg 相形核与生长的影响;② 向 Mg - 25Zn - 7Al 合金中添加 SiC 纳米颗粒,同样采用熔体超声处理和铸造的方式得到纳米颗粒分散的合金铸锭,系统研究晶粒细化机制,讨论 SiC 纳米颗粒对 α - Mg 枝晶形核和生长的影响,定量分析凝固初生晶粒的形貌、尺寸分布和枝晶尖端生长速率;③ 采用超声搅拌结合蒸发熔体方式制备了均匀分散的大体积分数 SiC 纳米颗粒增强 Mg - 2Zn 合金基复合材料,介绍了其优异的力学性能,以及纳米颗粒在镁合熔体中的自稳定分散机制;④ 通过往复挤压大塑性变形加工制备了含 Mg - 1%(体积分数)SiC_{NP} 的镁基纳米复合材料,介绍了其组织和性能,并阐述了大塑性变形细化基体组织,均匀化纳米颗粒的分布的机制。

5.1 引言

纳米颗粒增强轻金属合金,通常称为金属基纳米复合材料(metal matrix nano-composites,MMNC),由于其相对于合金而言,拥有低密度和高比强度,因此在交通运输、航空航天和国防应用中越来越受到关注[1-3]。金属基纳米复合材料(MMNC)的强度增强主要来自第二相强化和晶粒细化的组合,强化程度具体取决于颗粒的类型,包括 SiC、Al_2O_3、TiB_2、Y_2O_3 和 AlN 等[4-8]。同时,熔铸法作为 MMNC 的常用制备方法,其在凝固时的微观结构对最终微观结构以及部件的在役机械性能方面起着关键作用。有研究表明,细化初生 α - Mg 相,调整第二相的大小和分布状态可明显改善合金性能,也有研究发现,加入 6%(体积分数)SiC 纳米颗粒后,镁合金基体的晶粒尺寸从 110 μm 减小到 30 μm[9]。添加纳米颗粒,一方面可作为异质形核核心,附着在初生相,抑制界面处的溶质扩散,从而使得组织细化。同时,对镁基纳米复合材料进行二次塑性加工,基体的塑性流动能够改善纳米增强相在基体中的分布。常规塑性变形对纳米增强相的重新分布往往导致纳米增强相呈现流线型分布,而大塑性变形能够使纳米增强相均匀分布于金属基体内。大塑性变形能够将基体晶粒细化至亚微米甚至纳米尺度,这将大大提高复合材料的力学性能。

综上所述,纳米颗粒的添加以及后期对镁基纳米复合材料进行的大塑性变形处理,都能够对复合材料的组织及性能起到重大的影响,有较高的研究价值及研究意义,下面结合实例进行具体说明。

5.2 $TiC_{0.3}N_{0.7}$ 纳米颗粒对 AZ91D 镁合金组织的影响

Li 等向 AZ91D 合金中添加 $TiC_{0.3}N_{0.7}$ 纳米颗粒(nanoparticles,NPs),对晶粒细化现象进行了系统的研究,讨论了纳米颗粒对初生 α-Mg 的促进异质成核和生长抑制的作用,最终得出了纳米颗粒对 AZ91D 合金组织细化的规律[10]。下面介绍 $TiC_{0.3}N_{0.7(NP)}$/AZ91D 复合材料制备与 $TiC_{0.3}N_{0.7}$ 纳米颗粒的分散过程,合金中 $TiC_{0.3}N_{0.7}$ 纳米颗粒的分布规律和 $TiC_{0.3}N_{0.7}$ 纳米颗粒对 AZ91D 合金晶粒大小的影响及其机理的研究。

5.2.1 $TiC_{0.3}N_{0.7(NP)}$/AZ91D 复合材料制备

$TiC_{0.3}N_{0.7(NP)}$/AZ91D 复合材料的制备过程分为三步:① AZ91D 合金基体的制备;② 利用高能超声处理技术分散熔体中的 $TiC_{0.3}N_{0.7}$ 纳米颗粒;③ 金属模浇铸和石墨坩埚成型。具体的制备过程如下:

(1) AZ91D 合金基体的制备:将商用高纯镁(纯度为 99.9%)、铝(纯度为 99.5%)和锌(纯度为 99.9%)放入石墨坩埚中,在 720 ℃电阻炉中熔化,保护气氛为 1∶2 的 CO_2/SF_6 混合气体。随后将熔体加热至 740 ℃,使用 $MgCl_2$、KCl、$BaCl_2$ 和 CaF_2 的混合精炼剂进行脱气,并去除夹杂物。

(2) $TiC_{0.3}N_{0.7}$ 纳米颗粒的分散:将不同体积分数的 $TiC_{0.3}N_{0.7}$ 纳米颗粒用铝箔包裹,并在预热后分别加入合金熔体,加入量分别为 0.5%、1.0%、1.5%、2.0% 和 2.5%(体积分数),在 720 ℃的温度下浸入熔体表面 10 min。利用机械搅拌高能超声复合处理技术将纳米颗粒分散加入熔体中。高能超声处理是将超声探头尖端浸入熔体表面以下约 10 mm 处,并在 700～720 ℃下超声处理 20 min,具体过程如图 5.1 所示。

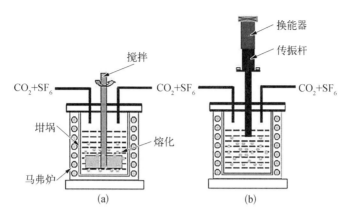

图 5.1 机械搅拌-高能超声复合法的装置示意图

(a) 机械搅拌;(b) 高能超声处理

（3）浇铸：超声处理完成后，将探头从熔体中取出，重新加热熔体至 720 ℃，然后将熔体倒入 300 ℃ 预热后的圆柱形铁制永久模具，冷却速度约为 5 K/s。为进一步探究过冷度及冷速的影响，采用石墨坩埚，并分别在室温和炉中进行凝固，冷却速率分别约为 1 K/s 和 0.1 K/s。

5.2.2 TiC$_{0.3}$N$_{0.7}$纳米颗粒在 AZ91D 合金基体中的分布

为了研究 TiC$_{0.3}$N$_{0.7}$ 纳米颗粒在 AZ91D 合金基体中的分布情况，研究人员对复合材料的微观组织进行了观察。图 5.2 所示为加入 2.0%（体积分数）TiC$_{0.3}$N$_{0.7}$ 纳米颗粒后合金的扫描电子显微镜（SEM）分析结果。结果表明，纳米颗粒在基体中有三种分布方式：沿 α-Mg 晶界、位于 α-Mg 晶粒内部和共晶 β-Mg$_{17}$Al$_{12}$ 相的内部。如图 5.2(a)(b)所示，大量的 NPs 位于初生 α-Mg 和 β-Mg$_{17}$Al$_{12}$ 的界面处。这些纳米颗粒在 α-Mg 表面形成密集的包裹层，这可能有效地抑制溶质原子向生长界面的运输，限制其生长，从而细化晶粒尺寸。如图 5.2(c)(d)所示，除了沿晶分布外，许多纳米颗粒还分布在 α-Mg 枝晶和 β 相内部。在凝固过程中，受熔体黏度和局部凝固速率等因素影响，部分纳米颗粒可能被生长中的 α-Mg 枝晶捕获。随着晶粒生长的进行，达到共晶温度时，大部分纳米颗粒可能会被枝晶推动到晶间区并发生共晶反应。随着 β 相沿晶界沉淀，这些纳米颗粒不可避免地聚集在其表面，并最终分布在 β 相内部。

为进一步研究纳米颗粒在基体中的分布，添加 2%（体积分数） TiC$_{0.3}$N$_{0.7}$ 纳米颗粒后 AZ91D 合金的透射电子显微镜(transmission electron microscope, TEM)分析结果如图 5.3 所示。图 5.3(a)~(c)揭示了平均直径为 50 nm 的纳米颗粒在基体中沿晶界、在 α-Mg 晶粒内部和 β 相内部的分布。如图 5.3(d)所示,在 α-Mg 晶粒内部的纳米颗粒表现出特定的晶体取向关系。图 5.3(e)显示了位于 α-Mg 和 β 相之间的纳米颗粒,从图中可以清楚地观察到两个界面。根据图 5.3(g)~(i)中纳米颗粒与基体的晶体学信息,纳米颗粒与 α-Mg 基体之间存在共格界面,取向关系为 $[2110]_{\alpha\text{-Mg}}//[011]_{NP}$,$(0002)_{Mg}//(111)_{NP}$,而纳米颗粒与 β 相之间形成非共格界面,也无特定的晶体学取向。值得注意的是,纳米颗粒与 α-Mg 之间以及纳米颗粒与 β 相的界面之间没有形成金属间化合物,并且共格界面的存在使得纳米颗粒层与生长期之间有强大的界面键合,产生明显的生长限制效应。

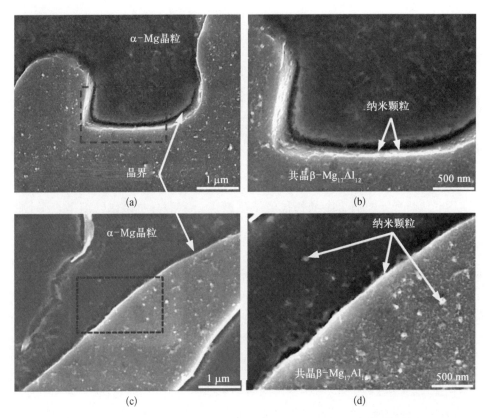

图 5.2 添加 2%(体积分数) TiC$_{0.3}$N$_{0.7}$ 纳米颗粒后 AZ91D 合金的扫描显微组织

(a) 晶界处的形貌;(b) 图(a)的局部放大;(c) 另一晶界处的形貌;(d) 图(c)的局部放大

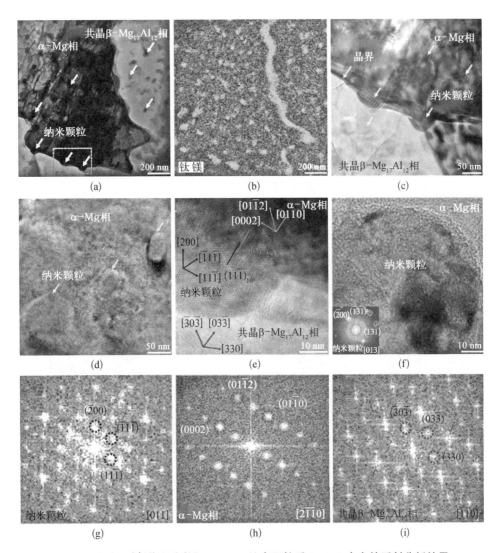

图 5.3　添加 2%(体积分数) $TiC_{0.3}N_{0.7}$ 纳米颗粒后 AZ91D 合金的透射分析结果

(a) 明场像；(b) 能谱分析结果；(c) 图(a)的局部放大；(d) α-Mg 相的高分辨图像；(e) 晶界处的高分辨图像；(f) 纳米颗粒的高分辨图像；(g) 图(d)的快速傅里叶变换结果；(h) 图(e)的快速傅里叶变换结果；(i) 图(f)的快速傅里叶变换结果

5.2.3　$TiC_{0.3}N_{0.7}$ 纳米颗粒对 AZ91D 镁合金微观组织的影响

在相同的冷却速率下，添加不同体积分数的 $TiC_{0.3}N_{0.7}$ 纳米颗粒后合金的显微组织如图 5.4 所示。结果表明，基体合金的晶粒组织为粗等轴树枝晶，平均尺寸约为 108 μm，如图 5.4(a)所示。加入 0.5%（体积分数）纳米颗粒后，平均晶粒尺寸减小到 87 μm，如图 5.4(b)所示。随着纳米颗粒含量的增加，晶粒尺寸逐渐减小，在含量为 2%（体积分数）时，晶粒尺寸达到最小值 36 μm，比基体合金的晶粒尺寸减小了 66.7%（体积分数）左右，如图 5.4(c)(d)所示。

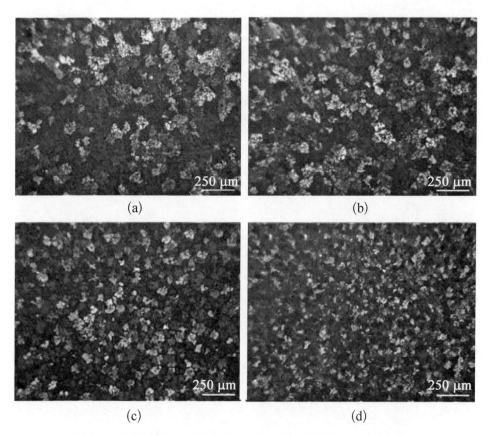

图 5.4 添加不同体积分数的 $TiC_{0.3}N_{0.7}$ 纳米颗粒后合金的显微组织

（a）基体合金；(b) 0.5%（体积分数）；(c) 1.0%（体积分数）；(d) 2.0%（体积分数）

统计不同 $TiC_{0.3}N_{0.7}$ 纳米颗粒加入量对 AZ91D 晶粒尺寸的影响可知，当纳米颗粒含量增加到 2.0%（体积分数）时，晶粒尺寸明显细化。继续添加 $TiC_{0.3}N_{0.7}$ 纳米颗粒，超过 2.0%（体积分数）后就不能使晶粒进一步细化，结果如图 5.5(a)所示。对比各种细化剂（包括颗粒和元素）细化 AZ91 合金效果可知，目前在 AZ91 合金中 $TiC_{0.3}N_{0.7}$ 纳米颗粒的细化效果最显著，结果如图 5.5(b)所示。

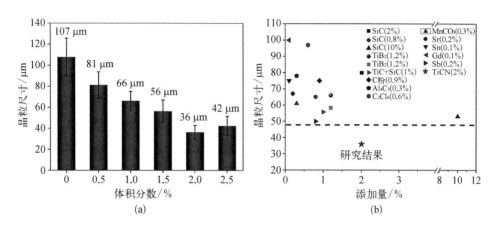

图 5.5　TiC$_{0.3}$N$_{0.7}$ 纳米颗粒加入量对 AZ91D 晶粒尺寸的影响

(a) 合金的平均晶粒尺寸；(b) 结果对比

下面介绍纳米颗粒的添加对 AZ91D 合金中共晶组织的影响。图 5.6 所示为添加 2%（体积分数）纳米颗粒后 AZ91D 合金的 SEM 显微组织，其中亮色区域为共晶 β-Mg$_{17}$Al$_{12}$ 相，暗色区域为 α-Mg 相。从图 5.6（a）（b）中可以看出，基体合金中粗大的共晶 β-Mg$_{17}$Al$_{12}$ 相以网状结构为特征，并沿初生 α-Mg 晶界析出。TiC$_{0.3}$N$_{0.7}$ 纳米颗粒的加入导致共晶 β-Mg$_{17}$Al$_{12}$ 相的形态从粗大的连续网状结构向细小的不连续网络结构转变，如图 5.6（c）（d）所示。此外，从图 5.6（d）可以清楚地看到，大部分纳米颗粒沿初生 α-Mg 的晶界分布。

为进一步评估纳米颗粒对 β 相的形态、分布和体积分数的影响程度，对含有 2.0%（体积分数）纳米颗粒的 AZ91D 合金样品进行三维断层扫描分析，与二维图像表征相比，可提供更全面的网络结构信息，结果如图 5.7 所示。结果显示，初生 α-Mg 相用蓝色表示，β-Mg$_{17}$Al$_{12}$ 相用绿色表示，其中共晶 β-Mg$_{17}$Al$_{12}$ 相沿 α-Mg 晶界分布复杂，如图 5.7（a）所示。为进一步表征初生相和共晶相的形貌和分布，对部分三维显微组织进行了重建、提取和可视化，结果如图 5.7（b）～（d）所示。如图 5.7（f）所示，α-Mg 相是具有粗枝晶臂的典型等轴枝晶。相比之下，含纳米颗粒的样品中 α-Mg 的枝晶臂长度明显减小，一些枝晶甚至转变为等轴晶粒，如图 5.7（h）所示。对比图 5.7（g）和（n）可知，未添加纳米颗粒的合金中，共晶 β-Mg$_{17}$Al$_{12}$ 相的三维网络结构较粗且连续，与基体合金相比，含纳米颗粒的样品中的共晶 β-Mg$_{17}$Al$_{12}$ 相具有更均匀的空间分布和更细化的形貌。

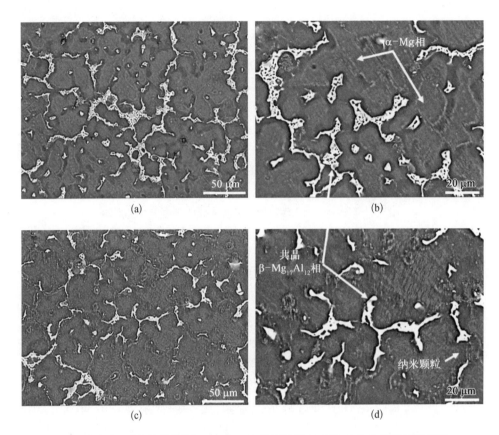

图 5.6　添加 2%(体积分数) $TiC_{0.3}N_{0.7}$ 纳米颗粒后 AZ91D 合金的扫描显微组织

(a) 基体合金;(b) 添加纳米颗粒的合金;(c) 图(a)的局部放大;(d) 图(b)的局部放大

　　为进一步表征合金中 β 相的分布,我们对三维形貌进行了比较,对比可知,纳米颗粒可以使 β 相在基体中均匀分布,如图 5.8 所示。其中,图 5.8(a)和(b)分别为从图 5.7(a)和(h)中提取的 β 相的三维形貌。图 5.8(c)显示,加入 $TiC_{0.3}N_{0.7}$ 纳米颗粒后,β 相的体积分数和比表面积都有所增加。实验结果表明,纳米颗粒的加入可导致 α-Mg 和 $β-Mg_{17}Al_{12}$ 尺寸的减小。α-Mg 的细化主要归因于 $TiC_{0.3}N_{0.7}$ 纳米颗粒的加入,而 $β-Mg_{17}Al_{12}$ 的细化可能是初生 α-Mg 细化导致的结果。

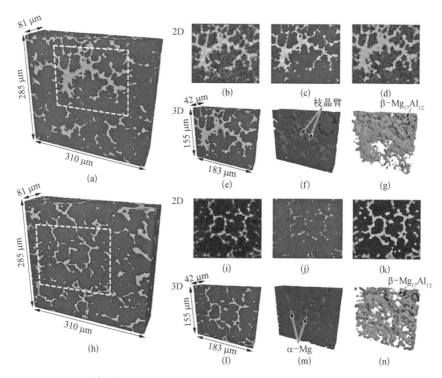

图 5.7　添加 2%（体积分数）$TiC_{0.3}N_{0.7}$ 纳米颗粒后 AZ91D 合金的三维断层扫描分析

（a）基体合金；（b）～（d）图（a）的 2D 重构；（e）～（g）图（a）的 3D 重构；（h）添加纳米颗粒的合金；（i）～（k）图（h）的 2D 重构；（l）～（n）图（h）的 3D 重构

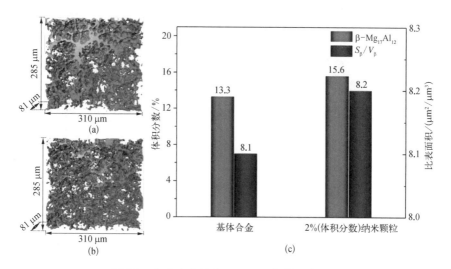

图 5.8　合金中共晶 β - $Mg_{17}Al_{12}$ 相的三维形貌

（a）基体合金；（b）添加纳米颗粒的合金；（c）共晶 β - $Mg_{17}Al_{12}$ 相的体积分数和比表面积对比

5.2.4　TiC$_{0.3}$N$_{0.7}$纳米颗粒细化 AZ91D 合金的机理

　　观察微观结构发现,基体中纳米颗粒的存在对 α－Mg 晶粒尺寸有显著影响,且颗粒诱发生长抑制极有可能是细化 α－Mg 晶粒的主要机制。然而,添加的纳米粒子可能作为异质形核核心。一般来说,要成为异质形核的核心,添加的纳米颗粒需要满足两个基本条件:一是与基体的晶体学匹配良好;二是熔体过冷,足以引发晶粒形核。图 5.9 所示为 α－Mg 晶粒内部纳米颗粒处的 TEM 分析结果。α－Mg 晶粒与纳米颗粒之间的位向关系为 $[2\bar{1}\bar{1}0]_{Mg}//[0\bar{1}1]_{NP}$,$(0002)_{Mg}//(111)_{NP}$。因此,从晶体学的角度来看,添加纳米颗粒可作为成核核心促进非均质形核。

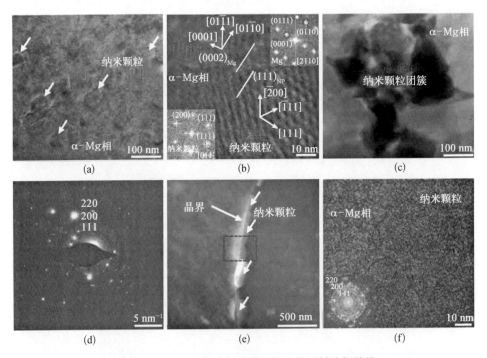

图 5.9　α－Mg 晶粒内部纳米颗粒处的透射分析结果

(a) α－Mg 相的明场像;(b) 纳米颗粒与 α－Mg 相界面处的高分辨图像;(c) 纳米颗粒团簇的 TEM 明场像;(d) 纳米颗粒团簇的衍射花样;(e) 晶界处的明场像;(f) 纳米颗粒团簇的高分辨图像

　　为揭示纳米颗粒添加量和冷却速率共同作用对 AZ91 合金组织演变的影响,我们对加入 2%(体积分数) TiC$_{0.3}$N$_{0.7}$纳米颗粒后 AZ91D 合金的凝固过程进行了原位观察,结果如图 5.10 和图 5.11 所示。整个凝固过程可分为三个阶段:① 600 ℃ 开始成核;② 500 ℃ 初生 α－Mg 生长;③ 400 ℃ 共晶反应完成。

如图5.10(a)(d)(g)和图5.11(a)(d)(g)所示,在1 K/s和5 K/s冷却速率下,基体合金和含纳米颗粒的样品熔体在第一阶段中分别出现了一些α-Mg晶核。随着凝固过程的进行,初生α-Mg晶粒开始成核并在短时间内长大。当温度达到500 ℃时,0.1 K/s冷却速率凝固的基体合金在第二阶段α-Mg晶粒生长表现为球形而非树枝状,如图5.10(b)所示。然而,在1 K/s和5 K/s的高冷却速率下,α-Mg晶粒的树枝状生长分别在图5.10(e)和(h)中可见。与基体合金相比,添加纳米颗粒可以在任何给定的冷却速率下获得显著细化的α-Mg枝晶,

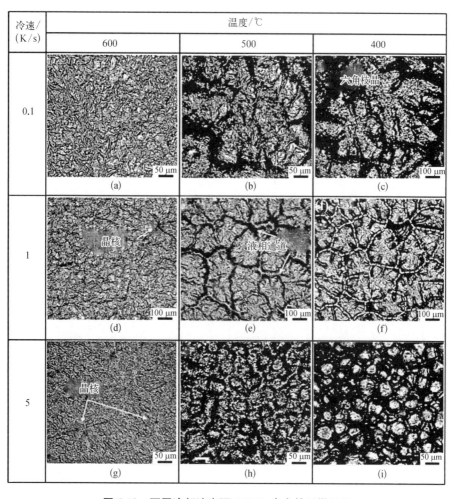

图5.10 不同冷却速率下AZ91D合金的显微组织

(a) 600 ℃,冷速为0.1 K/s;(b) 500 ℃,冷速为0.1 K/s;(c) 400 ℃,冷速为0.1 K/s;(d) 600 ℃,冷速为1 K/s;(e) 500 ℃,冷速为1 K/s;(f) 400 ℃,冷速为1 K/s;(g) 600 ℃,冷速为5 K/s;(h) 500 ℃,冷速为5 K/s;(i) 400 ℃,冷速为5 K/s

如图 5.11(b)(e)(h)所示。此外,初生 α-Mg 晶粒之间的枝晶间或晶间区域,即图 5.10(b)(e)(h)和图 5.11(b)(e)(h)中的深色区域,充满了残余金属液体,并发生共晶反应。当温度降至 400 ℃时,凝固过程结束,β-$Mg_{17}Al_{12}$ 相沿晶界析出。从图 5.10(c)(f)(i)和图 5.11(c)(f)(i)中可以清楚地观察到 α-Mg 晶粒的形貌变化,α-Mg 晶粒从 500 ℃时的球形[见图 5.10(b)]转变为 400 ℃时的树枝状[见图 5.11(c)],当冷却速率从 0.1 K/s 提高到 5 K/s 时,含纳米颗粒的样品中 α-Mg 晶粒进一步细化,形成更细小的球形晶粒,如图 5.11(c)(f)(i)所示。

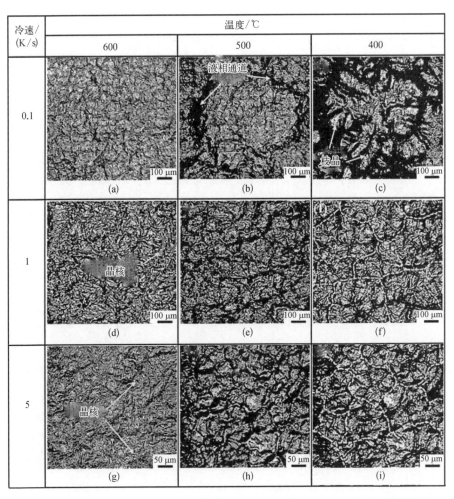

图 5.11 不同冷却速率下添加 2%(体积分数)纳米颗粒后 AZ91D 合金的显微组织

(a) 600 ℃,冷速为 0.1 K/s;(b) 500 ℃,冷速为 0.1 K/s;(c) 400 ℃,冷速为 0.1 K/s;(d) 600 ℃,冷速为 1 K/s;(e) 500 ℃,冷速为 1 K/s;(f) 400 ℃,冷速为 1 K/s;(g) 600 ℃,冷速为 5 K/s;(h) 500 ℃,冷速为 5 K/s;(i) 400 ℃,冷速为 5 K/s

微观结构显示，大量的 $TiC_{0.3}N_{0.7}$ 纳米颗粒沿 α-Mg 晶粒晶界分布。在此基础上，可以从纳米颗粒对溶质扩散的影响的角度来阐明 α-Mg 晶粒的生长机制。图 5.12(a) 是在过冷熔体中生长的两个等轴 α-Mg 枝晶示意图。每个枝晶可分为三个区域，包括固体枝晶、以半径 R_g 为标志的枝晶间液体和有溶质扩散区的自由液体。当 α-Mg 晶粒开始成核时，在界面能降低的驱动下，分散在熔体中的邻近纳米颗粒能够迅速包裹到 α-Mg 晶粒表面，直至形成纳米颗粒单分子层，阻止溶质原子向生长界面运移，从而降低枝晶尖端的溶质浓度。当分配系数 $k < 1$ 时，枝晶尖端的溶质浓度从 C_L 减小到 C_L'，溶质浓度梯度从 G_c 减小到 G_c'，如图 5.12(b) 所示。图 5.12(c) 显示组织中温度随浓度的变化情况。过冷度 ΔT_c 由 $\Delta T_c = T_L^r - T^*$ 表示，其中 T_L^r 为弯曲界面处的液相线温度，T^* 为枝晶尖端处的温度。由于纳米颗粒的存在，界面处溶质浓度改变，界面温度从 T^* 上升到 $T^{*'}$，组分过冷从 ΔT_c 降低到 $\Delta T_c'$，如图 5.12(d) 所示。

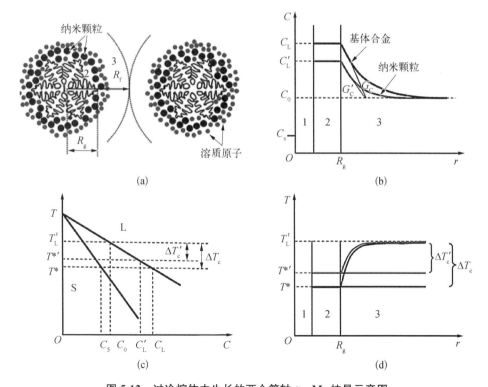

图 5.12 过冷熔体中生长的两个等轴 α-Mg 枝晶示意图

(a) 枝晶生长示意图；(b) 溶质浓度随距离的变化；(c) 温度随浓度的变化；(d) 温度随距离的变化

下面分析 $TiC_{0.3}N_{0.7}$ 纳米颗粒对共晶 $\beta - Mg_{17}Al_{12}$ 相的细化机制。先前的高分辨分析也表明，$TiC_{0.3}N_{0.7}$ 纳米颗粒与 $\beta - Mg_{17}Al_{12}$ 之间没有结晶学上的匹配，说明 $TiC_{0.3}N_{0.7}$ 纳米颗粒对 $\beta - Mg_{17}Al_{12}$ 相的成核能力较差。因此，$TiC_{0.3}N_{0.7}$ 纳米颗粒不能作为 $\beta - Mg_{17}Al_{12}$ 相非均质形核的核心。但是，$TiC_{0.3}N_{0.7}$ 纳米颗粒沿晶界的分布会阻碍共晶 $\beta - Mg_{17}Al_{12}$ 相的生长，从而导致共晶 $\beta - Mg_{17}Al_{12}$ 相的细化。

5.2.5 小结

$TiC_{0.3}N_{0.7}$ 纳米颗粒对 AZ91D 合金有明显的细化作用。添加 $TiC_{0.3}N_{0.7}$ 纳米颗粒在基体中有沿晶界分布、在 $\alpha - Mg$ 晶粒内部分布和共晶 $\beta - Mg_{17}Al_{12}$ 相内部分布三种分布方式。从非均相成核的角度来看，少量 $TiC_{0.3}N_{0.7}$ 纳米颗粒可作为 $\alpha - Mg$ 晶粒的非均质形核的核心，但不能作为 $\beta - Mg_{17}Al_{12}$ 相非均质形核的核心有效成核位点。大量的 $TiC_{0.3}N_{0.7}$ 纳米颗粒覆盖 $\alpha - Mg$ 表面，诱导生长控制并阻碍共晶相的生长可能是 AZ91D 合金的主要细化机制。颗粒诱导的溶质浓度变化和枝晶的撞击是影响 $\alpha - Mg$ 晶粒生长的关键因素，随着 $TiC_{0.3}N_{0.7}$ 纳米颗粒添加量增多，枝晶尖端的溶质浓度梯度越低，晶粒生长速率越慢。生长速率的降低促进了 AZ91 合金的形核及晶粒的撞击，使 AZ91 合金的晶粒得到了显著的细化，但是 $TiC_{0.3}N_{0.7}$ 纳米颗粒添加量过高，会导致纳米颗粒聚集或聚类，可能会损害精炼和细化效果。

5.3 SiC 纳米颗粒对 Mg‒25Zn‒7Al 镁合金组织的影响

Guo 等[11]向 Mg‒25Zn‒7Al 合金中添加 SiC 纳米颗粒（nanoparticles，NPs），对晶粒细化现象进行了系统的研究。讨论了纳米颗粒对 $\alpha - Mg$ 枝晶形核和生长的影响，对凝固初生晶粒的形貌、尺寸分布和枝晶尖端速度等主要特征进行了定量分析。采用快速时移同步 X 射线断层扫描研究了在 3 ℃/min 和 12 ℃/min 两种不同冷却速率下纳米颗粒对 $\alpha - Mg$ 枝晶生长的影响。此外，对比了有无纳米颗粒添加时枝晶形核、生长和形貌的差异，并解释可能的机理。

5.3.1 SiC$_{NP}$/Mg‒25Zn‒7Al 复合材料的制备与原位同步 X 射线表征

SiC$_{NP}$/Mg‒25Zn‒7Al 复合材料的制备步骤如下：将 AZ91D 镁合金[含有

1%（质量分数）的 SiC 纳米颗粒]和纯 Zn 锭（99.9%）置于钢坩埚中，在氩气保护
下熔化制备 Mg‑25Zn‑7Al 合金。采用高能超声技术对含 SiC 纳米颗粒的合
金进行处理，分散结块的 NP 团簇和均匀化合金化学成分，随后将熔体铸入预热
的低碳钢模具。同时与不含有纳米颗粒且未经超声处理的 Mg‑25Zn‑7Al 合
金铸锭对比。

原位同步 X 射线断层扫描实验步骤如下：从铸件中加工直径为 1.2 mm 的
小圆柱形样品并进行封装，实验时样品被加热到高于液相线温度约 30 ℃，并在
该温度下保持 20 min（加入 SiC 纳米颗粒的合金保温 10 min，以防止纳米颗粒团
聚）。然后，用规定的冷却速率 T（3 ℃/min 和 12 ℃/min）对样品进行凝固，最
后进行断层扫描。

5.3.2　SiC 纳米颗粒对 Mg‑25Zn‑7Al 合金微观组织的影响

图 5.13 为样品的同步 X 射线断层扫描图像。结果显示，在相同的冷却速率
下，无 SiC 纳米颗粒的 Mg‑25Zn‑7Al 合金中 α‑Mg 晶粒的总体尺寸要大于含
SiC 纳米颗粒的 Mg‑25Zn‑7Al 合金。对于无 SiC 纳米颗粒的 Mg‑25Zn‑

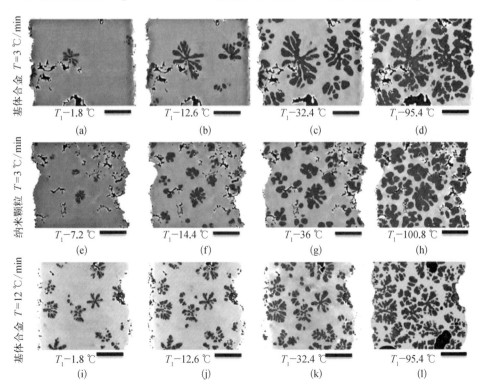

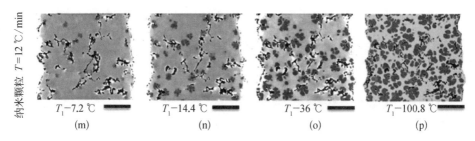

纳米颗粒 $T=12\ ℃/min$

$T_1-7.2\ ℃$ (m) $T_1-14.4\ ℃$ (n) $T_1-36\ ℃$ (o) $T_1-100.8\ ℃$ (p)

图 5.13 样品的同步 X 射线断层扫描图像

(a)～(d) 基体合金(冷速为 3 ℃/min)；(e)～(h) 添加纳米颗粒的合金(冷速为 3 ℃/min)；(i)～(l) 基体合金(冷速为 12 ℃/min)；(m)～(p) 添加纳米颗粒的合金(冷速为 12 ℃/min)

7Al 合金，α‐Mg 晶粒表现为树枝状，而对于含 SiC 纳米颗粒的 Mg‐25Zn‐7Al 合金，晶粒表现为等轴状，同时较快的冷却速率也可使晶粒细化。对比可知，α‐Mg 枝晶倾向出现在样品的氧化表面或在熔体内已存在的气孔中，这说明存在明显的非均匀形核。同时，枝晶也会在熔体内部成核，向各个方向生长，形成非常复杂的等轴分支结构。图 5.14 所示为不同冷却速率下样品在凝固过程中枝晶的三维演变。无 SiC 纳米颗粒的 Mg‐25Zn‐7Al 合金以 3 ℃/min 冷却时，可以观察到最初的 24 个晶粒在试样壁表面的氧化层上成核，并向内生长，如图 5.14(a)所示。进一步冷却，使温度降低 1.8 ℃后，样品中增加了 14 个晶核，其中 4 个完全位于样品内部，如图 5.14(b)所示。含有 SiC 纳米颗粒的 Mg‐25Zn‐7Al 合金在 3 ℃/min 冷却的第一次层析成像中观察到 109 个晶粒，说明在样品表面和熔体内部都有晶核生成，如图 5.14(d)所示。温度降低 1.8 ℃，观察到 148 个额外的晶粒，并且有另外 10 个晶粒在凝固过程中进一步成核，如图 5.14(e)所示。

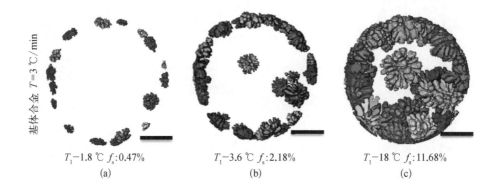

基体合金 $T=3\ ℃/min$

$T_1-1.8\ ℃\ f_s:0.47\%$ (a) $T_1-3.6\ ℃\ f_s:2.18\%$ (b) $T_1-18\ ℃\ f_s:11.68\%$ (c)

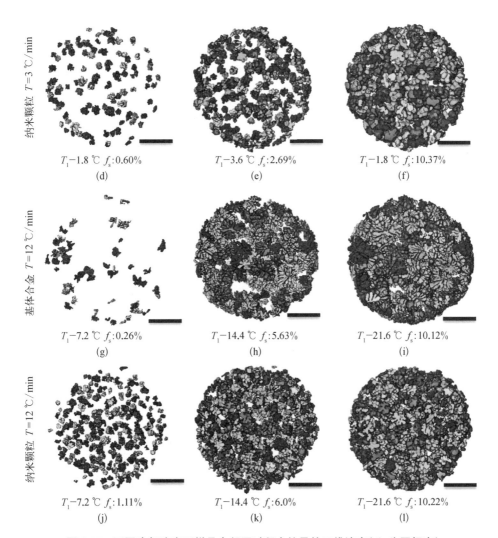

图 5.14　不同冷却速率下样品在凝固过程中枝晶的三维演变（f_s 为固相率）

（a）～（c）基体合金（冷速为 3 ℃/min）；（d）～（f）添加纳米颗粒的合金（冷速为 3 ℃/min）；（g）～（i）基体合金（冷速为 12 ℃/min）；（j）～（l）添加纳米颗粒的合金（冷速为 12 ℃/min）

当冷却速率为 12 ℃/min 时，如图 5.14（g）～（i）和（j）～（l）所示，含有 SiC 纳米颗粒的 Mg‐25Zn‐7Al 合金中形成的晶粒近 300 个，说明更快的冷却速度使晶核数量显著增加。进一步分析可以发现，对于无 SiC 纳米颗粒的 Mg‐25Zn‐7Al 合金，几乎所有晶粒中心都与一个孔隙或氧化物接触；而对于含有 SiC 纳米颗粒的 Mg‐25Zn‐7Al 合金，约 5% 的晶粒直接在液体中成核，不与孔隙接触。

图 5.15 所示为样品平均晶粒直径分布的统计结果。结果显示，随着温度的

降低和枝晶的生长,峰值位置均向右偏移,这与预期一致。对比可知,无 SiC 纳米颗粒的 Mg - 25Zn - 7Al 合金的峰值频率仅略有增加,随后趋于稳定,而含有 SiC 纳米颗粒的 Mg - 25Zn - 7Al 合金的峰值频率曲线随着凝固过程的进行而变宽,峰值有所增加。这表明,在含有 SiC 纳米颗粒的样品中,生长可能受到限制,剩余的枝晶间液体获得更大的过冷,并激活更多的异质核。进一步分析可知,SiC 纳米颗粒对晶粒尺寸有很大影响,进而影响晶粒成核和增长,与冷却速度无关,说明纳米颗粒的添加对晶粒尺寸的影响最有可能是几种机制联合的结果。

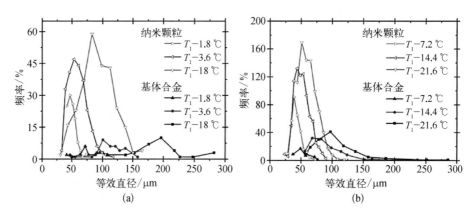

图 5.15　样品平均晶粒直径分布统计

（a）过冷度为 1.8 ℃、3.6 ℃和 18 ℃的等效直径与频率；（b）过冷度为 7.2 ℃、14.4 ℃和 21.6 ℃的等效直径与频率

　　图 5.16 所示为每个样品中四个独立枝晶的演化。结果显示,SiC 纳米颗粒的加入改变了合金的整体枝晶结构。无 SiC 纳米颗粒的 Mg - 25Zn - 7Al 合金,在基面观察到标准的六重对称结构;含有 SiC 纳米颗粒的 Mg - 25Zn - 7Al 合金,在两种冷却速率下凝固的绝大部分枝晶都向等轴状转变,生长方向没有明显的倾向。

　　为量化实验中枝晶的形态差异,对晶粒的固体度进行了分析。固体度的定义是枝晶体积与包含枝晶的凸包的体积之比。这里引入固体度以确定结构的紧实程度,较高的固体度意味着结构达到较高的紧凑程度。固体度随凝固温度的变化曲线如图 5.17 所示。随着冷却速度的增加,固体度增加,这意味着当树突生长时,会形成更紧密的结构。含有 SiC 纳米颗粒的 Mg - 25Zn - 7Al 合金的固体度大于无纳米颗粒的 Mg - 25Zn - 7Al 合金,表明纳米颗粒使得枝晶组织更致密。

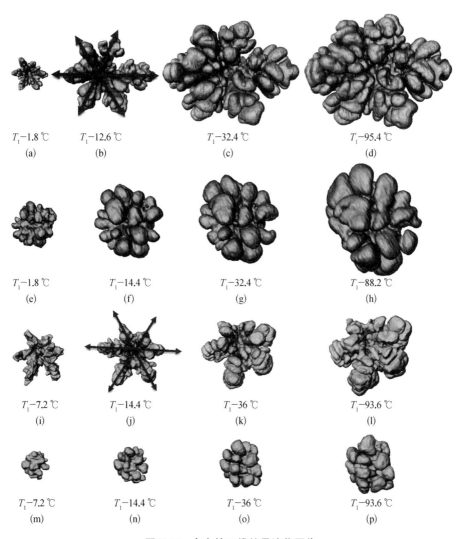

图 5.16　合金的三维枝晶演化图像

(a)～(d) 基体合金(冷速为 3 ℃/min)；(e)～(h) 添加纳米颗粒的合金(冷速为 3 ℃/min)；(i)～(l) 基体合金(冷速为 12 ℃/min)；(m)～(p) 添加纳米颗粒的合金(冷速为 12 ℃/min)

在不同的成分和冷却条件下，枝晶的生长速率不同，图 5.18 所示是枝晶尖端生长速率的统计分析。枝晶在无约束生长模式下生长迅速，溶质场与周围枝晶没有相互作用。然后，由于在演化的固/液界面前与其他树突的溶质相互作用的限制，枝晶生长逐渐放缓。对于 Mg - 25Zn - 7Al 合金而言，合金中锌的含量高，主导晶粒的生长限制系数。在相同的冷却速率下，每个含有 SiC 纳米颗粒的 Mg - 25Zn - 7Al 合金的枝晶尖端生长速率都低于相应的无 SiC 纳米颗粒的 Mg - 25Zn - 7Al 合金。

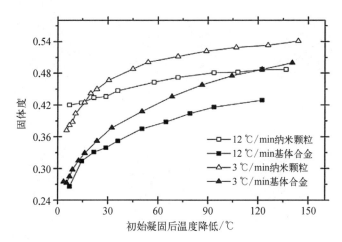

图 5.17　固体度随初始凝固后温度降低的变化曲线

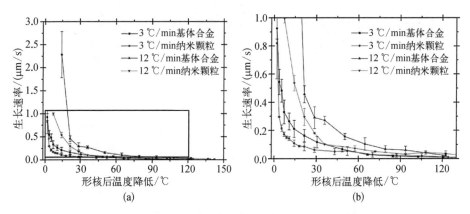

图 5.18　不同成分和冷却条件下枝晶尖端生长速率

(a) 生长速率与形核后温度降低；(b) 图(a)中矩形区域的放大

5.3.3　SiC 纳米颗粒细化 Mg‒25Zn‒7Al 合金的机理

图 5.19 为 SiC 纳米颗粒对枝晶生长影响的示意图。可以看出，由于颗粒吸附在晶粒表面，凝固前沿 SiC 纳米颗粒的密度增大，缩短了溶质的扩散长度，从而降低了溶质的有效扩散系数。同时，根据前面的结果可知，SiC 纳米颗粒增加了氧化物异质形核核心的数量，也起到了晶粒细化的效果。

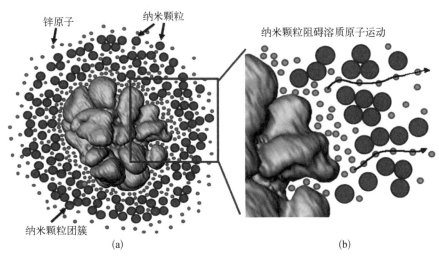

锌原子　纳米颗粒

纳米颗粒阻碍溶质原子运动

纳米颗粒团簇

(a)　　　　　　　　　　　　　　　(b)

图 5.19　SiC 纳米颗粒对枝晶生长影响示意图

(a) 枝晶生长；(b) 图(a)的局部放大

5.3.4　小结

SiC 纳米颗粒对 Mg‐25Zn‐7Al 合金有明显的细化作用。在非均质核方面，对于含有或不含 SiC 纳米颗粒的样品，可观察到绝大多数晶粒从氧化物表面成核，包括样品表面和预先存在的由熔体中氧化物稳定的孔隙。SiC 纳米颗粒的加入和超声处理的应用，提高了原有孔隙的数量密度和体积分数，显著提高了氧化物非均相成核密度，SiC 纳米颗粒向孔隙和熔体界面迁移。SiC 纳米颗粒还可以改变枝晶生长的形态，由于纳米颗粒吸附在初生相表面，固‐液界面前液体中的有效溶质扩散率限制了溶质元素的再分配，使得枝晶逐渐等轴化，起到有效的生长限制作用。

5.4　含有密集且均匀分散纳米颗粒的镁合金的加工与性能

目前，陶瓷颗粒已被引入金属基体来提升金属的强度，然而陶瓷颗粒也会严重降低金属的塑性及可加工性。纳米颗粒有望在提高强度的同时，保持乃至提高金属的塑性。但纳米颗粒在金属基体中面临着一个较难解决的问题，即纳米颗粒在金属基体中难以均匀分散[12-13]。本节介绍了通过利用纳米颗粒在熔融金属中的自稳定机制，在 Mg‐2Zn 合金中实现 14%（体积分数)碳化硅纳米颗粒(SiC_{NP})的致密均匀分散。同时实现了强度、刚度、塑性和高温稳定性的增强,提供了高于几乎所有结构的比屈服强度和比模量[14]。

5.4.1 SiC_{NP}分散及 SiC_{NP}/Mg-2Zn 复合材料的制备

纳米复合材料的制备过程如图 5.20 所示。首先,在 CO_2[99%(体积分数)]和 SF_6[1%(体积分数)]气体的保护下,在氧化铝坩埚中熔化 Mg-6Zn 合金。将 SiC_{NP} 添加到 Mg-6Zn 合金熔体中,体积分数为 1.0%,并在 700 ℃条件下进行频率为 20 kHz、峰间振幅为 60 μm 的超声分散处理。经过缓慢凝固,得到了 Mg-6Zn[1%(体积分数) SiC_{NP}]铸锭。为了在镁熔体中获得高体积分数的纳米颗粒,在真空炉中以 6 torr 的真空度蒸发 Mg-6Zn[1%(体积分数) SiC]锭(约 20 g)中的镁和锌,然后将样品(约 1.5 g)在炉内缓慢冷却(冷却速率为 0.23 K/s)至室温。

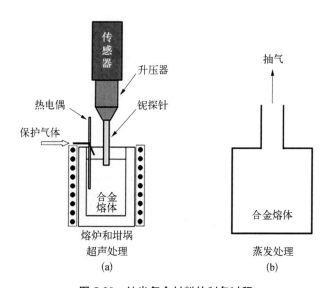

图 5.20　纳米复合材料的制备过程
(a) 纳米颗粒的添加及超声处理;(b) 含纳米颗粒的镁合金熔体真空蒸发

凝固后的镁合金被冲压成直径为 10 mm 的圆盘。然后通过高压扭转(high pressure torsion,HPT)工艺细化晶粒,并使晶粒大小更均匀。HPT 工艺是在室温下对每个圆盘施加 1.0 GPa 的压力,以 1.5 rpm 的转速转 10 圈。

5.4.2　纳米颗粒在镁合金中的均匀分散机制

如图 5.21(a)(b)所示,使用扫描电子显微镜(SEM)和透射电子显微镜(TEM)表征了 SiC 纳米颗粒在凝固镁合金样品中的分布。为了清楚地显示纳米颗粒,通过低角度离子研磨(10°,以去除纳米尺寸的抛光粉末)清洁 SEM 样品,然后使用聚焦离子束(focused-ion-beam,FIB)用镓离子(90°,优先蚀刻镁合金基体)稍微蚀刻。图 5.21(a)(b)中的 SEM 图像以 52°倾斜度采集,以暴露镁基体表面上的纳米颗粒。大体积的纳米颗粒均匀分散在镁合金基体中,如图 5.21(a)(b)所示。

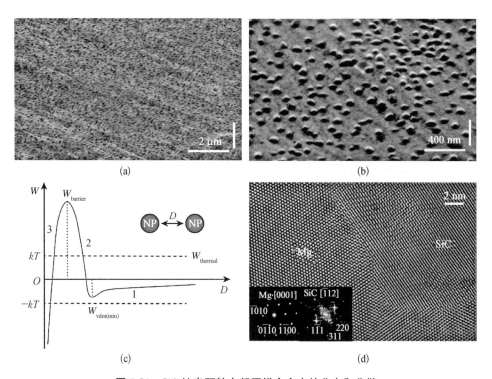

图 5.21　SiC 纳米颗粒在凝固镁合金中的分布和分散

(a)(b) 在 52°倾斜角和不同放大倍率下采集的 Mg-2Zn[14%(体积分数)SiC]样品;(c) 热活化分散和稳定原理;(d) 傅里叶滤波原子分辨率 TEM 图像,显示 SiC 纳米颗粒与镁基体之间的特征界面

一般认为,由于纳米颗粒之间存在范德瓦耳斯力。陶瓷纳米颗粒会倾向于形成团簇,超声处理能分散纳米颗粒,超声停止后,纳米颗粒又将聚集。然而,在本研究中,样品在没有超声处理的情况下保持液态 4 小时后,纳米颗粒仍能够均匀分散。如图 5.21(c)所示,在镁熔体内部相互作用的两个 SiC 纳米颗粒(NP)

之间的距离为 D，两者的相互作用势 W 用曲线表示，该曲线可以划分为图中所示的三段。第一段以范德瓦耳斯相互作用为主，第二段以 Mg - SiC 界面被 SiC 表面取代时的界面能量增加为主，第三段是 SiC 纳米颗粒接触和烧结引起的界面能降低。$W_{vdm(min)}$ 是最大吸引力的最小范德瓦耳斯电位；$W_{barrier}$ 是界面能量增加引起的能量势垒；$W_{thermal}$ 是热能，并有 $W_{thermal} = KT$。对该过程物理场的理论分析表明，镁合金中致密纳米粒子的自稳定归因于以下三个主要因素：

（1）在加工温度下，SiC 纳米颗粒与镁熔体之间的润湿角为 83°，产生 3.87×10^4 zJ 的能量势垒，防止熔体中 SiC 纳米颗粒的原子级接触和烧结。

（2）镁熔体中 SiC 纳米颗粒之间的小的有吸引力的范德瓦耳斯势，在图 5.21(c) 的次级最小值处约为 -12.17 zJ，这是由 SiC 和镁熔体之间的哈马克常数（Hamaker constant）的微小差异引起的。

（3）热能约为 13.8 zJ，这使 SiC 纳米颗粒可以克服镁熔体中的范德瓦耳斯力。

综上，阻止 SiC 纳米粒子接触和烧结的排斥能垒远高于热能，热能是镁熔体中有效分离 SiC 纳米粒子的主要驱动力。虽然有吸引力的范德瓦耳斯电位试图将 SiC 纳米颗粒保持在一起形成准团簇，但高热能允许纳米颗粒摆脱它们的吸引力，导致熔体中的纳米颗粒分散。传统方法无法获得排斥力时，这种热激活分散和自稳定机制为实现致密纳米颗粒在熔体中的均匀分散提供了新的途径。

5.4.3　纳米颗粒对镁合金力学性能的影响

先前的一些研究表明，金属基纳米复合材料中可能的强化机制包括奥罗万强化，热膨胀系数不匹配引起的位错密度增加，载荷传递强化和霍尔-佩奇（Hall - Petch）机制。下面讨论凝固和 HPT 处理后的样品潜在的强化机制。

为了确定这些致密分散的纳米颗粒诱导的性能增强，首先在室温下进行了原位 SEM 微柱压缩测试，如图 5.22 所示。采用 FIB 从凝固样品中加工直径和长度分别为 4 μm 和 8 μm 的单晶微柱，Mg - 2Zn 和 Mg - 2Zn[14％SiC（体积分数）]的平均晶粒尺寸分别为(1 011±265) μm 和(23.6±14.1) μm。微柱的单晶性质如图 5.22(d)所示。这组测试仅用于评估纳米颗粒对强化的影响，而不考虑晶界的任何影响，微柱尺寸也经过精心选择，以避免晶粒尺寸引起的强化。

图 5.22(c)中的微柱是取向为 $[2\bar{1}\bar{1}0]$ 区域轴的单晶。如图 5.22(d)中选定的区域电子衍射图所示，与 SiC 纳米颗粒对应的两个衍射环也能得到识别。此外，可以看出，基底方向正在与加载方向形成 65°的角度。在此取向下，基底滑移的变形机制将成为主导，这与施密特因子预测的结果一致。

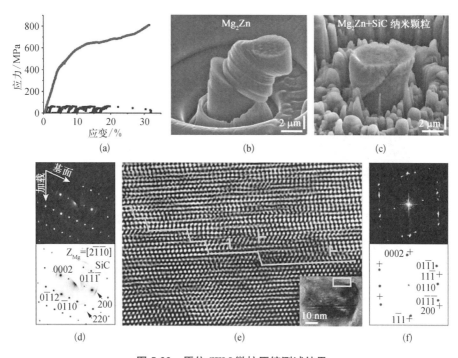

图 5.22　原位 SEM 微柱压缩测试结果

（a）微柱工程应力-应变曲线；（b）（c）不含纳米颗粒与含纳米颗粒样品变形后的 SEM 图像形态；
（d）图（c）所示的 Mg-2Zn［14%（体积分数）SiC 微柱的代表性选定区域电子衍射图；（e）傅里叶滤波高
分辨率 TEM 图像；（f）上部为图（e）中图像的快速傅里叶变换，下部为彩色指数快速傅里叶变换指数

图 5.22（a）中为微粒固化样品的工程应力-应变曲线，红色曲线表示含纳米颗粒样品，黑色为不含纳米颗粒样品。微压缩测试结果［见图 5.22（a）］表明，不含纳米颗粒的 Mg-2Zn 样品的屈服强度仅为 50 MPa 左右，这是由于严重的基底滑动经历重复的加卸载循环。相比之下，含有纳米颗粒的样品屈服强度约为 410 MPa，能平稳地承受逐渐增加的载荷及超过 30% 的塑性应变。此外，变形后，在没有纳米颗粒的样品中观察到多条滑移痕迹［见图 5.22（b）］，但在含有纳米颗粒的样品中仅观察到变形后期形成的一条主要滑移痕迹［见图 5.22（c）～（f）］。即使在变形的最后阶段形成主要的滑移痕迹后，含有纳米颗粒的样品仍然可以平稳地承受载荷。这些结果表明，致密分散的纳米颗粒不仅可以大大强化材料，还可以使变形更加均匀和稳定。

为了引入晶界强化机制（霍尔-佩奇效应），我们将高压扭转（high pressure tortion，HPT）热机械处理应用于凝固样品以获得高密度的晶界，这使我们能够研究均匀分散的纳米颗粒对 HPT 加工过程中晶粒细化的影响。对这些样品进

行高压扭转,扭转了十转,以消除初始晶粒尺寸对最终晶粒尺寸的影响。HPT
样品的微观结构表征和微压缩测试的结果如图 5.23 所示。收集暗场 TEM 图像
以测量 HPT 后没有纳米颗粒和有纳米颗粒的样品的晶粒尺寸。

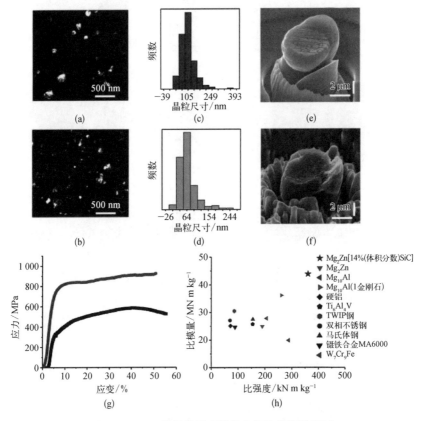

图 5.23 HPT 样品的微观结构表征和微压缩测试

(a) HPT 处理后含纳米颗粒的晶粒暗场 TEM 图像;(b) HPT 处理后不含纳米颗粒晶粒暗场
TEM 图像;(c) 含纳米颗粒样品中的晶粒尺寸分布柱状图;(d) 不含纳米颗粒样品中的晶粒尺寸
分布柱状图;(e) 含纳米颗粒的样品变形后微粒形态的 SEM 图像;(f) 不含纳米颗粒的样品变形
后微粒形态的 SEM 图像;(g) 不含纳米颗粒(黑色)和含纳米颗粒(红色)的 HPT 处理后镁合金
的工程应力-工程应变曲线;(h) HPT 处理后的 Mg - 2Zn[14%(体积分数)SiC]与其他金属和合
金的微柱测试比模量与比屈服强度的比较。

如图 5.23(a)、(b)所示,暗场 TEM 图像都是通过在对应选区电子衍射图的
最强镁环上设置物镜孔径来获取的。这些暗场 TEM 图像中突出显示的颗粒主
要面向方向包括⟨10$\overline{1}$1⟩以及少数面向⟨0002⟩和⟨10$\overline{1}$0⟩方向的颗粒。对于 Mg -
2Zn 和 Mg - 2Zn[14%(体积分数)SiC]样品,从至少 200 个测量晶粒获得的平均
晶粒尺寸分别为(105±42) nm 和(64±40) nm,如图 5.23(c)(d)所示。这些结

果表明,含有纳米颗粒的样品中的晶粒尺寸略细。HPT 处理样品的工程应力-工程应变曲线和变形后微柱的形貌如图 5.23(e)～(g)所示。此外,HPT 实现了约 300 MPa 的额外强度增加,略高于 HPT 加工无纳米颗粒样品的额外强度增加(286 MPa)。分散纳米颗粒的强化和 HPT 加工后的晶粒细化两方面的共同作用,可以解释 Mg - 2Zn[14%(体积分数)SiC]样品屈服强度高达(710±35) MPa 的原因,710± 35 MPa 也是目前镁合金及其复合材料报道的最高屈服强度。

此外,SiC 纳米颗粒和镁基体之间的强界面键合也导致杨氏模量显著增加。Mg - 2Zn 样品的杨氏模量约为(44±5) GPa,而 Mg - 2Zn[14%(体积分数)SiC]样品的杨氏模量为(86±5) GPa。因此,HPT 加工后的 Mg - 2Zn[14%(体积分数)SiC]样品不仅表现出最高的比强度,而且如图 5.23(h)所示,在所有报道的不同金属和合金(直径为 3.5～5 μm,与此几何形状一致)中具有最高的比模量。

5.4.4　小结

综上所述,本实例通过对 SiC 纳米颗粒在镁合金熔体中的分散和自稳定的研究,提出了一种将大体积分数纳米颗粒分散在金属基体中的新方法,制备出的含有密集且均匀分散纳米颗粒的镁合金同时提高了强度、弹性模量、塑性和高温稳定性。实例报道的方法原则上是可改进的,仍需要许多努力来实现材料的大批量制造。

5.5　往复挤压对 Mg - 1%(质量分数)SiC$_{NP}$ 纳米复合材料组织和性能的影响

前面几节的研究实例中已对添加纳米颗粒后镁合金中的晶体长大及晶粒细化等机制进行了介绍,5.4 节中展示了添加大体积分数的纳米颗粒增强镁合金复合材料优异的力学性能。大量研究表明,塑性变形能够细化金属基复合材料的基体组织和增强相,进一步提高复合材料的性能[15-21]。陈培生等[22]采用机械合金化法、真空热压并热挤压制备了纳米 SiC 颗粒增强 MB2 镁基复合材料,组织致密且 SiC 纳米颗粒分布均匀,界面结合良好,基体晶粒尺寸小于 300 nm,复合材料的硬度、室温和高温力学性能都比基体合金高,但塑性比基体合金低。挤压、轧制、锻造等常规塑性变形加工技术对基体的细化和对纳米颗粒的均匀分布作用仍然有限(尤其是对超细颗粒来说几乎不可能,因为需要的应变极高),而且增强相容易沿变形流线分布,难以获得组织均匀的复合材料[23]。

大塑性变形被认为是制备超细晶(晶粒尺寸为 100 nm～1 μm)和块体纳米(晶

粒尺寸小于 100 nm)材料最有前途的方法[24],该方法可使材料具有高的强度、硬度和相当好的塑性。各种制备超细晶材料的大塑性变形方法发展快速,等通道转角挤压、高压扭转等大塑性变形技术应用于制备超细晶和纳米复合材料,取得了较好的结果[25]。Goussous 等[26] 将铝粉和纳米碳粉混合后球磨,然后在 400 ℃条件下,利用等通道转角挤压制备了 Al - C 纳米复合材料。Asadi 等[27] 制备了 AZ91 - SiC 和 AZ91 - Al₂O₃镁基纳米复合材料,并采用搅拌摩擦加工制备了表面纳米复合材料层,但纳米颗粒分布仍然不均匀,团簇依然存在。Rezayat 等采用累积轧制制备了 Al - SiC 纳米复合材料薄板,研究了轧制道次和 SiC 纳米颗粒含量对复合材料组织和性能的影响,发现屈服强度和抗拉强度都随道次的增加而提高[28]。Joo 等对含有 5%(体积分数)碳纳米管的铝基复合材料粉末在 473 K 条件下进行高压扭转,细化了晶粒,获得了高强度和良好的塑性[29]。

5.5.1　往复挤压过程

本节研究通过超声空化法制备并热挤压后的 Mg - 1%(质量分数)SiC 复合材料坯料,采用往复挤压大塑性变形技术进一步细化基体组织,使纳米颗粒均匀和弥散分布,制备 SiC 纳米颗粒增强的均匀、细晶镁基复合材料并研究往复挤压对复合材料组织和性能的影响。图 5.24 为往复挤压装置及过程示意图。

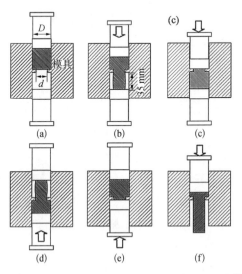

图 5.24　往复挤压工艺的加工装置及过程示意图[30]

(a) 初始状态;(b) 上冲头挤压;(c) 上冲头挤压结束;(d) 下冲头反向挤压;(e) 下冲头挤压结束;(f) 最终挤压

5.5.2　Mg‐1%(质量分数)SiC$_{NP}$纳米复合材料的组织

图 5.25(a)和图 5.25(b)～(d)分别为 Mg 和 Mg‐1%(质量分数)SiC$_{NP}$纳米复合材料在 350 ℃挤压后的显微组织,Mg 平均晶粒尺寸约为 38 μm;Mg‐1%(质量分数)SiC$_{NP}$纳米复合材料平均晶粒尺寸为 27.6 μm,晶粒分布更加均匀,但 SiC 分布仍然不均匀,只有一部分颗粒呈单个弥散粒状分布,其他部分以团聚形式存在,团聚尺寸为 200～500 nm。

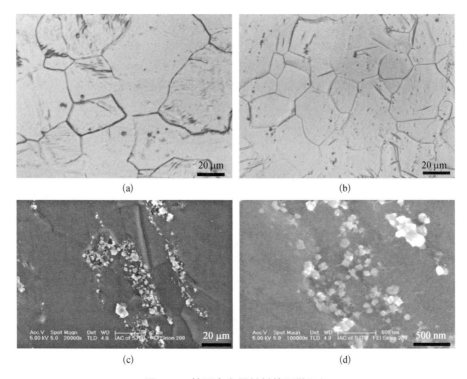

图 5.25　挤压态金属材料的显微组织

(a) 挤压态 Mg 的显微组织;(b)～(d) Mg‐1%(质量分数)SiC$_{NP}$纳米复合材料的显微组织

挤压态 Mg、Mg‐1%(质量分数)SiC$_{NP}$纳米复合材料的晶粒尺寸分布分别如图 5.26(a)(b)所示,纯 Mg 中最大晶粒尺寸接近 120 μm,20～40 μm 的晶粒占的比例最大,100～120 μm 的晶粒占的比例最小;Mg‐1%(质量分数)SiC$_{NP}$纳米复合材料中晶粒尺寸都小于 70 μm,20～30 μm 的晶粒占的比例最大,而 60～70 μm 的晶粒占的比例最小。挤压态 Mg‐1%(质量分数)SiC$_{NP}$纳米复合材料比挤压态 Mg 平均晶粒尺寸小很多。

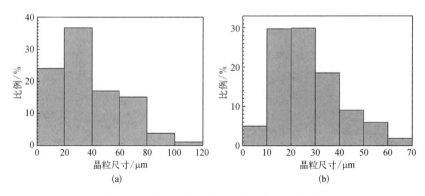

图 5.26 挤压态金属材料的晶粒尺寸分布

（a）挤压态 Mg 的晶粒尺寸分布；（b）Mg‐1%（质量分数）SiC$_{NP}$纳米复合材料的晶粒尺寸分布

分别在Mg‐1%（质量分数）SiC$_{NP}$纳米复合材料基体和第二相上进行区域 EDS 能谱分析，结果如图 5.27 所示，可以看出，基体和第二相上均含有少量 O，SiC 中的 O 可能是纳米 SiC 制备过程中表面氧化形成 SiO$_2$所致。

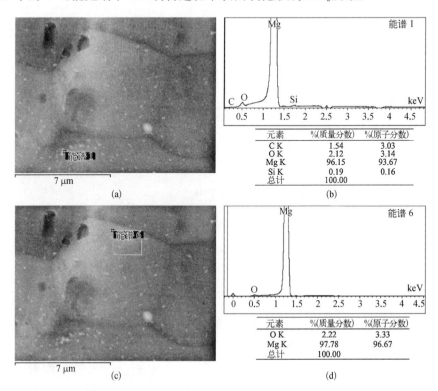

图 5.27 Mg‐1%（质量分数）SiC$_{NP}$纳米复合材料的 SEM 图

（a）基体电镜照片；（b）基体能谱分析；（c）第二相电镜照片；（d）第二相能谱分析

5.5.3　往复挤压对Mg－1%（质量分数）SiC$_{NP}$纳米复合材料组织和性能的影响

1）往复挤压对Mg－1%（质量分数）SiC$_{NP}$纳米复合材料组织的影响

图 5.28(a)所示是挤压态Mg－1%（质量分数）SiC$_{NP}$纳米复合材料的显微组织，平均晶粒尺寸为 27.6 μm。图 5.28(b)(c)(d)所示分别是Mg－1%（质量分数）SiC$_{NP}$纳米复合材料在 350 ℃往复挤压(cyclic extrusion compression，CEC) 2、5、8 道次后的晶粒形貌。晶粒尺寸随着道次的增加快速减小，2 道次后，不论是原始的粗晶粒还是细晶粒，都显著细化，细晶粒环绕在粗晶粒周围，粗晶粒仍占据较大的面积，平均尺寸减小到 14.2 μm。5 道次后晶粒趋于更加均匀，但仍然是粗晶粒和细晶粒的混合组织，其中小于 8 μm 的晶粒占相当大的比例，一些大的晶粒尺寸不变但更加

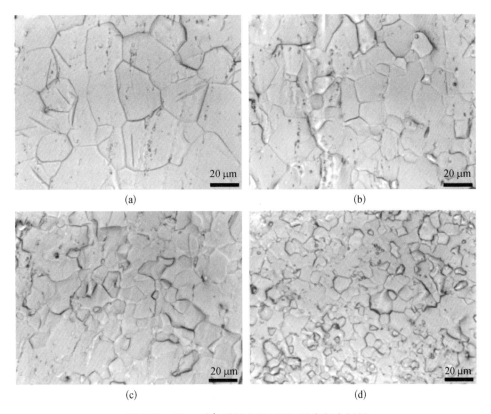

图 5.28　Mg－1%（质量分数）SiC$_{NP}$纳米复合材料

(a) 挤压态，在 350 ℃往复挤压；(b) 往复挤压 2 道次后的组织；(c) 往复挤压 5 道次后的组织；(d) 往复挤压 8 道次后的组织

扭曲,平均尺寸为 11.3 μm。随着进一步的变形,晶粒组织更加均匀,8 道次后晶粒全部细化,平均尺寸达到 6.5 μm。随着变形量的增加,Mg-1%(质量分数)SiC$_{NP}$纳米复合材料晶粒尺寸逐渐减小,这和纯 Mg、AZ31 合金、Mg-Y$_2$O$_{3(NP)}$ 纳米复合材料是一致的。由于往复挤压过程中温度高达 350 ℃(该温度是熔化温度的 0.7 倍),动态再结晶很容易发生,从而导致晶粒细化。另一方面,SiC 纳米颗粒在再结晶过程中容易成为晶粒的形核核心,并且能够由于钉扎作用阻碍再结晶晶粒的长大。

图 5.29(a)(b)分别显示了挤压态、往复挤压 8 道次 Mg-1%(质量分数)SiC$_{NP}$纳米复合材料中 SiC 颗粒的分布。挤压态下,SiC 颗粒团簇呈带状分布,最大宽度达 500 nm,团簇周围是无颗粒区域,团簇与基体的界限很明显。常规塑性变形过程中,基体和团簇同时变形,在轧制或者挤压方向被拉长,即使压下量或挤压比很高也会形成带状团簇,仍然会恶化材料性能。往复挤压 8 道次后 SiC 纳米颗粒从团簇脱离并且移动到无颗粒区域,颗粒分布变得很均匀,但由于纳米颗粒过高的表面能,仍然有一些很小的团簇存在。图 5.29(c)(d)是往复挤压 8 道次后 SiC 颗粒的 TEM 形貌,也显示了颗粒的均匀分布和 Mg/SiC 界面的良好结合。

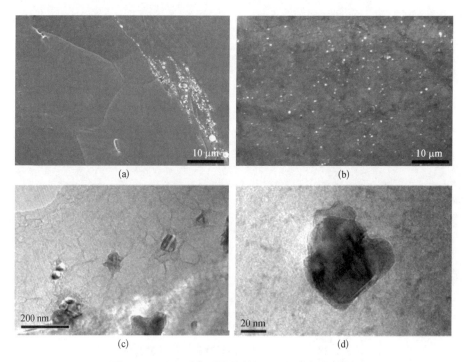

(a)   (b)

(c)   (d)

图 5.29 Mg-1%(质量分数)SiC$_{NP}$纳米复合材料

(a) 挤压态;(b)~(d) 往复挤压 8 道次后的形貌

每个样方内的纳米颗粒数目(N_q)的概率分布图如图 5.30 所示。图 5.30 表明,挤压态下颗粒分布极不均匀,8 道次后包含 0 个、6 个或大于 6 个颗粒的样方数目大大减少。颗粒分布的改善归结于往复挤压过程中材料充足的紊流流动,α-Mg 基体和 SiC 颗粒的相对移动剧烈,反复揉搓作用很容易破碎纳米颗粒团簇和重新分布纳米颗粒。可以设想,只要道次足够多,试样中的任何相邻区域都可以互相混合,使 SiC 颗粒分散到基体中的无颗粒区域,因此往复挤压后颗粒表现出相当均匀的分布,并且仅剩下数量很少的小团簇。

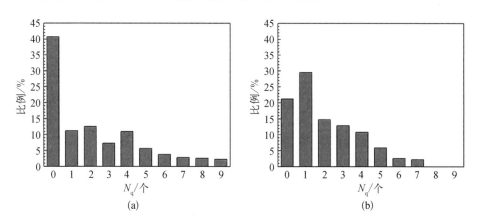

图 5.30　Mg-1%(质量分数)SiC$_{NP}$纳米复合材料的样方分析结果

(a) 挤压态;(b) 往复挤压 8 道次后结果

2) 往复挤压对 Mg-1%(质量分数)SiC$_{NP}$硬度和耐磨性能的影响

图 5.31 所示为在 350 ℃条件下往复挤压对 Mg-1%(质量分数)SiC$_{NP}$纳米复合材料显微硬度的影响。挤压态时硬度为 36.5 HV,2 道次后快速上升到 41.8 HV,提高了 14.5%。随着变形道次的继续增加,显微硬度不断提高,但增加的幅度逐渐缓慢,8 道次后,显微硬度达到 43.2 HV。

晶粒细化与加工硬化指数 η 的关系如下:

$$\eta = \frac{a}{b + D^{1/2}} \tag{5.1}$$

式中,a、b 为常数;D 为平均晶粒直径。可见,当 D 小到一定值时,η 就不再增加。

加工硬化正比于材料储存能,材料储存能随变形量的提高而增大,但增大速率不断减小。在前两道次的变形时,复合材料晶粒尺寸较大,晶内的位错运动是往复挤压变形的主要机制,空位密度、位错密度显著上升,使复合材料继续塑性变形的抗力提高,显微硬度显著提高。此外,根据关系式:

$$H = H_0 + \alpha Gb\rho^{1/2} \qquad (5.2)$$

式中,H_0 为变形前的硬度;α 为比例常数;G 为切变模量;b 为柏氏矢量;ρ 为位错密度。

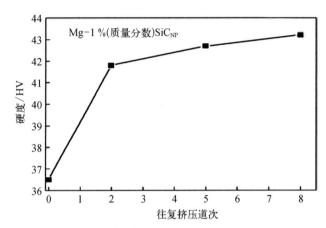

图 5.31　Mg‐1%(质量分数)SiC$_{NP}$纳米复合材料
硬度随往复挤压道次的变化

　　随往复挤压变形道次的增加,变形机制从晶内位错运动逐渐转化为晶界滑移,位错密度 ρ 增大变缓,结果导致晶粒细化变缓,硬度提高变慢。

　　材料硬度的提高主要归结于奥罗万强化和细晶强化,8 道次后奥罗万强化对屈服强度的贡献可表示为

$$\Delta\sigma_{\text{Orowan}} = \frac{0.4MGb}{\pi\bar{\lambda}} \frac{\ln\dfrac{d_r}{b}}{\sqrt{1-\nu_{\text{Mg}}}} \qquad (5.3)$$

式中,M 是 Mg 的平均取向泰勒因子(Taylor factor),$M = 6.5$;G 是剪切模量,$G = 17.3$ GPa;b 是柏氏矢量[31],$b = 0.321$ nm;d_r 是 SiC 颗粒的直径, $d_r = 50$ nm;ν_{Mg}是泊松比,$\nu_{\text{Mg}} = 0.35$;$\bar{\lambda}$ 是平均粒子间距[32]。

$$\bar{\lambda} = d_r\left[\left(\frac{\pi}{6V_f}\right)^{\frac{1}{3}} - 1\right] \qquad (5.4)$$

式中,V_f是 SiC 的体积分数,8 道次后,由晶粒细化产生的霍尔-佩奇强化为[31]

$$\Delta\sigma_{\text{Hall-Petch}} = k_y d_{\text{Mg}}^{-1/2} \qquad (5.5)$$

式中,k_y 是霍尔-佩奇系数,$k_y = 280$ MPa · μm$^{1/2}$;d_{Mg}是 Mg 的平均晶粒尺寸。

因此,8 道次后奥罗万强化和细晶强化的比值可表示为

$$\frac{\Delta\sigma_{\text{Orwan}}}{\Delta\sigma_{\text{Hall-Petch}}} = 1.46 \tag{5.6}$$

图 5.32(a)所示是挤压态和往复挤压 8 道次后 Mg-1%(质量分数)SiC_{NP} 纳米复合材料在室温干摩擦条件下的耐磨性能比较,采用的载荷是 8 N,滑动速度是 0.1 m/s。滑动距离为 500 m 时,挤压态 Mg-1%(质量分数)SiC_{NP} 纳米复合材料的磨损量为 7.3 mg,往复挤压 8 道次后材料的磨损量是 7.1 mg,差别并不大;滑动距离增大到 1 000 m 时,挤压态材料的磨损量为 14.7 mg,往复挤压态材料的磨损量为 13.8 mg;滑动距离超过 1 000 m 以后,挤压态材料的磨损速率显著提高,而往复挤压态材料的磨损速率只是有所提高。滑动距离为 1 500 m 时,挤压态材料的磨损量为 24.6 mg,往复挤压态材料的磨损量是 21.6 mg;滑动距离为 2 000 m 时,挤压态材料的磨损量为 33.1 mg,往复挤压态材料的磨损量仅为 30.7 mg。

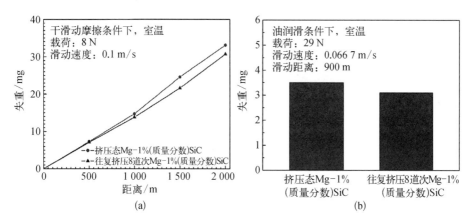

图 5.32　Mg-1%(质量分数)SiC_{NP}纳米复合材料往复挤压前后在干摩擦和油润滑条件下的耐磨性能比较

(a) 干摩擦;(b) 油润滑

图 5.32(b)所示是挤压态和往复挤压 8 道次后 Mg-1%(质量分数)SiC_{NP} 纳米复合材料在油润滑条件下的耐磨性能比较,采用的载荷是 29 N,滑动速度是 0.066 7 m/s,滑动距离是 900 m。油润滑条件下,往复挤压对耐磨性的提高很明显,挤压态材料的磨损量为 3.5 mg,往复挤压 8 道次后材料的磨损量为 3.1 mg。

在相同的磨损条件下,由于往复挤压后团簇的 SiC 颗粒细化、弥散分布,从而有利于减缓与基体之间产生的应力集中,更好地发挥 SiC 颗粒的承载能力,基体晶粒也显著细化,提高了复合材料的耐磨性。

图 5.33(a)、(b)分别是挤压态、往复挤压 8 道次Mg-1%(质量分数)SiC$_{NP}$纳米复合材料在 29 N 的载荷、0.066 7 m/s 的滑动速度、油润滑条件下磨损 900 m 后表面的 SEM 形貌。挤压态材料的磨损表面有较多深而宽的犁沟,其两侧的凸起并不连续,存在剥落,磨损表面很粗糙。由于挤压态 Mg-1%(质量分数)SiC$_{NP}$纳米复合材料中 SiC 颗粒呈团簇分布,在磨损过程中易脱落,脱落后对复合材料产生切削,形成较深的犁沟;往复挤压后,材料中的 SiC 颗粒比较均匀、细小,不容易脱落,因而对复合材料的切削较小,形成的犁沟较少且浅而窄。所以,往复挤压后复合材料的磨损失重较小,耐磨性较高。

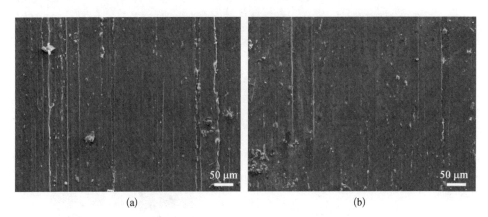

(a)   (b)

图 5.33 Mg-1%(质量分数)SiC$_{NP}$纳米复合材料磨损表面的 SEM 形貌

(a) 挤压态;(b) 往复挤压 8 道次后的材料

5.5.4 小结

本节针对超声空化法制备并热挤压后的Mg-1%(质量分数)SiC$_{NP}$纳米复合材料,采用往复挤压大塑性变形技术进一步细化基体组织,均匀和弥散分布纳米 SiC 颗粒,研究了往复挤压对纳米复合材料组织、力学性能和耐磨性能的影响规律,得到如下主要结论:

(1) 随着往复挤压道次从 0 增加到 8,Mg-1%(质量分数)SiC$_{NP}$纳米复合材料的平均晶粒尺寸逐渐减小,由 27.6 μm 减小到 6.5 μm,晶粒尺寸分布的均匀性显著提高。

(2) 往复挤压道次从 0 增到 8,纳米颗粒的分布均匀性逐渐提高,往复挤压时镁基体强烈的剪切作用使 SiC 纳米颗粒团簇解离并均匀分布,8 道次后只有少量很小的团簇存在。

（3）随着往复挤压道次从 0 增加到 8，Mg－1%（质量分数）SiC_{NP} 纳米复合材料的显微硬度不断提高，从 36.5 HV 提高到 43.2 HV，硬度的提高归结于晶粒的细化和纳米颗粒的弥散化；8 道次后纳米复合材料在干摩擦和油润滑条件下的耐磨性能都显著提高。

5.6　本章小结

本章系统介绍了纳米颗粒对镁合金组织及性能的影响的相关研究实例，结论如下：

（1）$TiC_{0.3}N_{0.7}$ 纳米颗粒在 AZ91D 合金中沿晶界、在 α－Mg 晶粒内部和共晶 β－$Mg_{17}Al_{12}$ 相内部分布。少量 $TiC_{0.3}N_{0.7}$ 纳米颗粒可作为 α－Mg 晶粒的非均质形核的核心，但不能作为 β－$Mg_{17}Al_{12}$ 相非均质形核的有效成核核心。大部分 $TiC_{0.3}N_{0.7}$ 纳米颗粒覆盖 α－Mg 表面，诱导生长控制并阻碍共晶相的生长，对 AZ91D 合金有明显的细化作用。但是当 $TiC_{0.3}N_{0.7}$ 纳米颗粒添加量过高时，纳米颗粒聚集可能会损害精炼和细化效果。

（2）SiC 纳米颗粒在 Mg－25Zn－7Al 合金中向孔隙和熔体界面迁移，合金中原有孔隙的数量密度和体积分数提高，氧化物非均相成核密度升高。同时，SiC 纳米颗粒吸附在初生相表面，改变固－液界面液体中的有效溶质扩散率，限制了溶质元素的再分配，使枝晶逐渐等轴化，起到了有效的生长限制作用，对合金有明显的细化作用。

（3）提出了一种将致密纳米颗粒分散在金属基体中的新方法，该方法可以同时提高强度、弹性模量、塑性和高温稳定性。SiC 纳米颗粒在 Mg－2Zn 合金熔体中存在自分散现象。颗粒间的范德瓦耳斯势使之形成准团簇，但熔体提供的热能使得纳米颗粒摆脱范德瓦耳斯势的吸引力，从而有效分离 SiC 纳米颗粒。这种热激活分散和自稳定机制为实现致密纳米颗粒在熔体中的均匀分散提供了新的途径。

（4）随着往复挤压道次从 0 增加到 8，Mg－1%（质量分数）SiC_{NP} 纳米复合材料的平均晶粒尺寸逐渐减小，由 27.6 μm 减小到 6.5 μm，晶粒尺寸分布的均匀性显著增加。纳米颗粒的分布均匀性逐渐提高，往复挤压过程中镁基体强烈的剪切作用使 SiC 纳米颗粒团簇解离并均匀分布，8 道次后只存在少量很小的团簇。往复挤压道次从 0 增加到 8，Mg－1%（质量分数）SiC_{NP} 纳米复合材料的显微硬度不断提高，从 36.5 HV 提高到 43.2 HV，硬度的提高归结于晶粒的细化和纳米颗粒的弥散化;8 道次后纳米复合材料在干摩擦和油润滑条件下的耐磨性能都显著提高。

参考文献

[1] Kojima Y, Aizawa T, Kamado S, et al. Progressive steps in the platform science and technology for advanced magnesium alloys[J]. Materials Science Forum, 2000, 419 - 422: 3 - 20.

[2] Dieringa H. Properties of magnesium alloys reinforced with nanoparticles and carbon nanotubes: a review[J]. Journal of Materials Science, 2011, 46: 289 - 306.

[3] Sillekens W H, Jarvis D J, Vorozhtsov A, et al. The ExoMet project: EU/ESA research on high-performance light-metal alloys and nanocomposites[J]. Metallurgical and Materials Transactions A, 2014, 45A(8): 3349 - 3361.

[4] Mortensen A, Llorca J. Metal matrix composites[J]. Annual Review of Materials Research, 2010, 40: 243 - 270.

[5] Stjohn D H, Easton M A, Qian M, et al. Grain refinement of magnesium alloys: a review of recent research, theoretical developments, and their application [J]. Metallurgical and Materials Transactions A, 2013, 44A(7): 2935 - 2949.

[6] Wang K, Xu G P, Jiang H Y, et al. Effects of $TiC_{0.5}N_{0.5}$ nanoparticles on the microstructure, mechanical and thermal properties of $TiC_{0.5}N_{0.5}/Al - Cu$ nanocomposites [J]. Journal of Materials Research and Technology, 2020, 9(2): 2044 - 2053.

[7] Xu G, Wang K, Lv X, et al. Synergistic effects of $\gamma - Al_2O_3$ nanoparticles and fast cooling on the microstructural evolution and mechanical properties of Al - 20Si alloys[J]. Materials Characterization, 2021, 178: 111240.

[8] Wang K, Jiang H Y, Wang Q D, et al. Nanoparticle-induced nucleation of eutectic silicon in hypoeutectic Al - Si alloy[J]. Materials Characterization, 2016, 117: 41 - 46.

[9] Chen L Y, Peng J Y, Xu J Q, et al. Achieving uniform distribution and dispersion of a high percentage of nanoparticles in metal matrix nanocomposites by solidification processing[J]. Scripta Materialia, 2013, 69(8): 634 - 637.

[10] Li H N, Wang K, Xu G P, et al. Nanoparticle-induced growth behavior of primary α - Mg in AZ91 alloys[J]. Materials & Design, 2020, 196: 1 - 15.

[11] Guo E Y, Shuai S S, Kazantsev D, et al. The influence of nanoparticles on dendritic grain growth in Mg alloys[J]. Acta Materialia, 2018, 152: 127 - 137.

[12] Zhang Z, Chen D L. Consideration of Orowan strengthening effect in particulate-reinforced metal matrix nanocomposites: A model for predicting their yield strength[J]. Scripta Materialia, 2006, 54(7): 1321 - 1326.

[13] Liu G, Zhang G J, Jiang F. Nanostructured high-strength molybdenum alloys with unprecedented tensile ductility[J]. Nature Materials, 2013, 12(4): 344 - 350.

[14] Chen L Y, Xu J Q, Choi H, et al. Processing and properties of magnesium containing a dense uniform dispersion of nanoparticles[J]. Nature, 2015, 528: 539 - 543.

［15］Guo W，Wang Q D，Ye B，et al. Microstructural refinement and homogenization of Mg - SiC nanocomposites by cyclic extrusion compression［J］. Materials Science and Engineering A，2012，556：267 - 270.

［16］Ebrahimi M，Wang Q，Attarilar S. A comprehensive review of magnesium-based alloys and composites processed by cyclic extrusion compression and the related techniques［J］. Progress in Materials Science，2023，131（Jan.）：101016.1 - 101016.73.

［17］Zhang L，Ren R，Ren J，et al. Effects of cyclic closed-die forging on the microstructural evolution and mechanical properties of SiC/AZ91D nanocomposites［J］. International Journal of Modern Physics B，2022，36（12/13）：2240066.

［18］Ebrahimi M，Zhang L，Wang Q，et al. Damping characterization and its underlying mechanisms in CNTs/AZ91D composite processed by cyclic extrusion and compression［J］. Materials Science and Engineering：A，2021，821：141605 - 141614.

［19］Zhang L，Wang Q，Liu G，et al. Tribological behavior of carbon nanotube-reinforced AZ91D composites processed by cyclic extrusion and compression［J］. Tribology Letters，2018，66（2）：71.

［20］Zhang L，Wang Q，Liao W，et al. Microstructure and mechanical properties of the carbon nanotubes reinforced AZ91D magnesium matrix composites processed by cyclic extrusion and compression［J］. Materials Science and Engineering：A，2017，689：427 - 434.

［21］Guo W，Wang Q D，Li W Z，et al. Enhanced microstructure homogeneity and mechanical properties of AZ91 - SiC nanocomposites by cyclic closed-die forging［J］. Journal of Composite Materials，2016，51（5）：681 - 686.

［22］陈培生,薛烽,李子全,等. n - SiCp/MB2 复合材料组织与力学性能［J］. 中国有色金属学报,2004(10)：1648 - 1652.

［23］Choi H，Alba-Baena N，Nimityongskul S，et al. Characterization of hot extruded Mg/SiC nanocomposites fabricated by casting［J］. Journal of Materials Science，2011，46（9）：2991 - 2997.

［24］Valiev R. Nanostructuring of metals by severe plastic deformation for advanced properties［J］. Nature Materials，2004，3（8）：511 - 516.

［25］Viswanathan V，Laha T，Balani K，et al. Challenges and advances in nanocomposite processing techniques［J］. Materials Science & Engineering R-Reports，2006，54（5 - 6）：121 - 285.

［26］Goussous S，Xu W，Wu X，et al. Al - C nanocomposites consolidated by back pressure equal channel angular pressing［J］. Composites Science and Technology，2009，69（11 - 12）：1997 - 2001.

［27］Asadi P，Faraji G，Masoumi A，et al. Experimental investigation of magnesium-base nanocomposite produced by friction stir processing：effects of particle types and number of friction stir processing passes［J］. Metallurgical and Materials Transactions A，2011，42A（9）：2820 - 2832.

［28］Rezayat M，Akbarzadeh A，Owhadi A. Fabrication of high-strength Al/SiC（p） nanocomposite sheets by accumulative roll bonding[J]. Metallurgical and Materials Transactions A, 2012, 43A (6): 2085 - 2093.

[29] Joo S H, Yoon S C, Lee C S, et al. Microstructure and tensile behavior of Al and Al-matrix carbon nanotube composites processed by high pressure torsion of the powders [J]. Journal of Materials Science, 2010, 45 (17): 4652 - 4658.

[30] 林金保. 往复挤压 ZK60 与 GW102K 镁合金的组织演变及强韧化机制研究[D]. 上海: 上海交通大学,2008.

[31] Habibi M K, Joshi S P, Gupta M. Hierarchical magnesium nano-composites for enhanced mechanical response[J]. Acta Materialia, 2010, 58 (18): 6104 - 6114.

[32] Tan M J, Zhang X. Powder metal matrix composites: selection and processing[J]. Materials Science & Engineering A, 1998, 244 (97): 80 - 85.

第6章 合金元素对镁合金熔体表面氧化膜生长的影响

本章介绍了铍(Be)、钙(Ca)分别添加及铍(Be)和稀土(RE)共同添加对镁合金熔体表面氧化膜生长影响的研究结果,主要包括合金元素加入后,表面氧化膜形貌、结构、成分等的变化,氧化膜的形成过程及其阻燃机理。钙加到 AM50 合金和 AZ91 合金中后,合金表面形成了致密的 MgO 和 CaO 双层氧化膜,且 CaO 主要分布在氧化膜外层,能够起到很好的阻燃效果。当不同含量的铍加到 AZ91 合金中后,燃烧过程中镁合金表面氧化膜中生成的氧化物是 MgO 和 BeO,BeO 在熔体表面的形成可以增加表层氧化物的致密度,提高阻燃性能。铍和稀土元素共同加入 AZ91 合金中后,也会在镁合金表面形成致密的氧化膜,对合金起到很好的阻燃效果。

6.1 引言

镁合金在轻量化领域的应用正在扩大[1-2]。由于镁与氧之间具有很高的亲和力,镁与氧气反应的标准吉布斯自由能较低,因此镁总是优先于其他元素而与氧气发生化学反应。而且氧化镁具有很高的生成热,镁在氧化过程中放出大量的热,导致反应温度升高,从而又加快镁合金的氧化,甚至灼烧的速度。金属氧化反应前后的体积变化可以用 P-B 比(Pilling-Bedworth ratio,又称 α 值)来近似表示,即

$$\alpha = \frac{氧化物的体积}{生成氧化物的金属体积}$$

式中,α 表示金属生成氧化物的体积膨胀或缩小的程度;α 越大,氧化膜结构越致密。当 α 大于 1 时,氧化反应后生成的氧化膜体积膨胀,氧化膜结构紧实,可以起到阻燃的效果;当 α 小于 1 时,氧化膜结构疏松,氧气可以非常容易地与金属接触,发生氧化反应。对于氧化镁而言,α 约等于 0.78,因此氧化膜的结构疏松,不能很好地阻止基体镁合金与氧气的进一步反应。

综合上述三个原因,镁在高温下容易被严重氧化甚至发生剧烈燃烧。为防止镁合金熔体着火,必须加入熔剂或者保护性气体。熔剂不可避免地会流入铸件型腔中,导致夹杂物的形成,损害铸件力学性能和耐腐蚀性能,降低产品良率。而保护性气体比如 SF_6 会污染环境,并且生产设备复杂。因此,有必要寻找一种更好的镁合金熔体阻燃的方法。而加入一定的合金元素,可以改变合金熔体表面的氧化膜结构,如果将氧化膜改密,则可阻止氧气与镁的接触和进一步氧化,这种方法具有巨大的发展潜力,下面介绍相关研究实例。

6.2 钙的添加对 AM50 镁合金熔体表面氧化膜生长的影响

6.2.1 实验材料及方法

通过在坩埚电阻炉中熔炼 AM50 合金和 Mg - 25%(质量分数)Ca 中间合金制备实验合金,熔炼过程中为防止合金的氧化燃烧,持续向坩埚内通入 SF_6 和 CO_2 混合气体。由于 Ca 含量较高时,Mg - Al 合金中会形成大尺寸的 Al_2Ca 化合物,虽然 Ca 含量越高,越能够改善合金的阻燃性能,但是合金中形成大尺寸的 Al_2Ca 化合物会降低合金的力学性能。因此,本研究将镁合金中添加的 Ca 含量设计为 1%(质量分数)。实验合金的成分通过 optima 7000 电感耦合等离子体发射光谱仪测量,合金的实际化学成分如表 6.1 所示[3]。

表 6.1　实验合金的实测成分

合　　金	成分/%(质量分数)						
	Al	Ca	Mn	Si	Fe	Cu	Mg
AM50	5.08	—	0.322	0.023	0.022	0.001	Bal.
AM50 - 1%(质量分数)Ca	4.83	1.23	0.355	0.019	0.028	0.002	Bal.

通过"燃点曲线"(时间-温度曲线)方法,测试实验合金的燃点,燃点测试试样的规格为 20 mm×20 mm×20 mm,燃点测试的原理及装置如图 6.1 所示。该燃点试验装置可通过连续加热法和在固定温度保温测试两种方式研究实验合金的燃点。测试试样的温度由安装在不锈钢管中的热电偶实时记录,不锈钢管插入测试试样的孔中心,与试样紧密连接。为保证实验结果的准确性,每种合金的燃点测试均

进行多次平行实验。燃点测试结束后,以覆盖砂的方式对试样进行冷却,并通过 D/
max 2550V X 射线衍射仪、Philip‑505 FEI SIRION 200 扫描电子显微镜、ESCALAB
MK Ⅱ电子探针和 PH1550 ESCA/SAM 俄歇电子能谱仪对试样的氧化膜进行分析。

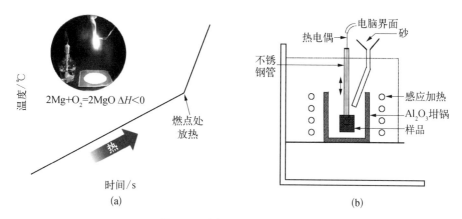

图 6.1　燃点测试原理及装置

(a)测试原理;(b)测试装置

6.2.2　AM50 和 AM50‑1%(质量分数)Ca 合金的阻燃性能

AM50 和 AM50‑1%(质量分数)Ca 合金连续加热方法的温度和时间曲线如
图 6.2 所示。由图 6.2 可知,两种合金的温度和时间曲线在低温阶段(低温氧化)并

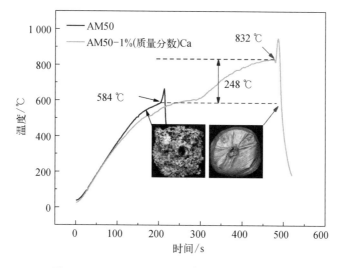

**图 6.2　AM50 和 AM50‑1%(质量分数)Ca 合金
连续加热方法下的温度时间曲线**

未表现出明显的差异。随着温度的升高,由于两种合金氧化反应放热存在差异,AM50 合金的温度逐渐高于 AM50‐1%(质量分数)Ca 合金的温度。当温度上升到 584 ℃左右时,AM50 合金的表面发生剧烈的氧化反应,温度突然升高,合金表面被大量氧化反应产物覆盖。对于 AM50‐1%(质量分数)Ca 合金,832 ℃ 左右时,温度出现急剧升高,此时合金表面依旧光滑致密。实验结果表明,AM50 和 AM50‐1%(质量分数)Ca 的阻燃温度分别为 584 ℃ 和 832 ℃。合金中添加 1%(质量分数)Ca 后,阻燃温度提高了 248 ℃,显著改善了合金的阻燃性能。

一般来说,合金在固定温度下保持的时间越长,表明该合金的阻燃性能越好。为此,本文也研究了钙的加入对镁合金在固定温度下保持时间的影响。AM50 和 AM50‐1%(质量分数)Ca 合金在不同固定温度下的燃点曲线如图 6.3 所示。由图 6.3 可知,合金在不同温度下的保持时间随着温度的升高而急剧降低,AM50 合

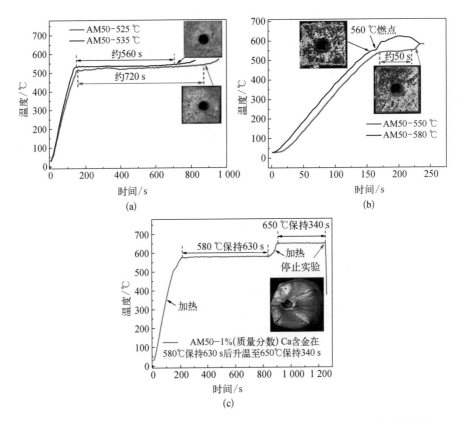

图 6.3　AM50 和 AM50‐1%(质量分数)Ca 合金在不同固定温度下的燃点曲线

(a)(b) AM50 合金在不同固定温度下的燃点曲线;(c) AM50‐1%(质量分数)Ca 合金在不同固定温度下的燃点曲线

金在 525 ℃ 下可以保持 720 s 左右,在 535 ℃ 下可以保持 560 s 左右,而在 550 ℃ 下仅可以保持 50 s 左右。在对合金进行 580 ℃ 下的保温实验时,当温度升至 560 ℃ 时,合金表面即发生剧烈的氧化现象。实验结果显示,AM50 合金的保温温度越高,合金表面的氧化现象越显著。然而,AM50‑1%(质量分数)Ca 合金在 580 ℃ 下保持 630 s 后,继续升温至 650 ℃ 仍可保持 340 s,并依然未出现明显的氧化迹象。实验结果证实,AM50‑1%(质量分数)Ca 合金的高温抗氧化性能显著优于 AM50 合金。

6.2.3　氧化膜分析

AM50‑1%(质量分数)Ca 合金氧化膜的 X 射线衍射(X‑ray diffraction,XRD)谱及标定结果如图 6.4 所示。根据上述分析,AM50‑1%(质量分数)Ca 合金表面会形成一层由 MgO 和 CaO 组成的氧化膜。XRD 测试结果也证实了这一结论。XRD 谱中可以发现 MgO 和 CaO 的峰,表明合金氧化膜中存在 MgO 和 CaO。此外,由于合金的氧化膜较薄,XRD 谱中也出现了较强的基体衍射峰。

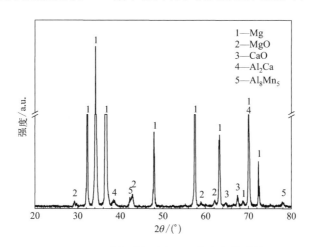

图 6.4　AM50‑1%(质量分数)Ca 合金氧化膜的 XRD

通过俄歇电子能谱(Auger electron spectroscopy,AES)测定了合金元素在 AM50 合金和 AM50‑1%(质量分数)Ca 合金氧化膜中的浓度分布,AES 测试结果如图 6.5 所示。结果表明,在 AM50 合金和 AM50‑1%(质量分数)Ca 合金表面均形成了一层氧化膜,其中 AM50 镁合金的氧化膜以 MgO 为主,而 AM50‑1%(质量分数)Ca 合金的氧化膜呈双层结构,外层主要由 MgO 和 CaO 组成,内层主要由 MgO 组成。AM50‑1%(质量分数)Ca 合金的 Ca^{2+} 浓度在外层较高,在内层较低,表明合金中的 Ca 元素在合金氧化过程中会向合金表面富集。

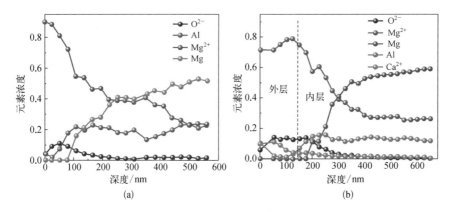

图 6.5 合金元素在氧化膜中的元素浓度分布

(a) AM50 合金；(b) AM50 - 1％(质量分数)Ca 合金

6.2.4 氧化膜的形成及保护机制

当合金表面形成双层氧化膜时，用单一氧化膜的 P - B 比(Pilling-Bedworth ratio，PBR)来判断氧化膜的保护效果是不够准确的。基于此，Villegas-Armenta[4]针对复合氧化膜提出采用有效 P - B 比(effective Pilling - Bedworth ratio，EPBR)来判断氧化膜能否对合金起到保护作用。研究发现，当 MgO：CaO 为 4：1、MgO：CaO 为 2：1 时，EPBR 分别为 1.05 和 1.01，能够对合金起到较好的保护作用。

基于上述研究结果分析实验合金氧化膜的形成过程。AM50 合金和 AM50 - 1％(质量分数)Ca 合金的氧化膜形成如图 6.6 所示。如前所述，AM50

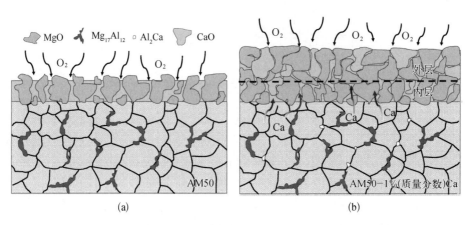

图 6.6 AM50 和 AM50 - 1％(质量分数)Ca 合金氧化膜形成示意图

(a) AM50 合金；(b) AM50 - 1％(质量分数)Ca 合金

合金的阻燃能力较差,当温度超过 580 ℃即可发生剧烈的氧化燃烧反应,合金表面形成疏松多孔且粗糙度较大的 MgO 层,但这并不会对合金起到保护作用。添加 Ca 元素后,合金表面形成相对致密且平滑的 CaO 和 MgO 混合氧化膜,Ca 会向合金表面迁移,从而使氧化膜外层形成较多的 CaO,而氧化膜内层以 MgO 为主。形成的 CaO 和 MgO 混合氧化膜能够阻碍氧气的扩散,从而对合金起到保护作用,减少合金的氧化。

6.2.5　氧化膜形成热力学与动力学分析

由上述结果可知,AM50‐1%(质量分数)Ca 合金表面形成的致密的双层氧化膜,能有效地提高合金的阻燃性能。为了研究合金表面氧化膜的形成机理,本节以 AM50‐1%(质量分数)Ca 合金熔体为例,分析氧化膜形成的热力学原因。氧化膜形成过程中可能发生的主要化学反应如下:

$$[Mg] + 1/2O_2(g) \longrightarrow MgO(s) \tag{6.1}$$

$$[Ca] + 1/2O_2(g) \longrightarrow CaO(s) \tag{6.2}$$

$$[Ca] + MgO(s) \longrightarrow CaO(s) + [Mg] \tag{6.3}$$

化学反应能否发生与化学反应的吉布斯自由能变化密切相关。当吉布斯自由能变化小于 0 时,反应可以自发进行;当吉布斯自由能变化大于 0 时,则化学反应不能自发进行。式(6.1)~式(6.3)的标准吉布斯自由能变化分别为

$$\Delta G_1^0 = -609\,570 + 116.52T \tag{6.4}$$

$$\Delta G_2^0 = -640\,150 + 108.57T \tag{6.5}$$

$$\Delta G_3^0 = -30\,580 - 7.95T \tag{6.6}$$

式(6.1)~式(6.3)的吉布斯自由能变化与参与反应的物质的活度有关。固体的活度为 1。假设[Mg]和[Ca]的浓度近似为活度,O_2 的分压近似为 O_2 逸度,则式(6.1)~式(6.3)的吉布斯自由能变化分别为

$$\Delta G_1 = \Delta G_1^0 + RT\ln\frac{1}{a[Mg]p(O_2)^{\frac{1}{2}}} = -609\,570 + 85.04T \tag{6.7}$$

$$\Delta G_2 = \Delta G_2^0 + RT\ln\frac{1}{a[Ca]p(O_2)^{\frac{1}{2}}} = -640\,150 + 117.26T \tag{6.8}$$

$$\Delta G_3 = \Delta G_3^0 + RT \ln \frac{a[\text{Mg}]}{a[\text{Ca}]} = -30\,580 + 32.2T \tag{6.9}$$

式(6.1)和式(6.2)在不同温度下的吉布斯自由能变化如图 6.7(a)所示。由图 6.7 可知,当温度小于 949 ℃时,CaO 形成的吉布斯自由能变化比 MgO 形成的吉布斯自由能变化更小,所以 CaO 更容易生成。图 6.7(b)为式(6.3)不同温度下的吉布斯自由能变化和反应能够发生(吉布斯自由能变化小于 0)时,所需的最低 Ca 含量。可以发现,式(6.3)在 947 ℃以下温度区间的吉布斯自由能变化均是负数,即反应可以发生,并且反应能够发生时所需的最低 Ca 含量均低于合金中的初始 Ca 含量(摩尔分数为 0.755%),这表明合金中的 Ca 含量能够满足反应的进行。热力学分析表明,CaO 更容易生成,且氧化初期形成的 MgO 也容易被 Ca 还原成 Mg。所以,Ca 更倾向于向合金表面富集,同时合金氧化膜的外层会形成更多的 CaO 膜层。

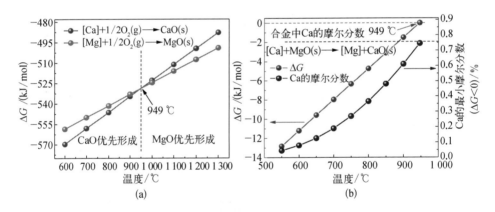

图 6.7 氧化膜形成的热力学分析

(a) CaO 和 MgO 形成的 ΔG;(b) [Ca]+MgO(s)——→CaO(s)+[Mg]反应的 ΔG 和 $\Delta G < 0$ 时的最小 Ca 含量

合金在高温氧化过程中形成的氧化膜受化学反应速度和反应物质扩散的双重影响。有研究者对合金氧化动力学过程进行了大量研究并发现合金氧化过程一般遵循两个规律:① 线性变化规律,合金表面形成的氧化膜往往疏松多孔,不能对合金起到保护作用,合金氧化的化学反应是控速环节,扩散过程不受阻碍,氧化过程快而剧烈,例如纯镁的氧化过程;② 抛物线变化规律,这类氧化过程扩散起到了重要的作用,一般是使合金表面形成致密的氧化膜,对合金起到良好的保护作用[5-6]。实验合金的氧化反应动力学机理如图 6.8 所示。

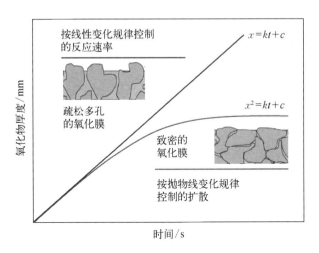

图 6.8　氧化反应动力学示意图

对于抛物线变化规律,假设阳离子输运控制氧化膜形成速率,同时在各界面建立热力学平衡,则向外的阳离子通量($j_{M^{2+}}$)与向内的阳离子缺陷通量(j_{VM})相等且相反。

$$j_{M^{2+}} = -j_{VM} = D_{VM}\frac{C_{VM}^{fm} - C_{VM}^{fg}}{x}$$

式中,x 为氧化膜厚度;D_{VM} 为阳离子空位扩散系数;C_{VM}^{fm} 和 C_{VM}^{fg} 分别为膜-金属和膜-气界面的空位浓度。

由于各界面处存在热力学平衡,因此 $C_{VM}^{fm} - C_{VM}^{fg}$ 是常数,因此

$$j_{M^{2+}} = \frac{1}{V_{OX}}\frac{\mathrm{d}x}{\mathrm{d}t} = D_{VM}\frac{C_{VM}^{fm} - C_{VM}^{fg}}{x}$$

所以

$$\frac{\mathrm{d}x}{\mathrm{d}t} = \frac{D_{VM}V_{OX}(C_{VM}^{fm} - C_{VM}^{fg})}{x} = \frac{k_0}{x}$$

式中,V_{OX} 是氧化物的摩尔体积,积分后得到

$$x^2 = kt + c$$

AM50-1%(质量分数)Ca 合金表面形成的致密的 MgO 和 CaO 双层氧化膜显著提高了其阻燃温度和高温抗氧化能力,因此,其氧化过程符合抛物线变化规律。

6.3 分别添加 3%(质量分数)钙和 0.16%(质量分数)铍对 AZ91 镁合金熔体表面氧化膜生长的影响

6.3.1 实验方法

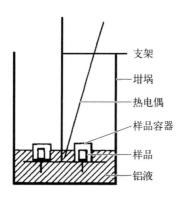

图 6.9 实验装置示意图

支架
坩埚
热电偶
样品容器
样品
铝液

用纯铝、纯镁、纯锌、纯钙、Al‑3%(质量分数)Be 中间合金等配制成 AZ91‑0.16Be 和 AZ91‑3Ca 合金,其化学成分列于表 6.2 中。实验装置如图 6.9 所示。加热介质为铝液,以保证升温速度与加热环境的稳定。试样为 $\Phi3\ mm\times4\ mm$ 的圆柱,由铸件直接加工而成,表面粗糙度为 5 级。将加热到 700 ℃ 和 900 ℃ 时未发生燃烧的试样取出并快速水冷,得到完好的有保护作用的氧化膜。分析用的样品取自试样表面,尺寸为 $5\ mm\times5\ mm\times2\ mm$。用 D/maxⅢA 型 X 射线衍射与带氩离子溅射的俄歇电子能谱(AES,PHI550ESCA/SAM 型多功能表面分析仪)对氧化膜的物相组成和化学成分进行定性分析。实验参数列于表 6.3 和表 6.4 中[7]。

表 6.2 实验用合金的化学成分

合 金	化学成分/%(质量分数)				
	Al	Zn	Be	Ca	Mg
AZ91‑0.16Be	9	0.5	0.16	—	其余
AZ91‑3Ca	9	0.5	—	3	其余

表 6.3 XRD 实验参数

靶材	V_f/keV	I_t/mA	扫描速度/[(°)·min^{-1}]	扫描步长/(°)
Cu	35	20	4	0.01

表 6.4 AES 实验参数

参数	E_p/keV	I_p/μA	V_{MOD}/eV	V_{MULT}/V	RC	SENS	p/nPa	p_{Ar}/μPa	U_V/kV	J_I/(μA·cm^{-2})
数值	3	1	3	1 500	off	40	13.3	13.3	3	100$_x$

6.3.2　XRD 分析结果

如图 6.10 和图 6.11 所示，AZ91 - 0.16Be 合金表面生成的氧化膜主要由 MgO 和 BeO 组成，而 AZ91 - 3Ca 合金表面形成的氧化物是 CaO 和 MgO，由于氧化膜很薄，也能检测到基体中的 Mg 和 Al。

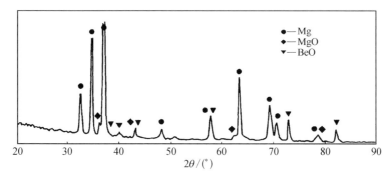

图 6.10　AZ91 - 0.16Be 合金表面氧化膜的 XRD 图谱

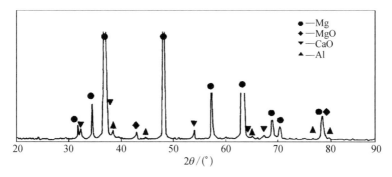

图 6.11　AZ91 - 3Ca 合金表面氧化膜的 XRD 图谱

6.3.3　AES 分析结果

采用半定量的方法从溅射不同时间的 AES 图谱中得到了氧化膜中各元素的分布曲线，这些曲线定性地显示了不同化学价态的各种元素在氧化膜中的分布[8]。

图 6.12 所示是 AZ91 - 0.16Be 合金氧化膜的分析结果。由图 6.12 可见，可以将氧化膜分为三层：外层主要是 MgO，次外层是 MgO 和 BeO 组成的混合层，内层是 BeO、Mg 和 Al。外层中 Mg^{2+} 含量基本恒定，从次外层开始下降，在内层降到最小。外层中 Be^{2+} 含量很低，从外层与次外层的界面开始不断增加，

在次外层与内层的界面处达到最大,然后又降低。O^{2-} 含量在外层和次外层中基本保持稳定,从内层开始下降,最终在基体中变为零。Mg 和 Al 在外层和次外层中几乎不存在,进入内层后迅速增加,最终将达到基体浓度。

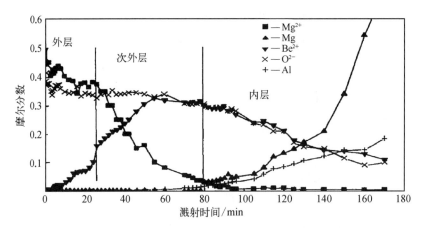

图 6.12 AZ91‑0.16Be 合金表面氧化膜中各种元素的浓度分布

图 6.13 所示是 AZ91‑3Ca 合金表面氧化膜的分析结果:外层主要是 CaO,次外层是 CaO、MgO 组成的混合层,内层是 MgO、Mg 和 Al。Mg^{2+} 在外层中很少,进入次外层后逐渐增加。在次外层与内层的界面达到最大,而后又逐渐降低。Ca^{2+} 在外层的含量基本不变,从外层与次外层的界面开始逐渐降低,内层中 Ca^{2+} 降到最低。外层和次外层中 Ca^{2+} 与 Mg^{2+} 的总量基本保持不变,与此对应的 O^{2-} 的摩尔分数也保持稳定。O^{2-} 从次外层与内层的界面开始向内进入下

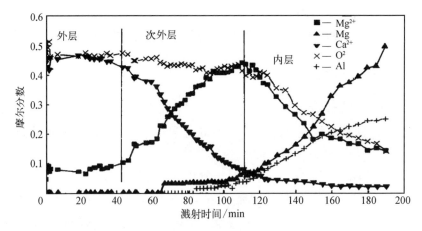

图 6.13 AZ91‑3Ca 合金表面氧化膜中各种元素的浓度分布

降阶段。原子态 Mg 经过在外层和次外层的缓慢增长之后在内层中迅速上升。整个氧化膜中 Al 始终以原子形式存在,在外层和次外层中缓慢增加,在内层的上升速度加快,最终将达到基体浓度。

6.3.4　生长机理分析

AZ91 - 0.16Be 合金的表面氧化膜主要由 MgO 和 BeO 组成,AZ91 - 3Ca 合金的表面氧化膜主要由 MgO 和 CaO 组成。基体元素 Mg 和合金元素 Be、Ca 在氧化膜中的存在形式、分布状况和变化趋势有明显的差别。这是因为在 AZ91 - 0.16Be 合金和 AZ91 - 3Ca 合金表面氧化膜的形成过程中,各种元素的氧化行为是完全不同的。

在本实验条件下,氧化膜的形成不仅经历了温度的变化,而且经历了试样从固态到液态的转变,因此,其结构和成分有可能发生变化。为了简化问题,假设氧化膜的某一部分形成后,成分和结构就不再发生变化,只有氧化膜的厚度随时间推移而不断增加。在此条件下,定性讨论合金氧化的热力学反应与动力学过程。

1) 热力学分析

因为氧化膜中并没有生成 Al 和 Zn 的氧化物,所以在以下热力学和动力学分析中不考虑 Al 和 Zn 的作用,将实际的合金简化为 A - B 二元合金体系,A 为基体元素,B 为合金元素。

假设 A,B 的氧化物只有 AO 和 BO,考虑合金表面的氧化还原反应为

$$B + AO \longrightarrow A + BO \tag{6.10}$$

该反应的 ΔG 为

$$\Delta G = \Delta G^0 + RT \ln \frac{\alpha_A \alpha_{BO}}{\alpha_B \alpha_{AO}} \tag{6.11}$$

假设

(1) AO 与 BO 为纯物质,并且互不相溶,则 $\alpha_{BO} = 1$,$\alpha_{AO} = 1$;

(2) 合金体系中各组元的活度近似等于其摩尔分数;

(3) 合金表面的元素组成与基体中相同,则 $\alpha_A = [A]$,$\alpha_B = [B]$。

取 $T = 800$ K,根据热力学数据[9]可以得到

(1) AZ91 - 0.16Be 合金中,$[Be] = 0.27$,$[Mg] = 91.20$,$\Delta G = 35\ 714$,$J > 0$;

(2) AZ91 - 3Ca 合金中,$[Ca] = 1.85$,$[Mg] = 89.76$,$\Delta G = -6\ 731$,$J < 0$。

由此可见,在上述假设条件下,AZ91-0.16Be 表面反应式(6.10)不能正向进行,Be 不可能发生选择性氧化形成单独的 BeO 氧化层,外层只能生成 MgO。但是在 AZ91-3Ca 表面,该反应能正向进行,Ca 发生选择性氧化,生成 CaO。由此可以解释两种合金中 Mg、Be、Ca 不同的氧化方式。

2) 动力学分析

考虑上述 A-B 二元合金体系的氧化动力学模型,有以下假设:① 氧化膜生长主要依靠氧向内的扩散;② 氧化膜分为三层,外层完全由外氧化生成,内层中只发生内氧化,次外层为过渡层;③ 最外层为疏松层,氧的摩尔分数保持恒定,内层为致密层,氧向内扩散形成浓度梯度;④ 氧离子浓度等于所有阳离子浓度的和。

该体系的氧化过程可以有如下两种形式,分别对应 AZ91-0.16Be 合金和 AZ91-3Ca 合金表面氧化膜的形成过程。

(1) A 发生外氧化,B 发生内氧化。外层中基体元素 A 氧化生成单独的 AO 氧化层。氧向内扩散,AO 不断生成,氧化层厚度增加。因此,A 的浓度会逐渐下降,B 则在氧化层下富集,浓度不断上升。当 A、B 组元达到一定的比例时,反应式(6.10)达到平衡,AO 和 BO 同时生成,氧化膜由此进入次外层,即过渡层。该层中 AO 的含量开始下降,BO 的含量则从 0 开始上升。因为外层和过渡层疏松,所以 O^{2-} 的摩尔分数在这两层中保持恒定。在过渡层与内层的界面,AO 的含量变为 0,从此只有 B 发生内氧化。由于内层致密,氧离子因扩散形成浓度梯度,所以 BO 的含量逐渐下降。在扩散作用下,A 和 B 原子的摩尔比从 0 开始增加。在氧化膜/基体界面,BO 的含量变为 0 时,A 和 B 原子的摩尔比达到基体含量。最终形成的氧化膜如图 6.14(a)所示。

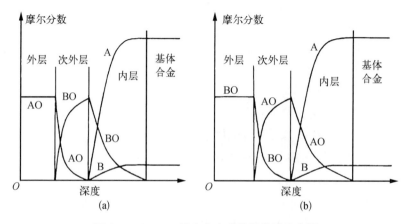

图 6.14　A-B 二元合金生成的氧化膜示意图

将图 6.12 的 AES 分析结果与图 6.14(a)进行对比,可以得到以下结论。

① AZ91 - 0.16Be 合金中 Mg 发生外氧化生成的 MgO 对应外层的 AO,氧化物的含量基本保持稳定。

② 图 6.12 的次外层与图 6.14 中的过渡层相对应。MgO 逐渐减少,BeO 逐渐增加,二者的变化趋势与 AO 和 BO 的变化趋势一致。

③ 在图 6.12 的内层,MgO 的含量降至最低,并趋于 0,BeO 则从次外层与内层的界面处的峰值开始下降;图 6.14(a)内层中没有 AO 存在,BO 也从过渡层与内层的界面处的最大值逐渐减少,金属 Mg 的变化与 A 组元的变化基本相同。AZ91 - 0.16Be 合金表面溅射结束时 Be 还没有到达基体,Be 在基体中的浓度又很低,所以没有发现金属 Be。

(2) A 发生内氧化,B 发生外氧化。在这种氧化方式下,生成的氧化膜的结构如图 6.14(b)所示。

AZ91 - 3Ca 合金中 B 组元 Ca 在最外层发生外氧化,形成外层的 CaO 层,基体元素 Mg 在内层发生内氧化,CaO 和 MgO 组成混合的过渡层。将图 6.13 与图 6.14(b)比较后可知,AZ91 - 3Ca 合金氧化膜中各种元素分布的 AES 分析结果与图 6.14(b)的模型相当吻合。

由此可见,在上述氧化模型中得出的氧化膜的组成与 AZ91 - 0.16Be 和 AZ91 - 3Ca 合金表面氧化膜的实验分析结果十分符合,因此,应用该模型可以对氧化膜的形成过程作出合理的解释。

6.4 0.3%(质量分数)铍的添加对 AZ91 合金表面氧化膜生长的影响

6.4.1 实验方法

用纯镁、纯锌和含铍 3%(质量分数)的铝铍合金配制 Mg - 9Al - 0.5Zn - 0.3Be 合金,在容量为 30 kg 的电阻坩埚炉中熔炼,650 ℃时将部分合金液浇入尺寸为 100 mm×150 mm 的石墨坩埚中(坩埚壁上已刷好涂料,涂料成分为白垩粉 30%,水玻璃 5%和水 65%)。约 5 min 后,合金液完全凝固。冷却后切取两块合金表面样品,一块尺寸为 20 mm×20 mm×10 mm,使用 RAX - 10 型 X 射线衍射仪鉴别其表面物相,2θ 从 10°到 90°,扫描速度为 2°/min;另一块试样尺寸为 4 mm×4 mm×1 mm,在 PHI550ESCA/SAM 型多功能电子能谱仪上进行表面氧化膜元素表面深度剖析。分析参数如下:一次电子束电压为 3 keV,一

次电子束电流为 $1\ \mu$A,氩离子溅射速率约为 $30\ \text{nm/min}$,电压为 $3\ \text{kV}$,束流密度为 $100\ \mu\text{A/cm}^2$。

6.4.2 氧化膜的表征及其对抗氧化性能的影响

图 6.15 为 X 射线衍射峰图,从中可看出氧化膜主要由 MgO、BeO 和 Al_2O_3 组成,同时由于氧化膜较薄,除氧化物衍射峰外,还出现了基体物质 Mg 和 $\text{Mg}_{17}\text{Al}_{12}$ 的衍射峰。图 6.16 所示是氧化膜元素深度剖析结果,即合金液面氧化膜内元素在深度方向的浓度变化情况。利用 AES 微分谱可以近似得到原子浓度。由图 6.16 可知,从样品表面到深度为 90 nm 之间,氧和镁原子浓度均保持在 45% 左右,在深度方向浓度变化很小,因此可以认为这一层是氧化镁层,同时在这一区域还含有少

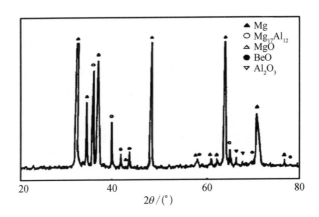

图 6.15 氧化膜 X 射线衍射分析结果

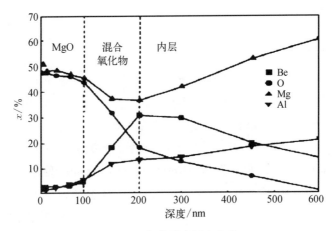

图 6.16 氧化膜内元素分布

量铍和铝。从 90 nm 开始,各元素原子浓度开始出现较大变化。氧浓度在 90～210 nm 的区域下降得非常迅速,直到 210 nm 氧浓度下降才开始变得缓慢,到深度为 600 nm 时,氧基本消失。镁原子浓度从 90 nm 开始下降,在 150 nm 时达到最低点,此后浓度上升,向合金中实际镁含量靠近。在表面和溅射 90 nm 之间的区域,铍原子浓度很低,在 3%～5% 范围内,浓度变化不明显。溅射 90 nm 之后铍浓度快速增加,溅射 210 nm 时铍浓度达到最大值,然后缓慢降低。从表面到 90 nm 之间,铝原子浓度和铍相近,90 nm 以后,铝浓度逐步上升。

　　MgO 的 P－B 比为 0.78,小于 1,也就是说氧化过程中体积收缩,导致氧化膜多孔而不能阻止空气中的氧向合金液内部扩散;而 BeO 和 Al_2O_3 的 P－B 比都大于 1(分别为 1.68 和 1.27),这两个氧化物形成时体积发生膨胀,使氧化膜受到压应力而结构较致密。综合图 6.15 和图 6.16 的结果可知,以上三种氧化物相互混合,MgO 的空隙被其他两种氧化物充填,导致这一氧化层致密度提高,阻止了氧向熔体扩散,提高了合金液的抗氧化性能。观察图 6.16,可以进一步把合金液表面生成的氧化膜分成三个亚层,即氧化镁层、致密复合层和内层。氧化镁层为从氧化膜表面到 90 nm 的范围,主要由镁和氧组成,铍和铝的原子浓度很低且随深度的变化很小。90 nm 与 210 nm 之间的区域为致密复合层,氧原子的浓度迅速降低,铍和铝原子的浓度迅速增加,而镁原子的浓度降低到最低点后再增加。镁浓度发生这种高低高转变的原因如下:随着深度增加,氧化态的镁减少,而金属态的镁出现且浓度迅速增加,两种状态原子浓度的叠加使镁浓度先减少再增加。图 6.17 所示为镁的相关微分俄歇电子能谱峰,图 6.17(a) 和 (b) 分别为金属镁和氧化态镁的标准峰,图 6.17(c)～(f) 则分别为氩离子溅射 30 nm、90 nm、150 nm 和 210 nm 后所得到的镁峰。从标准峰可以看出,金属态(1 174 eV)和氧化态(1 186 eV)的镁峰动能相差很小,两种状态同时存在时,会相互叠加而难以区分。但是两种状态镁峰的峰形却有很大差别,标准金属态镁峰上半峰峰高远小于下半峰峰高,而标准氧化态镁峰的上下半峰峰高接近。比较溅射 30 nm、90 nm、150 nm 和 210 nm 后镁的峰形,发现上半峰峰高逐渐变小,因此可以肯定,在这一

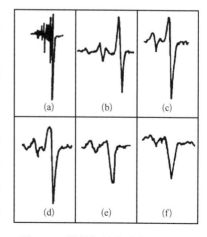

图 6.17　镁的相关俄歇电子能谱峰
(a) Mg;(b) MgO;(c) 30 nm;(d) 90 nm;
(e) 150 nm;(f) 210 nm

区域发生了镁从氧化态到金属态的转变。中间层以下为内层,内层中所有原子浓度变化相对前两层平缓,其范围可认为是从 210 nm 到 600 nm。在这一区域,氧原子浓度缓慢降低到接近零,铍和铝含量降低到接近合金实际成分,镁含量增加到接近合金基体实际含量,因此可以认为这一层是氧化膜向基体的过渡层。通过以上分析可以知道,合金液氧化膜致密度的提高主要由于中间层内生成了氧化铍。

6.4.3　氧化过程的热力学分析及氧化模型

图 6.18 表示铍、铝、镁和锌四种元素的标准自由能与温度的关系。以此为基础,并考虑到铍在镁中为表面活性元素,氧化铍应当在氧化膜表面生成。

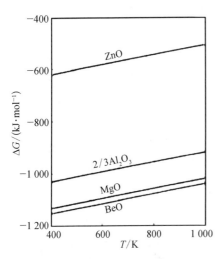

图 6.18　标准自由能与温度的关系

上述实验结果表明,在氧化膜表层富集的是氧化镁,而在氧化镁层以下才有较多氧化铍。这一结果可以从两方面进行解释:一方面,镁的蒸气压相当高,熔炼过程中合金液表面会产生大量镁蒸气。这就导致在随后的氧化过程中,镁蒸气将会在氧化膜表面沉积下来,并与吸附在熔体表面的氧反应生成氧化镁。氧化镁结构疏松,空气中的氧很容易穿过氧化镁层,使整个氧化镁层中氧和镁分布十分均匀,没有明显的浓度梯度,还为内部继续氧化提供了充足的氧。在中间层,由于氧化膜变得致密,氧原子难以通过,因此中间层的氧浓度急剧下降。另一方面,表面氧化层的这种分层结构还可以从热力学进行解释。镁合金液氧化所涉及的反应如下:

$$Be(s) + 1/2O_2(g) \longrightarrow BeO(s) \tag{6.12}$$

$$Be(s) \longrightarrow Be(l) \tag{6.13}$$

$$Mg(l) + 1/2O_2(g) \longrightarrow MgO(s) \tag{6.14}$$

式(6.14)与式(6.13)相加后,减去式(6.12),得到

$$Mg(l) + BeO(s) \longrightarrow Be(l) + MgO(s) \tag{6.15}$$

以上反应生成的标准自由能与温度的关系如下:

$$\Delta G_1 = -608\,200 + 97.70T \tag{6.16}$$

$$\Delta G_2 = 11\,700 - 7.53T \tag{6.17}$$

$$\Delta G_3 = -609\,570 + 116.52T \tag{6.18}$$

$$\Delta G_4 = \Delta G_3^0 + \Delta G_2^0 - \Delta G_1^0 \\ = 10\,330 + 11.29T \tag{6.19}$$

由于 ΔG_4 总是大于零,因此在标准状态下,镁置换氧化铍中的铍的反应不能进行,但是在实际条件下则有可能发生。式(6.15)的自由能变化为

$$\Delta G_4 = \Delta G_4 + RT\ln(a_{Be}a_{MgO}/a_{Mg}a_{BeO}) \tag{6.20}$$

式中,a_{MgO}、a_{Be}、a_{BeO} 和 a_{Mg} 分别为几种物质的活度,以固态纯物质为标准态,取 $a_{MgO} = 1$,$a_{BeO} = 1$,由于计算多元体系的活度非常困难,因此用原子摩尔分数代替活度直接进行估算,则 ΔG_4 可表示为

$$\Delta G_4 = \Delta G_4 + RT\ln([Be]/[Mg]) \tag{6.21}$$

在氧化初期阶段,镁与铍同时被氧化。由于铍在合金液表面富集,其表面浓度约为基体中的 10 倍,因此可以认为其表面浓度为 $0.003 \times 10 = 0.03$,取 $T = 923\,K$,$[Mg] = 0.9$,$[Be] = 0.03$,将这些数值代入式(6.21),得到

$$\Delta G_4 = 10\,330 + 11.29T + RT\ln(0.03/0.9) \\ = -5\,333.3\,J \cdot mol^{-1}$$

可见,在合金液表面的初期氧化发生后,由于式(6.15)的自由能变化小于零,反应可以向正方向进行,所以表面的镁还原氧化铍中的铍。铍被还原后从外层向中间层扩散,在氧化镁层下层富集,导致中间层(复合致密层)铍含量迅速增加。如果 $\Delta G_4 = 0$,则反应式(6.15)将达到平衡状态。将 $T = 923\,K$ 和 $\Delta G_4 = 0$ 代入式(6.21),得到

$$[Be]/[Mg] = 0.067 \tag{6.22}$$

取[Mg]=0.9并代入式(6.22),得到[Be]=0.06=6%,这就是置换反应达到平衡时铍含量的理论值。

观察图6.16,发现溅射90 nm之后镁浓度开始急剧下降,铍含量开始急剧上升,而这一转折点的铍原子浓度约为6%,与置换反应达到平衡时的铍含量值十分吻合,因此认为90 nm深度位置正好是镁置换铍的反应达到平衡的位置。在这一位置以外,由于镁不断还原氧化铍中的铍而使得氧化镁含量提高;在这一位置内层,铍可以还原氧化镁中的镁而使氧化铍的含量不断提高。以上两种效应导致氧化膜外层主要由氧化镁组成,中间层主要由氧化铍组成。铍浓度在溅射210 nm时达到峰值,此后内层中氧含量减少,各元素浓度逐渐与熔体内部元素浓度靠近。

通过以上分析,可以用图6.19所示的氧化模型描述合金液的氧化过程。首先,铍在镁合金当中是表面富集元素,它在熔体表面的浓度是内部浓度的10倍。在氧化初期阶段,由于镁和铍具有相近的氧亲和力,因此二者同时发生氧化。在随后的氧化膜生长过程中,镁、铍和铝穿过氧化膜向外传输,而氧原子则通过氧化膜

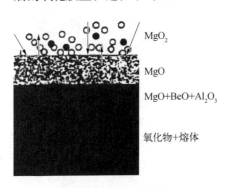

图中标注:MgO₂、MgO、MgO+BeO+Al₂O₃、氧化物+熔体

图6.19 氧化模型

向内传输。一方面,在熔化温度以上,镁具有高蒸气压,因此镁蒸气会在氧化膜表层氧化沉积,使氧化镁分布在外层;另一方面,在一定温度和浓度条件下,氧化膜外层中生成的氧化铍被镁还原,也导致氧化铍主要分布在氧化镁以下,氧化镁和混合氧化层置换反应达到平衡。外层氧化镁结构疏松,氧和镁的浓度十分均匀,中间混合层结构致密,氧扩散受阻导致浓度逐渐降低[10]。

6.5 铍和稀土共同添加对 AZ91 镁合金熔体表面氧化膜生长的影响

6.5.1 实验方法

AZ91合金和阻燃镁合金(AZ91-0.3Be-1RE)的主要成分如表6.5所示。所有合金都通过电阻炉在钢坩埚中熔化。对于AZ91-0.3Be-1RE合金,将纯镁熔化,然后添加Al-5.3%(质量分数)Be、纯锌和稀土(rare earth,RE)以获得所研究的成分。稀土以富铈混合稀土的形式添加,其化学成分如表6.6所示。

表 6.5　实验用合金的化学成分

合　金	化学成分/%（质量分数）				
	Al	Zn	Be	RE	Mg
AZ91	9.0	0.5	0.000 5	—	其余
AZ91-0.3Be-1RE	9.0	0.5	0.3	1.0	其余

表 6.6　实验用混合稀土的化学成分

化学成分	Ce	La	Pr	Nd	Fe	Si	P	Ca	Mn	Mg
数值/%（质量分数）	50.2	26.67	5.37	15.28	0.65	0.01	0.003	0.01	0.11	0.38

　　利用照相机拍摄熔化合金在熔化过程中的表面形貌。在金属模具中铸造拉伸试验棒，利用岛津 AG-100KNA 材料试验机进行拉伸试验。从拉伸试验棒的中间部分切下金相试样，用标准方法制备，并用 Neophot Ⅱ 金相显微镜观察。

　　研究的合金在直径为 100 mm 的坩埚中重熔，坩埚放置在熔炉中，以制备用于氧化研究的试样。对于 AZ91-0.3Be-1RE 合金，一旦熔体温度达到 650 ℃，用不锈钢抹刀去除熔体上的原始表面氧化物，以获得新的氧化物表面。在该温度下保持约 10 min 后，关闭熔炉，熔化的 AZ91-0.3Be-1RE 合金与熔炉一起冷却。对于 AZ91 合金，在熔化过程中使用熔剂保护以防止镁燃烧。当合金温度达到 650 ℃时，将熔化的 AZ91 合金浇铸在钢板上以获得氧化物样品。由于凝固速度快，在浇铸过程中没有发生燃烧。从凝固的 AZ91-0.3Be-1RE 和 AZ91 合金表面切下氧化膜试样，并通过 XRD（D/max Ⅲ A）、SEM（PHILIP SEM515）、电子探针显微分析（electron probe X-ray micro-analyzer，EPMA）（EPMA-8705QH2）和 EDS 进行表征。

6.5.2　阻燃性能

　　图 6.20 所示为 AZ91 和 AZ91-0.3Be-1RE 合金熔体的宏观表面形貌。AZ91 熔体表面有大量氧化物形成，而 AZ91-0.3Be-1RE 熔体表面则较光滑稳定。因此，Be 和 RE 的加入能有效阻止镁合金熔体的燃烧。

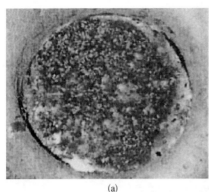
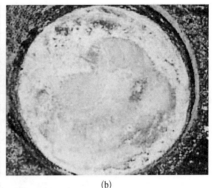

(a)   (b)

图 6.20   熔体的宏观表面形貌

(a) AZ91；(b) AZ91－0.3Be－1RE

镁的燃烧由以下因素引起：① 由于镁氧化后生成的氧化镁体积缩小，因此形成的氧化镁膜层为疏松、多孔的结构，导致镁的氧化过程能不断地进行。② 镁氧化反应的生成热比较高，而且氧化镁具有良好的绝热性，它能阻止氧化过程中产生的热量向外传输，因而氧化期间热量会不断地积累，这将进一步加速镁的剧烈氧化，以至于局部温度可能高于 2 850 ℃，发生剧烈的氧化过程，从而引起燃烧[11]。

6.5.3   氧化膜表征

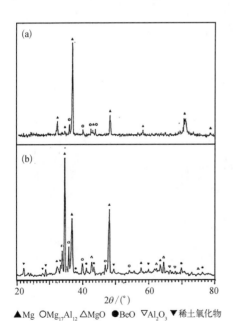

▲Mg ○Mg₁₇Al₁₂ △MgO ●BeO ▽Al₂O₃ ▼稀土氧化物

图 6.21   不同合金表面氧化膜的 XRD 图谱

(a) AZ91；(b) AZ91－0.3Be－1RE

图 6.21 为不同合金表面氧化膜的 XRD 图谱。由于氧化膜太薄，所以除了氧化物的峰以外，所有试样中都能检测到来自镁合金基体的峰。如图 6.21 所示，AZ91 镁合金表面氧化膜只检测到 MgO。然而，AZ91－0.3Be－1RE 镁合金表面氧化膜中除 MgO 外，还有 BeO 的特征峰和稀土氧化物的弱峰。通过比较 AZ91 和 AZ91－0.3Be－1RE 合金的成分可知，AZ91－0.3Be－1RE 合金表面氧化膜中形成的 BeO 是提高其阻燃性能的主要原因。BeO 不仅能形成致密的膜层结构阻挡进一步氧化，还可以填充疏松 MgO 的空隙，因此，MgO/BeO 复

合氧化膜可以有效地将镁合金熔体与空气分离。

　　图 6.22 所示为 AZ91 和 AZ91－0.3Be－1RE 镁合金氧化膜的表面微观形貌。由图 6.22 可见,AZ91 镁合金表面氧化膜有很多小孔洞,并像项链一样一个接一个地排列。这种多孔的氧化膜结构难以隔绝氧气与合金基体的进一步反应。AZ91－0.3Be－1RE 镁合金表面氧化膜均匀且无孔洞,可以减缓镁合金基体的进一步氧化。

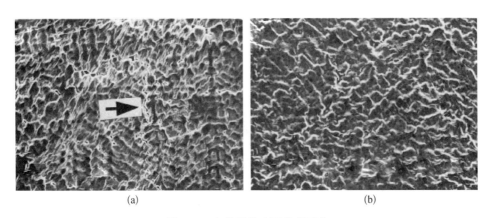

(a)   (b)

图 6.22　氧化膜的表面微观形貌

(a) AZ91;(b) AZ91－0.3Be－1RE

　　通过 EPMA 检查氧化膜的横截面,并通过 EDS 确定元素分布。图 6.23(a) 为氧化膜的二次电子显微照片,可以看到基体表面形成了均匀的氧化膜。图 6.23(b) 和(c)分别为 Mg 和 O 的 EDS 分布图。由于铍的原子序数较低,不能被 EDS 所检测出。

(a)   (b)   (c)

图 6.23　截面形貌

(a) 氧化膜;(b) O 元素;(c) Mg 元素

6.5.4 氧化过程分析

为了通过合金化获得稳定且具有保护性的膜层,选择添加的元素应该优先于 Mg 被氧化。应考虑以下反应:

$$Be(l) + MgO(s) \longrightarrow BeO(s) + Mg(l) \tag{6.23}$$

该反应的吉布斯自由能变化为

$$\Delta G = \Delta G^0 + RT\ln\frac{\alpha_{BeO}\alpha_{Mg}}{\alpha_{MgO}\alpha_{Be}} = \Delta G^0 + RT\ln\frac{\alpha_{Mg}}{\alpha_{Be}} \tag{6.24}$$

式中,α_{BeO}、α_{Mg}、α_{MgO}、α_{Be} 分别是 BeO、Mg、MgO、Be 的活度;ΔG^0 是标准状态下 (25 ℃,1 atm)下吉布斯自由能的变化;T 是反应温度;R 是热力学常数。MgO 和 BeO 是固态的纯物质,所以其活度都为 1。将热力学数据[48]代入式(6.24),得

$$\Delta G = -10\,330 - 11.29T + RT\ln\frac{\alpha_{Mg}}{\alpha_{Be}}$$

$$= -10\,330 + \left(8.31\ln\frac{\alpha_{Mg}}{\alpha_{Be}} - 11.29\right)T \tag{6.25}$$

式(6.25)表明,活度对 ΔG 的影响很大。当反应在 973 K(700 ℃)达到平衡状态时,可以推导出 $\Delta G = 0$,$\alpha_{Mg}/\alpha_{Be} = 13.95$,这意味着 Mg 和 Be 的氧化物有相同的机会形成。当 Mg 和 Be 的活度比大于 13.95 时,$\Delta G < 0$,表明反应式(6.23)将从右向左发生,即 MgO 比 BeO 优先形成。相反,$\Delta G > 0$ 时,BeO 比 MgO 优先形成。也就是说,合金熔体表面的浓度和温度必须满足获得 BeO 的条件。

作为镁合金熔体中的一种表面活性元素,Be 在表面区的浓度高于内部区的浓度。根据该元素浓度分布情况和上述热力学分析,可以认为 BeO 先于 MgO 在 AZ91‐0.3Be‐1RE 合金表面形成。

添加合金元素的氧化物应均匀致密,这样才能形成有效的保护膜。换句话说,氧化物的分子体积(立方厘米/克原子)与金属的分子体积(立方厘米/克原子)之间的比率应大于 1.0。这样获得的氧化膜是致密的,并可作为阻挡氧气的有效屏障[12]。

6.6 结论

经过以上分析,可以得出下列结论:

（1）AM50 合金的氧化膜主要由疏松多孔的 MgO 组成，并不能对合金起到保护作用。当温度低于 949 ℃时，CaO 形成的吉布斯自由能变化比 MgO 形成的吉布斯自由能变化更显著，具有更强的形成能力。AM50－1％（质量分数）Ca 合金氧化初期形成的 MgO 可被[Ca]还原成[Mg]，在表面形成致密的 MgO 和 CaO 双层氧化膜，且 CaO 主要分布在氧化膜外层，能够对合金起到很好的阻燃效果。

（2）AZ91－0.16Be 镁合金表面的氧化膜中生成的氧化物是 MgO 和 BeO；AZ91－3Ca 镁合金表面的氧化膜中生成的氧化物是 MgO 和 CaO；AZ91－0.3Be－1RE 镁合金表面氧化膜中生成的氧化物是 MgO、BeO 和稀土氧化物。在熔体表面形成的 BeO、CaO 和稀土氧化物可以增加表层氧化物的致密度，提高阻燃性能。

（3）AZ91－0.16Be 镁合金的氧化过程中，Mg 发生外氧化，在氧化膜最外层形成 MgO 层，Be 发生内氧化，在 MgO 之下形成含 BeO 的氧化层；AZ91－3Ca 合金氧化时，Ca 发生外氧化，形成单独的 CaO 层，在 CaO 之下内氧化生成 Mg。

（4）Mg－9Al－0.5Zn－0.3Be 合金在液态温度条件下，表面形成致密的氧化膜，使合金可以直接暴露在大气中熔炼。氧化膜由外向内可以依次分为氧化镁层、中间致密复合层（氧化铍、氧化镁和氧化铝的混合物）和内层（向熔体过渡层）。导致氧化膜分层结构的原因主要有两个：① 镁具有高的蒸气压；② 镁与氧化铍的置换反应。在氧化膜中富氧化镁层与中间致密复合层的交界处，镁置换氧化铍中的铍的反应达到平衡，此时铍的摩尔分数约为 6％。在这一界面外层，镁可以置换氧化铍中的铍，在这一界面内部，铍可以置换氧化镁的镁。内层氧化膜的元素含量逐渐向基体元素含量接近。离表面 600 nm 后，氧化物已经基本上不存在了。

参考文献

［1］王渠东，王俊，吕维洁. 轻合金及其工程应用[M]. 北京：机械工业出版社，2015.

［2］王渠东. 镁合金及其成形技术[M]. 北京：机械工业出版社，2017.

［3］Cai H S, Wang Q D, Zhao Y, et al. Influence of calcium on ignition-proof mechanism of AM50 magnesium alloy[J]. Journal of Materials Science，2022，57(15)：7719－7728.

［4］Villegas-Armenta L A, Pekguleryuz M O. The ignition behavior of a ternary Mg－Sr-Ca alloy[J]. Advarced Engineering Materials，2020，22(5)：1901318.1－1901318.8.

［5］Cheng C, Lan Q, Liao Q, et al. Effect of Ca and Gd combined addition on ignition temperature and oxidation resistance of AZ80[J]. Corrosion Science，2019，160：

108176.1 - 108176.11.

[6] Birks N, Meier G H, Pettit F S. Introduction to the high temperature oxidation of metals[M]. Cambridge：Cambridge University Press，2006.

[7] 赵云虎,曾小勤,丁文江,等. Be 和 Ca 对 Mg - 9Al - 0.5Zn 合金表面氧化行为的影响[J]. 中国有色金属学报,2000,10(6)：847 - 852.

[8] Davis L E，MacDonald N C，Palmberg P W，et al. Handbook of Auger electron spectroscopy[M]. 2nd ed. Minnesota：Physical Electronics Industries Division，1976.

[9] 梁英教,车荫昌. 无机物热力学数据手册[M]. 沈阳：东北大学出版社,1993.

[10] 曾小勤,王渠东,吕宜振,等. Mg - 9Al - 0.5 Zn - 0.3 Be 熔体表面氧化行为[J]. 中国有色金属学报,2000,10(5)：667 - 671.

[11] 胡忠,张启勋,高以熹. 铝镁合金铸造工艺及质量控制[M]. 北京：航空工业出版社,1990.

[12] Zeng X Q，Wang Q D，Lü Y Z，et al. Study on ignition-proof magnesium alloy with beryllium and earth additions[J]. Scripta Materilia, 2000, 43(5)：403 - 409.

下篇
晶体生长研究进展

　　本书下篇介绍晶体生长研究进展,以专题的形式介绍目前国内外超高温 Nb‐Si 基合金及其定向凝固研究进展、激光焊接铝合金过程中的晶体生长研究进展、激光增材制造过程中的晶体生长研究进展、第二相对铝合金再结晶过程影响的研究进展、镁合金动态再结晶的研究进展、金属构筑成形过程中的再结晶研究进展、纳米晶材料的结晶与晶粒长大研究进展、非晶合金的晶化行为研究进展、电沉积过程中的晶体生长及其影响因素研究进展、钙钛矿薄膜制备及其结晶研究进展等涉及不同晶体生长方向的前沿研究进展。

第7章 超高温 Nb‐Si 基合金及其定向凝固研究进展

Nb‐Si 基超高温合金具有低密度、高韧性、高强度以及良好的抗高温蠕变等性能,有望成为下一代航空发动机的主要材料。近年来,国内外在 Nb‐Si 基超高温合金材料开发和定向凝固技术方面开展了大量研究工作,取得了很大进展。本章主要介绍各种合金元素在 Nb‐Si 基超高温合金中的作用和成分优化研究进展,以及提拉法、液态金属冷却法、光悬浮区熔法等不同定向凝固工艺制备 Nb‐Si 基超高温合金凝固结晶组织的最新研究结果,并且提出今后可能的重点研究方向。

7.1 引言

由于在室温、中温和高温下具有良好的性能,同时具备较好的耐腐蚀和抗氧化性能,自 20 世纪 50 年代以来,镍基高温合金一直是航空航天领域耐高温金属部件(如航空发动机的叶盘和叶片)的首选材料。图 7.1 所示为经充分热处理后的 CMSX‐2(第 2 代镍基单晶高温合金,由美国 Cannon Muskegon 公司开发)镍基单晶高温合金微观组织形貌[1],微观组织中 γ' 相体积分数达 70% 以上。随着航空工业的发展,发动机进气口温度(turbine entry temperature, TET)日益提高。尽管通过改进成形加工方法、结构设计并结合热障涂层可进一步提高镍基高温合金的使用温度,但目前航空发动机用单晶高温合金的使用温度已接近其使用温度的极限,亟待开发新一代超高温合金材料。用于下一代航空发动机热端部件的材料应同时具备低密度、高韧性、高强度及良好的抗高温蠕变和抗氧化性能[2]。

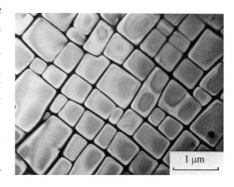

图 7.1 典型镍基高温合金中的 γ‐γ' 相组织[1]

自 20 世纪 80 年代末，以难熔金属作为金属基体，其硅化物作为增强相的超高温材料开始吸引相关学者的注意。由于难熔金属熔点高，且对于许多合金元素具有很高的固溶度，其硅化物同时具有高熔点和优异的高温稳定性，因此难熔金属材料有望替代镍基高温合金，成为了新一代航空发动机用材料[3]。而众多难熔金属中，仅有 Nb 的密度低于 Ni 的密度（如 $\rho_W = 19.35 \ g/cm^3$，$\rho_{Mo} = 22 \ g/cm^3$，$\rho_{Ta} = 16.65 \ g/cm^3$，$\rho_{Nb} = 8.57 \ g/cm^3$，$\rho_{Ni} = 8.90 \ g/cm^3$），其硅化物 Nb_5Si_3 兼具高熔点（2 515 ℃）、低密度（7.14 g/cm^3）的优点；同时，Nb 较好的塑性有利于工件的进一步加工，不同类型材料性能对比如表 7.1 所示[4]。不难发现，Nb - Si 基超高温合金同时兼具低密度、高韧性、高强度、良好的抗高温蠕变等性能，有望作为下一代航空发动机的主要材料[5]，部分国家已生产出超高温 Nb - Si 基合金叶片，如图 7.2 所示。

表 7.1　不同材料的性能对比[4]

性能参数	材料名称				
	陶瓷基复合材料	Mo - Si - B	Ni 基高温合金	Nb - Si	Pt 族贵金属
熔点	↑	↑	●	↑	↑
密度	↑	↓	●	↑	↓↓
价格	■	↓	●	↓	↓↓
加工性	↓	↓	●	↑	↓
抗氧化性	↑	↓	●	⬇	↑
抗拉强度	↓↓	⬇	●	⬇	■

注：↑表示优于 Ni 基高温合金，↓表示劣于 Ni 基高温合金，⬇表示与 Ni 基高温合金相当，■表示暂无数据。

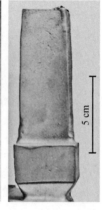

图 7.2　欧盟 ULTMAT 计划制备的精密铸造 Nb - Si 叶片[6]

然而,Nb‐Si 基超高温合金较差的室温韧性和抗氧化性仍是该材料需克服的性能缺陷。以基于 Nb‐Si 基超高温合金为典型的原位自生金属间化合物增强金属基复合材料,实现其力学性能与微观组织的平衡是其迈入成熟产业化应用的前提。当前已有大量关于 Nb‐Si 基超高温合金成分改进和定向凝固技术的研究,主要围绕韧性相与金属间化合物相形态、大小及比例,韧性相增强,金属间化合物相增强,抗氧化性能增强等方式实现 Nb‐Si 基超高温合金综合性能的提升。本章主要介绍 Nb‐Si 基超高温合金不同元素合金化作用及不同定向凝固工艺的研究进展。

7.2 Nb‐Si 基超高温合金的成分优化

Nb‐Si 合金二元相图如图 7.3 所示[7]。达到平衡相的二元 Nb‐Si 合金组织由 Nb$_{ss}$(铌基固溶体)和 Nb$_5$Si$_3$ 两相组成,为典型的原位自生复合材料,而且 Nb$_{ss}$ 相和 Nb$_5$Si$_3$ 相可以在很大的温度范围和成分范围内共存,保证了该合金在高温下的组织稳定性。

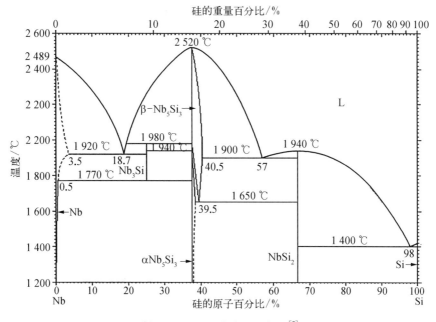

图 7.3 Nb‐Si 合金二元相图[7]

由图 7.3 可知,Nb‐Si 合金的凝固过程包括生成亚稳相的共晶反应 L→Nb$_{ss}$+β‐Nb$_5$Si$_3$ 和 L→Nb$_{ss}$+Nb$_3$Si;亚稳相 β‐Nb$_5$Si$_3$ 和 Nb$_3$Si 相均可通过包

析转变生成稳定相 $\alpha - Nb_5Si_3$,即 $Nb_3Si + \beta - Nb_5Si_3 \rightarrow \alpha - Nb_5Si_3$ 和 $Nb_3Si \rightarrow \alpha - Nb_5Si_3 + Nb_{ss}$;此外,共析反应为 $\beta - Nb_5Si_3 \rightarrow \alpha - Nb_5Si_3 + NbSi_2$。

Nb - Si 基超高温合金的发展由初始二元成分开始[8],如典型的共晶成分 Nb - 18Si 合金组织中由约 50% 的 Nb_{ss} 和 50% 的 Nb_5Si_3 组成。同时,由于 Nb 为强固溶元素,可添加多种合金元素,通过间隙固溶或置换固溶的方式优化材料的微观组织和各相的化学成分。因此,众多研究主要通过改进 Nb_5Si_3 的性能或 Nb_{ss} 的性能来调控 Nb - Si 基超高温合金的性能。

7.2.1 Si 元素

Si 元素的含量直接决定 Nb - Si 合金中韧性相与金属间化合物相的比例。随着 Si 含量的增加,Nb - Si 二元合金中 Nb_{ss} 体积分数逐渐降低,Nb - 10Si 和 Nb - 22Si 中 Nb_{ss} 相的体积分数分别为 70% 和 22%。二元 Nb - Si 合金中,亚共晶和共晶组织的形貌和性能差别较大,Nb - 10Si 拥有粗大的树枝状 Nb_{ss} 相和部分较细的共晶 Nb_{ss}/Nb_3Si 组织(片层厚度为 20 μm),Nb - 18Si 为几乎全共晶的组织,即细长的颗粒状 Nb_{ss} 相分布在硅化物基体上[9]。

Si 元素主要占据 Nb_5Si_3 相的空位,替换部分 Nb 元素[10]。Si 元素对 Nb - Si 合金的室温断裂韧性的影响较大。Si 元素从 10% 增加到 20%,室温断裂韧性先降低后增加,当 Si 含量高于 18% 时,合金中发生了共析反应,析出了 Nb_5Si_3 相,从而小幅提高了 K_Q[11]。Jackson 等[12]针对 Nb - Hf - Ti - Si 合金的研究中发现当 Si 含量低于 12%(原子分数)时,合金抗蠕变性能较差;并指出当 Si 含量为 16%～20%(原子分数)时[如 18%(原子分数)],合金抗蠕变性能最佳。具有代表性的合金成分包括美国 GE 公司的 Bewlay 等发明的 MASC(metal and silicide composite)合金:Nb - 25Ti - 16Si - 8Hf - 2Al - 2Cr,该合金定向凝固后在 1 000 ℃/175 MPa 下的持久寿命达 171 h,在 1 100 ℃/105 MPa 下的持久寿命达 554 h,在 1 100 ℃/140 MPa 下的持久寿命达 35 h,1 200 ℃/70 MPa 条件下的蠕变速率约为 9×10^{-8} s^{-1}[13],而镍基高温合金 TMS - 75 在 1 000 ℃/137 MPa 下的持久寿命约为 250 h。

7.2.2 Ti 元素

Ti 元素是 Nb - Si 基超高温合金中最重要的合金元素之一。添加 Ti 元素可明显韧化 Nb_{ss} 相,减小 Nb - Si 基超高温合金的 Peierls - Nabarro 能垒,促使

Nb$_{ss}$ 相晶粒粗化及其塑性流动能力,提高裂纹的发散能力和位错的迁移率,从而大幅提高合金的室温断裂韧性[14]。同时,相关学者研究了 Nb－Ti－Si 三元合金相成分及其微观组织变化规律[15]。

由图 7.4 可知,随着 Ti 添加量的增加,共晶固相线温度不断降低,当 Ti 添加量达到最大时,共晶温度降至 1 330 ℃。此外,当 Ti 含量增加至 25%(原子分数)以上时,Nb$_5$Si$_3$ 相的生成受到抑制,同时生成更多的密排六方 Ti$_5$Si$_3$ 相,而 Ti$_5$Si$_3$ 相的室温断裂韧性比 Nb$_5$Si$_3$ 更低。此外,由于 Nb$_3$Si 相在较低温度下较稳定,当 Ti 含量较高时,合金熔点降低,Nb$_3$Si 相转变为 Nb$_{ss}$ 和 Nb$_5$Si$_3$ 相需要更长的时间,不利于合金综合性能的提升。为了抑制过多 Ti$_5$Si 相的形成,并保持共晶温度大于 1 700 ℃,通常情况下,Nb－Si 基超高温合金中 Ti 元素添加量不超过 25%(原子分数)。

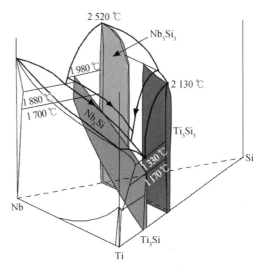

图 7.4　Nb－Ti－Si 三元相图[16]

7.2.3　Cr、Al 元素

由于可形成稳定的氧化物,Cr 通常被添加至合金中以提高耐蚀性。当 Cr 添加量小于 6%(原子分数)时,Cr 元素主要分布于 Nb$_{ss}$ 相中,同时可在硅化物相中观察到少量 Cr[通常小于 2%(原子分数)]。当 Cr 添加量大于 6%(原子分数)时,合金微观组织中易出现 Laves 相 Nb$_2$Cr,有研究表明 Nb$_2$Cr 相可有效提高合金抗氧化性,但由于其自身断裂韧性较差(约为 1 MPa·m$^{1/2}$),通常 Cr 添加量较低。在 Nb－Ti－Si 三元合金系统中,Cr 的添加可促进 Nb$_5$Si$_3$＋Nb$_{ss}$ 共晶物的生成。在铸态 Nb－Si－Cr 三元合金中,主要存在(Nb,Cr,Si)$_{ss}$、Nb$_5$(Si$_x$,Cr$_y$)$_3$ 和 Nb(Cr$_x$,Si$_y$)$_2$ 三种相[17];在 Nb 浓度较低时,主要有 L＋Nb$_3$Si→Nb$_5$Si$_3$＋Nb$_{ss}$,L＋Nb$_5$Si$_3$→Nb$_9$(Cr,Si)$_5$＋Nb$_{ss}$,L＋Nb$_5$Si$_3$→Nb$_9$(Cr,Si)$_5$＋Cr$_2$Nb,L→Nb$_9$(Cr,Si)$_5$＋Nb$_{ss}$＋Cr$_2$Nb 四种反应;在 Cr 含量较高时,主要有 L＋Nb$_5$Si$_3$→Cr$_2$Nb＋Cr$_3$Si 和 L→Cr$_{ss}$＋Cr$_2$Nb＋Cr$_3$Si 两种反应。

Al 同样具有提高合金抗氧化性能的作用,在高温下形成的 Al$_2$O$_3$ 可阻止合金进一步被氧化。Al 元素主要存在于 Nb_{ss} 相中,且 Al 比 Cr 具有更强的抑制 Nb_3Si 生成的效果。但当 Al 含量过高时,则易生成脆性相(如 Nb_3Al),对合金的高温强度和抗蠕变性能产生恶劣影响[18]。通常,Al 的添加量不会超过 5%(原子分数),一方面 Al 的熔点较低,Al 含量过高将降低合金熔点;另一方面,当 Al 含量超过 9%(原子分数)时,会恶化 Nb - Cr - Ti - Al 合金的室温断裂韧性[19]。

7.2.4　Zr、Hf 元素

Zr、Hf 元素均可部分溶于 Nb_{ss} 相中,但主要存在于硅化物相中,且 Zr、Hf 两种元素的添加可大幅降低 Nb - Si 合金中的氧含量,在一定范围内 Zr 和 Hf 的添加可提高 Nb - Si 合金在高温环境中的强度[20]。

Hf 的添加可显著细化共晶组织并提高室温环境中的断裂韧性。郑鹏等[21] 研究了 Hf 元素对 Nb - 15W - 5Si - 2B 合金的组织、室温和高温压缩性能以及高温蠕变性能的影响。结果表明,Nb - 15W - 5Si - 2B 合金由 Nb_{ss} 和 Nb_5Si_3 两相组成,Nb_5Si_3 相呈网状分布,Hf 的加入没有改变合金组织的相组成,但 Nb_5Si_3 相由网状分布逐步变成不连续小岛状分布,而且其体积分数也减小。

Zr 元素的作用与 Hf 类似,Sankar 等[22] 研究了 Zr 对 Nb - 16Si 二元合金微观组织的影响,发现 Zr 的添加促进了 Nb_3Si 相向 Nb_{ss} 和 $α - Nb_5Si_3$ 相的转变。同样,有学者研究了 Zr 的添加对 Nb - 22Ti - 16Si[23] 和 Nb - 22Ti - 15Si - 5Cr - 3Hf - 3Al[24] 合金性能与组织的影响,也发现 Zr 的添加可提高 Nb - Si 合金的室温断裂韧性和高温强度,但在一定程度上会粗化初生 Nb_{ss} 相,并促进 $Nb_3Si→$ $Nb_{ss}+Nb_5Si_3$ 反应发生。此外,在对 Nb - 16Si - 23Ti - 4Cr - 2Al - 2Hf - xZr - yY[25] 和 Nb - xTi - 16Si - 3Cr - 3Al - 2Hf - yZr$(x+y=20)$[26] 以及 Nb - 22Ti - 15Si - 5Cr - 3Al - 2Hf - xMo - yZr[27] 的研究中,均发现 Zr 的添加量增加时会促进 $γ - Nb_5Si_3$ 相的生成,因此 Zr 元素添加量也不宜过高。

在多元 Nb - Si 合金中,当 Zr 与 Hf 同时添加且添加量不高时,采用更多的 Zr 替代 Hf 时,$γ - Nb_5Si_3$ 初生相减少,Nb_{ss} 相含量增加,可进一步提高合金的室温断裂韧性[28]。

7.2.5　W、Mo、Ta 元素

W、Mo、Ta 元素与 Nb 之间可形成连续固熔体,因而添加 W、Mo、Ta 可对

Nb_{ss} 实现固溶强化。W、Mo、Ta 的添加均可有效提高合金的高温强度和高温抗蠕变性能,若仅考虑抗蠕变性能,则添加 W 最佳,Mo 和 Ta 相对较差。同时需要考虑的是,上述三种难熔金属元素的添加,除 Ta 外,W 和 Mo 均会提高合金的塑性‑脆性转变温度,因而添加量较高时会降低合金室温强度[29]。此外,难熔金属密度较高,过高的添加量将明显增加合金密度,这将导致 Nb‑Si 合金的质量增加。

7.2.6　其他元素

C 元素可固溶于 Nb_{ss} 相中,添加少量的 C 可有效提高 Nb_{ss} 相的显微硬度。此外,添加 C 后可提高 Nb_{ss} 含量并使其分布更均匀,进而提高合金的室温断裂韧性;但当 C 添加过多时,可能会形成脆性相 TiC,将降低合金室温断裂韧性[30]。

Mg 元素可以钝化硅化物相,改善力学性能。在 Nb‑Si‑Mg 三元合金中,Mg 元素的添加促进了亚稳相 $\delta\text{‑}Nb_{11}Si_4$ 沿 Nb_{ss} 界面析出,同时可明显提高合金抗氧化性[31]。当同时添加 Mg 和 Zr 元素时[32],可以减少粗大硅化物相的数量,在 1 450 ℃热处理 100 h 后更加明显。添加 1.5%Zr 和 0.1%Mg 元素可以提高 Nb‑16Si‑22Ti‑3Cr‑3Al‑2Hf 合金的力学性能。

V 元素的添加可抑制 Nb‑Si 合金中 $\alpha\text{‑}(Nb,X)_5Si_3$ 相的生成,促进 $\gamma\text{‑}(Nb,X)_5Si_3$ 相生成,此外,V 还可以明显细化初生 $\alpha\text{‑}Nb_5Si_3$ 相和 Nb_{ss} 相,并显著提高 Nb‑Si 合金的抗氧化性能[33]。

Kashyap 等[34]对比研究了 Nb‑18.79Si 和 Nb‑20.2Si‑2.7Ga 合金的铸态微观组织与力学性能,发现少量 Ga 的添加可抑制 Nb_3Si 相的形成,对 $\beta\text{‑}Nb_5Si_3$ 相有稳定作用,并形成与 Nb‑18.79Si 合金相比具有更细小纳米尺度的 $Nb_{ss}/\beta\text{‑}Nb_5Si_3$ 超细共晶体,从而可大幅提升室温断裂韧性。

在相关学者对 Nb‑22Ti‑12Si 合金的研究中发现,Co 的添加会形成新的低熔点相 Ti_2Co,因而 Co 的添加对 Nb‑合金的高温性能不利[35]。在 Nb‑16Si‑20Ti‑4Cr‑1.5Al‑4Hf‑4Zr‑1Ta 中添加少量 Co 可促进 Ti_{ss} 相的析出,当 Co 含量高于 3%(原子分数)时,可稳定初生相 $\beta\text{‑}(Nb,X)_5Si_3$,合金组织由近共晶结构转变为过共晶结构。Co 含量的增加将使合金室温断裂韧性先增高后降低,在 Co 添加量为 1%(原子分数)时,合金室温断裂韧性最高[36]。

近期有研究发现,Sc 元素可大幅提高 Nb‑Si 基超高温合金的综合性能。在经定向凝固和热处理的 Nb‑16Si‑23Ti‑4Cr‑2Al‑2Hf‑xSc[$x=0,0.3,$

0.5（原子分数）]中,Sc 主要分布于 γ - Nb_5Si_3 相中,且可明显细化 Nb_5Si_3 相,并使 Nb_{ss} 相分布更连续。添加 Sc(Sc 以 Al - Sc 中间合金的形式加入)后,合金组织中 Nb_5Si_3 相更细小且分布更均匀,添加 0.3%（原子分数）和 0.5%（原子分数）的 Sc 时可使合金室温断裂韧性从 9.88 MPa · $m^{1/2}$ 分别提升至 22.88 MPa · $m^{1/2}$ 和 25.95 MPa · $m^{1/2}$,室温拉伸强度则从 430.3 MPa 分别跃升至 1 123.5 MPa 和 1 119.7 MPa[37]。

Y 元素促进了定向凝固制备 Nb - Si 合金中硅化物的球化,使裂纹发生了更多的偏转,从而提升了室温断裂韧性[25]。稀土元素(La、Sm、Tb)对多元 Nb - Si 合金的微观组织没有明显影响。La 和 Sm 元素提高了合金的室温断裂韧性,多元线性回归分析后得到 K_Q 与稀土元素(Sm、La、Tb)含量的定量关系为 K_Q = 344＋6.896La＋2.993Sm[38]。田玉新等[39]发现 Dy 元素细化了合金组织,尤其是硅化物相,Dy 元素强烈的固溶强化和细晶强化效果增加了室温和高温强度,界面的净化效果(易与 O、S 等元素形成氧化物)增加了塑性。

Ge 对 Nb_5Si_3 的硬度有很大影响,当 Ge 仅替代 Si 或 Ge 与 Al 和 Ti 协同或与 Cr 和 Ti 协同时,Nb_5Si_3 的硬度显著高于非合金 Nb_5Si_3 的硬度[40],而当采用 Al/Sn 取代 Si 时,则降低了 Nb_5Si_3 的硬度。在后者中,采用 Ti 代替 Nb,或用 Cr、Hf 代替 Ti,抑或用 Al、B 代替 Si,均会对其蠕变有不利影响[41];而当 Nb_5Si_3 中 Si 被 B 取代后,1 000 ℃时抗氧化性显著提高。同时,有研究表明合金化后产生的 C14 - $NbCr_2$Laves 相和 A15 - Nb_3X(X = Al, Ge, Si, Sn)相等均会对硬度和蠕变 Nb - Si 金属间化合物的硬度和蠕变性能产生影响[41]。在 Nb 硅化物基合金中,也可形成含有 Nb_{ss} 和 β - Nb_5Si_3 的共晶,例如 34.8Nb - 31.6Ti - 8.5Hf - 13.9Si - 5.8Al - 5.4Sn[42]。

在 Sun 等[43]研究的合金中,成分为 Nb - 22Ti - 16Si - 6Cr - 4Hf - 3Al - 5B 的合金中 B 元素主要存在于 $(Nb,Ti)_3Si$ 相中。与其他成分合金相比,该合金的 XRD 图谱中 $(Nb,Ti)_5Si_3$ 相的衍射峰最强,说明添加 B 元素能够促进组织中 $(Nb,Ti)_5Si_3$ 相的形成。但 $(Nb,Ti)_5Si_3$ 作为脆性相,在合金设计中研究者是不希望其大量出现的。研究表明,合金元素 B 的存在方式主要是在硅化物相 $(Nb,Ti)_5Si_3$ 和 $(Nb,Ti)_3Si$ 的晶格中替代 Si 的位置,B 元素可以固溶于 α - Nb_5Si_3,形成 α - $Nb_5(Si,B)_3$,因而添加适量的 B 可以同时提高合金的室温韧性和高温强度。

7.3 Nb - Si 基超高温合金的定向凝固结晶组织

下面介绍不同定向凝固方法制备 Nb - Si 基超高温合金的结晶组织。

7.3.1　直拉法的结晶组织

Czochralski 法又称为直拉法或提拉法(简称 Cz 法),该方法由波兰科学家 Jan Czochralski 在 1915 年发明,并以其名字命名。目前 Cz 法在半导体领域生产大型单晶的工艺中已非常成熟(如 Si、Ge、GaAs 等),且 Cz 法制备晶体的形状不受坩埚形状限制。

Czochralski 定向凝固法是从部分感应悬浮的熔体中向上提拉,使合金生长(见图 7.5),Bewlay 采用 Czochralski 定向凝固法,先将合金在水冷铜坩埚中感应熔炼三遍,然后将籽晶与熔体接触再向上提拉,生长速率为 0.5～15 mm/min。该方法可以熔炼熔点达到 2 300 ℃的难熔金属基复合材料,样品直径达到 15 mm,长度大于 100 mm[11]。

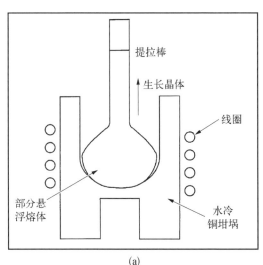
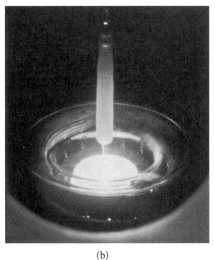

(a)　　　　　　　　　　　　　　(b)

图 7.5　Czochralski 法制备单晶

(a) Cz 法装置原理图;(b) Cz 法制备 Nb‐Si 合金试棒过程照片

Bewlay 和 Jackson 等采用 Czochralski 法对不同成分的 Nb‐Si 合金进行了大量研究。图 7.6 所示为 Nb‐14%Si(原子分数)合金利用 Cz 法定向凝固的组织微观形貌[11],图 7.6 中白色相为 Nb_{ss} 相,黑色相为 Nb_3Si 等硅化物相。Nb_{ss} 相枝晶与定向凝固方向平行且纵横比为 200～300。初生枝晶臂长为 5～20 μm,该合金 Nb_{ss} 相约占 70%(体积分数)。

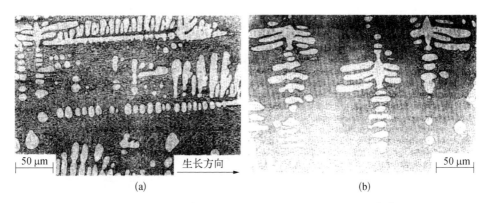

50 μm　　　　　　　　　生长方向→　　　　　　　　　　　50 μm

(a)　　　　　　　　　　　　　　　　(b)

图 7.6　Nb‑14Si%(原子分数)合金组织微观形貌(BSE)[11]

(a) 纵向；(b) 横向

　　研究表明,当 Si 含量在 10%~16%(原子分数)且 Ti 含量在 9%~45%(原子分数)时,Nb‑Ti‑Si 合金均处于 Nb‑Ti‑Si 三元相图富金属区。经定向凝固后,合金组织主要由 Nb(Ti,Si)枝晶和尺寸较大的多边形(Nb,Ti)$_3$Si 枝晶组成。如图 7.7(a)(b)所示,浅色相 Nb(Ti,Si)枝晶和灰色相(Nb,Ti)$_3$Si 枝晶均沿平行于定向凝固方向生长。当 Nb‑Ti‑Si 合金处于富 Si 相区时(典型成分为 Nb‑25Ti‑22Si 和 Nb‑21Ti‑22Si),将发生包晶反应：L+(Nb,Ti)$_5$Si$_3$ → (Nb,Ti)$_3$Si。在该组分合金微观组织中,硅化物枝晶的芯部存在少量(Nb,Ti)$_5$Si$_3$相(深色区域),多边形(Nb,Ti)$_3$Si 相为图 7.7(c)中的灰色区域,以及白色区域的 Nb(Ti,Si)枝晶。

　　采用 Czochralski 法还制备了 Nb‑16Ti‑8Hf‑16Si 和 Nb‑9Mo‑22Ti‑8Hf‑16Si 合金,提拉速度是 5 mm/min,前者的微观组织由 Nb$_{ss}$和(Nb,Hf,

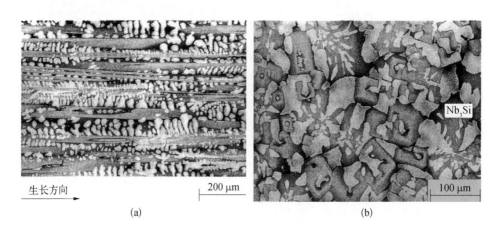

生长方向→　　　　　　200 μm　　　　　　　　　　　　　　100 μm

(a)　　　　　　　　　　　　　　　　(b)

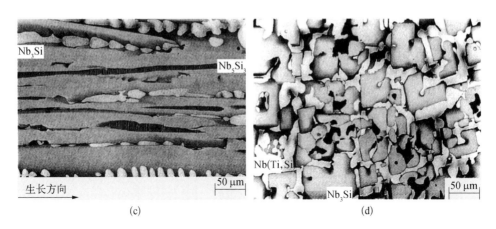

图 7.7　Nb‑Ti‑Si 合金微观组织

（a）过共晶合金 Nb‑33Ti‑16Si 纵向；（b）过共晶合金 Nb‑33Ti‑16Si 横向；（c）过共晶合金 Nb‑27Ti‑22Si 纵向；（d）过共晶合金 Nb‑21Ti‑22Si 横向

Ti)$_3$Si 组成[见图 7.8(a)]，后者的微观组织由细小的 Nb$_{ss}$＋γ(Nb,Hf,Ti,Mo)$_5$Si$_3$ 共晶胞组成[见图 7.8(b)]，高含量的 Ti 和 Hf 有助于稳定 hp16 型的 γ‑Nb$_5$Si$_3$ 相。

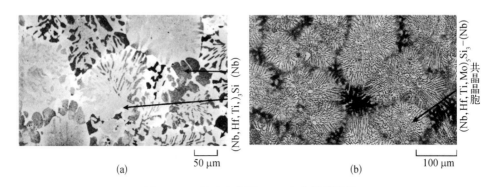

图 7.8　Cz 法定向凝固 NbSi 合金微观组织

（a）Nb‑16Ti‑8Hf‑16Si；（b）Nb‑9Mo‑22Ti‑8Hf‑16Si

7.3.2　液态金属冷却法的结晶组织

　　液态金属冷却（liquid metal cooling，LMC）法最早由普拉特·惠特尼集团（Pratt & Whitney Aircraft）的工程师发明，该方法的装置原理如图 7.9 所示。

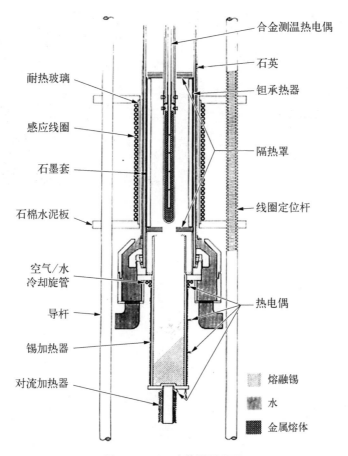

耐热玻璃

感应线圈

石墨套

石棉水泥板

空气/水
冷却旋管

导杆

锡加热器

对流加热器

合金测温热电偶

石英

钽承热器

隔热罩

线圈定位杆

热电偶

熔融锡

水

金属熔体

图7.9　LMC法装置原理图

　　西北工业大学研究团队采用LMC法对Nb-Si基超高温合金开展了大量研究[44]。图7.10所示为Nb-xTi-15Si-5Cr-3Al-1.5Hf-1.5Zr[$x=0,10,20,25$]合金在100 μm/s拉速下的定向凝固组织,该合金组织主要由初生相α-$(Nb,X)_5Si_3$和Nb_{ss}+α-$(Nb,X)_5Si_3$共晶组织构成。当Ti含量达到20%(原子分数)时,初生相γ-$(Nb,X)_5Si_3$和α-$(Nb,X)_5Si_3$同时存在,且Nb_{ss}+γ-$(Nb,X)_5Si_3$共晶组织沿γ-$(Nb,X)_5Si_3$相边界分布;而当Ti含量达到25%(原子分数)时,仅由γ-$(Nb,X)_5Si_3$和Nb_{ss}+γ-$(Nb,X)_5Si_3$共晶组织构成。当Ti含量增加时,初生相$(Nb,X)_5Si_3$体积分数增加。同时,该团队还研究了定向凝固温度和抽拉速率对Nb-Si基超高温合金微观组织形貌的影响,如图7.11和图7.12所示。

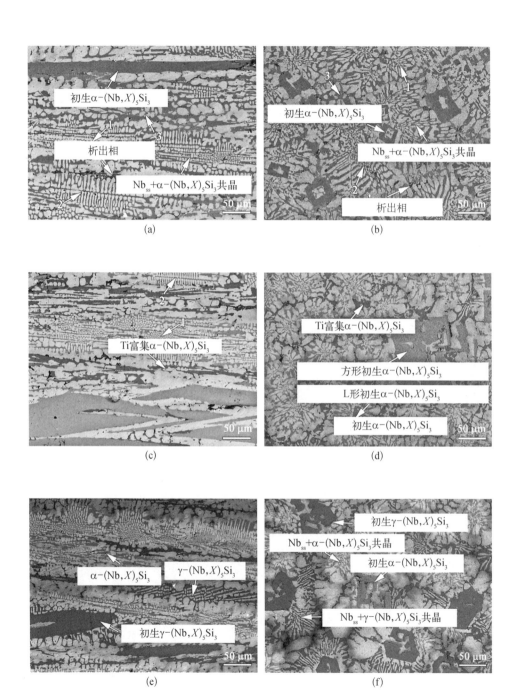

(a)

(b)

(c)

(d)

(e)

(f)

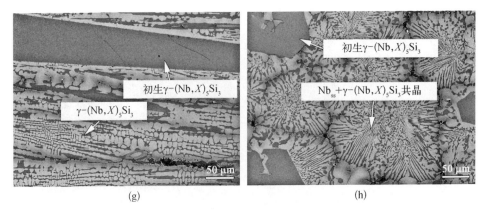

(g)　　　　　　　　　　　　　(h)

图 7.10　LMC 法定向凝固 Nb‑Si 合金微观组织[44]

(a) 0 Ti,纵向;(b) 0 Ti,横向;(c) 10 Ti,纵向;(d) 10 Ti,横向;(e) 20 Ti,纵向;(f) 20 Ti,横向;
(g) 25 Ti,纵向;(h) 25 Ti,横向

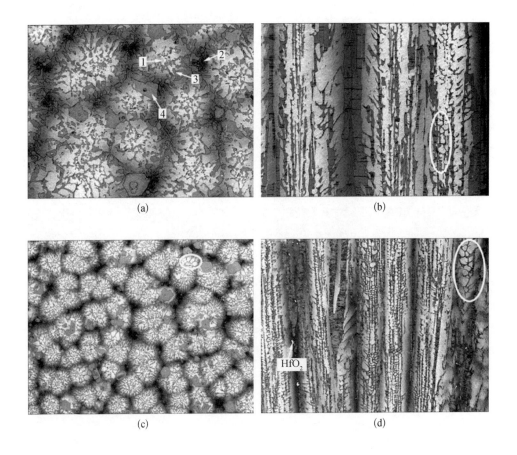

(a)　　　　　　　　　　　　　(b)

(c)　　　　　　　　　　　　　(d)

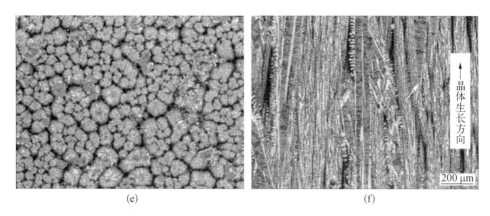

(e)　　　　　　　　　　　　　　　　(f)

图 7.11　抽拉速率对 Nb‑22Ti‑16Si‑6Cr‑4Hf‑3Al‑1.5B‑0.06Y 合金定向凝固组织形貌的影响

(a) 2.5 μm/s,横向;(b) 2.5 μm/s,纵向;(c) 10 μm/s,横向;(d) 10 μm/s,纵向;(e) 100 μm/s,横向;
(f) 100 μm/s,纵向

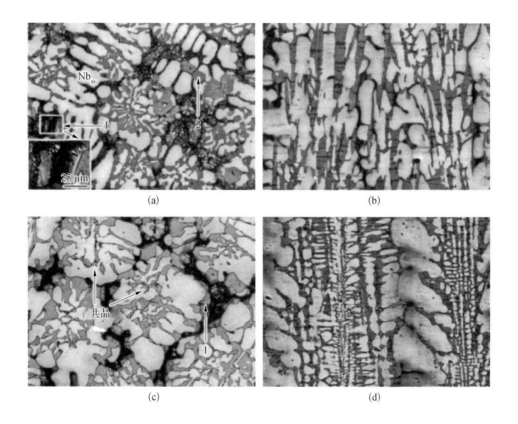

(a)　　　　　　　　　　　　　　　　(b)

(c)　　　　　　　　　　　　　　　　(d)

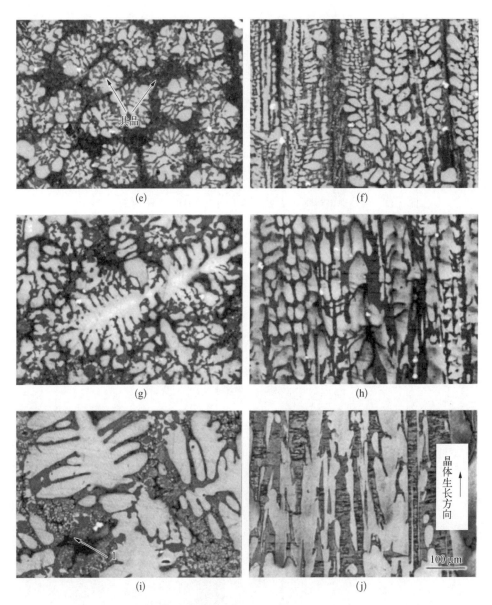

**图 7.12 不同温度下定向凝固 46.94Nb‐20Ti‐16Si‐6Cr‐5Hf‐4Al‐
2B‐0.06Y 微观组织变化**

(a) 1 950 ℃,纵向;(b) 1 950 ℃,横向;(c) 2 000 ℃,纵向;(d) 2 000 ℃,横向;(e) 2 050 ℃,纵向;(f) 2 050 ℃,
横向;(g) 2 100 ℃,纵向;(h) 2 100 ℃,横向;(i) 2 150 ℃,纵向;(j) 2 150 ℃横向

由图 7.11 可知,初生相(Nb,X)$_5$Si$_3$ 柱状晶和 Nb$_{ss}$＋(Nb,X)$_5$Si$_3$ 共晶体均沿定向凝固方向排列生长,初生相(Nb,X)$_5$Si$_3$ 柱状晶长度非常长且边缘界面通常呈现尖锐而直立的形貌。在共晶晶胞芯部,Nb$_{ss}$ 和(Nb,X)$_5$Si$_3$ 共同生长形成有序的层状结构(纵向),而在共晶晶胞外围则为连续分布的网状结构。当抽拉速率较慢时,由于共晶晶胞形成受阻,合金微观组织主要由粗大的 Nb$_{ss}$ 柱状晶和散落分布的(Nb,X)$_5$Si$_3$ 相构成。

由图 7.12 可知,当熔体过热温度为 1 900 ℃和 1 950 ℃时,定向凝固稳态生长区的横截面组织由初生 Nb$_{ss}$ 相和耦合生长的花瓣状 Nb$_{ss}$＋(Nb,X)$_5$Si$_3$(X＝Ti、Hf、Cr)共晶团组成;当过热温度为 2 000 ℃和 2 050 ℃时,凝固组织为耦合良好的花瓣状共晶;随着过热温度进一步升高到 2 100 ℃和 2 150 ℃时,凝固组织演变为粗大树枝状 Nb$_{ss}$ 和细小共晶。随着过热温度 T_s 的升高,固-液界面形态经历由树枝状(T_s 为 1 900 ℃、1 950 ℃、2 000 ℃)到胞状(T_s 为 2 050 ℃),再到树枝状(T_s 为 2 100 ℃、2 150 ℃)的形貌演化。

定向凝固稳态生长区的共晶胞尺寸随过热温度的升高而减小,在 T_s＝2 050 ℃时,达到最小值 128 μm;但当熔体过热温度高于 2 050 ℃时,共晶胞尺寸又呈现增大趋势。共晶组织面积百分数随过热温度的升高而增加,在 T_s＝2 050 ℃时达到最大值,但随过热温度 T_s 的进一步升高,定向凝固组织中共晶组织的面积百分数反而降低。

7.3.3　光悬浮区熔法的结晶组织

光悬浮区熔法(optical floating zone method,OFZ 法)的设备如图 7.13 所示,金属试棒被安装在上下两个陶瓷棒上,卤素灯或氙气灯和弧形聚光罩对处于聚光点处的金属试棒尖端进行加热,熔体依靠表面张力保持悬浮。形成熔区后,移动反射镜或移动金属试棒使金属液体冷却并在籽晶棒上结晶。在晶体生长过程中,上转轴和下转轴可以通过相同或相反方向转动以调整熔区内的强制对流流动模式。试棒离开聚光点后随即凝固,试棒整体向下运动实现定向凝固,该设备具有清洁无污染、加

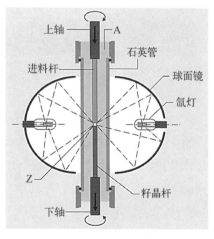

A—气氛;Z—悬浮区域。

图 7.13　OFZ 法设备示意图[45]

热温度高(大于 2 000 ℃)等优点,非常适用于生长各种金属间化合物及高质量金属间化合物单晶,但缺点是试样尺寸小,试棒成分均匀性要求高,易挥发元素沉积石英管表面影响透光度等。

一些学者[14,46]利用光悬浮区熔定向凝固方法,制备了 Nb‑17.5Si 和 Nb‑10Ti‑17.5Si 合金。对于 Nb‑17.5Si 合金,如图 7.14 所示,随着凝固速率的增加,合金的显微组织变得越来越细。当抽拉速度是 10 mm/h 时,得到了棒状 Nb_{ss}/Nb_3Si 共晶组织,表明 Nb_{ss} 和 Nb_3Si 的扩散耦合生长在此凝固速率下已出现。随着抽拉速度的增加,组织形态转化为胞状组织,当凝固速率达 30 mm/h 时,合金呈现胞状共晶显微组织,其中 Nb_3Si 相中形成了非连续分布的 Nb_{ss} 组织,并且在胞间区域形成了粗共晶产物。当凝固速率进一步提升时,显微组织中几乎没有明显的胞间产物,表明平面共晶凝固在此凝固速率下实现。

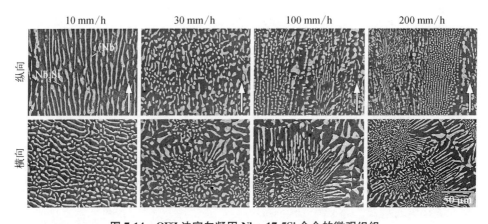

图 7.14　OFZ 法定向凝固 Nb‑17.5Si 合金的微观组织

如图 7.15 所示,三元合金 Nb‑Ti‑Si 与二元合金 Nb‑Si 相反,三元合金在整个凝固速率下都表现出蜂窝状共晶微观结构的演变,尽管较慢的凝固速率往往会增加 Nb_{ss} 的尺寸并促进有序排列。细小的 Nb_{ss} 组织嵌入共晶组织内部,而相对较粗的板状(Nb)在单元边界附近呈放射状分布。

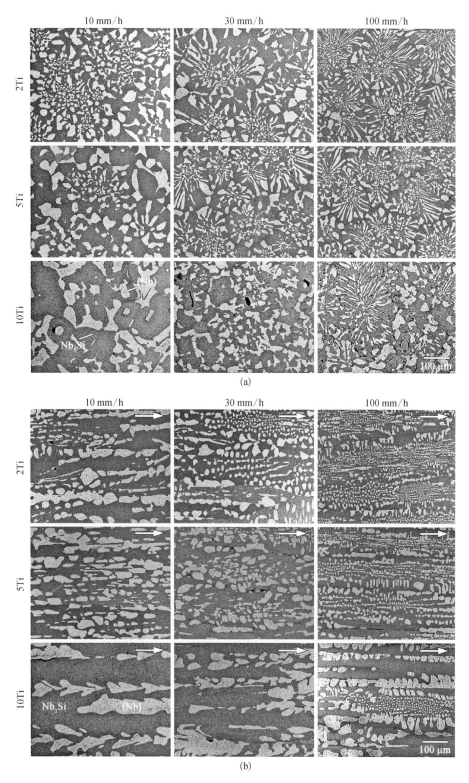

图 7.15　OFZ 法定向凝固 Nb‑Ti‑Si 合金的微观组织

（a）横向；（b）纵向

7.4 本章小节

Nb-Si 基超高温合金的凝固过程较复杂。对于给定成分的合金,不同加工方法、凝固熔体中的位置不同和温度梯度不同均可能形成不同的微观结构。其定向凝固过程中可能形成异常共晶,抑或是规则共晶、等轴和柱状晶粒以及它们的混合物。需要指出的是,Nb-Si 基超高温合金发展至今,合金成分多种多样,但对于不同合金元素的作用及其最佳配比仍有待进一步探索;往常的经验试错法很难满足高性能 Nb-Si 合金的开发,结合第一性原理/相图计算则有望解决该问题。

同时,不可忽略的是,Nb-Si 基合金作为一种超高温合金,若采用铸造形式制备,必须考虑铸型材料的性能与合金成分间的匹配,超高温凝固过程往往伴随着合金熔体/陶瓷铸型间复杂的界面反应,因而有必要针对 Nb-Si 合金界面反应特性开发高性能铸型材料。

近年来,增材制造技术的迅猛发展也给 Nb-Si 基超高温合金的复杂形状零部件成形提供了新的思路,但 Nb-Si 基合金预合金粉末的制备和性能优化仍缺乏研究,需进一步突破。

最后,根据 Ni 基高温合金的发展规律,单晶制备是解决等轴晶与柱状晶组织晶界影响高温持久性能的优选解决办法,这对 Nb-Si 基超高温合金真正走向应用将是划时代性的突破,然而目前尚无单晶 Nb-Si 基超高温合金的报道,有待研究人员开展相应研究。

参考文献

[1] Caron P, Lavigne O. Recent studies at Onera on superalloys for single crystal turbine blades[J]. Aerospace Lab Journal, 2011, (3): 1-14.

[2] Petrovic J J, Vasudevan A K. Overview of high temperature structural silicides[J]. MRS Proceedings, 1993, 322: 3-8.

[3] Ma C L, Li J G, Tan Y, et al. Microstructure and mechanical properties of Nb/Nb_5Si_3 in situ composites in Nb-Mo-Si and Nb-W-Si systems[J]. Materials Science and Engineering: A, 2004, 386(1-2): 375-383.

[4] Allen A J. Phase stabilisation of Nb-Si-Ti alloys via elemental additions and post-processing[D]. England: University of Leicester, 2019.

[5] Bewlay B P, Sitzman S D, Brewer L N, et al. Analyses of eutectoid phase

transformations in Nb‐silicide in situ composites[J]. Microscopy and Microanalysis, 2004, 10(4): 470‐480.

[6] Drawin S, Heilmaier M, Jehannno M. The EU-funded "ULTMAT" project: ultra high temperature materials for turbines[C]//Proceedings of 25th International Congress of the Aeronautical Sciences (ICAS 2006), 2006: 3‐8.

[7] Schlesinger M E, Okamoto H, Gokhale A, et al. The Nb‐Si (niobium-silicon) system[J]. Journal of Phase Equilibria, 1993, 14(4): 502‐509.

[8] Mendiratta M G, Lewandowski J J, Dimiduk D M. Strength and ductile-phase toughening in the two-phase Nb/Nb₅Si₃ alloys[J]. Metallurgical Transactions A, 1991, 22(7): 1573‐1583.

[9] Miura S, Ohkubo K, Mohri T. Microstructural control of Nb‐Si alloy for large Nb grain formation through eutectic and eutectoid reactions[J]. Intermetallics, 2007, 15(5‐6): 783‐790.

[10] Fernandes P, Coelho G, Ferreira F, et al. Thermodynamic modeling of the Nb‐Si system[J]. Intermetallics, 2002, 10(10): 993‐999.

[11] Bewlay B, Lipsitt H, Jackson M, et al. Solidification processing of high temperature intermetallic eutectic-based alloys[J]. Materials Science and Engineering: A, 1995, 192‐193: 534‐543.

[12] Jackson M R, Bewlay B P, Briant C L. Creep resistant Nb‐silicide based two-phase composites: US, 6447623[P]. 2002‐09‐10.

[13] Bewlay B, Whiting P, Davis A, et al. Creep mechanisms in niobium-silicide based in-situ composites[J]. MRS Online Proceedings Library, 1998, 552: 6111.

[14] Sekido N, Kimura Y, Miura S, et al. Solidification process and mechanical behavior of the Nb/Nb₅Si₃ two phase alloys in the Nb‐Ti‐Si system[J]. Materials Transactions, 2004, 45(12): 3264‐3271.

[15] Ma X, Guo X P, Fu M S, et al. Direct atomic-scale visualization of growth and dissolution of γ‐Nb₅Si₃ in an Nb‐Ti‐Si based alloy via in-situ transmission electron microscopy[J]. Scripta Materialia, 2019, 164: 86‐90.

[16] Zhao J C, Jackson M, Peluso L. Mapping of the Nb‐Ti‐Si phase diagram using diffusion multiples[J]. Materials Science and Engineering: A, 2004, 372(1‐2): 21‐27.

[17] Maji P, Mitra R, Ray K K. Effect of Cr on the evolution of microstructures in as-cast ternary niobium-silicide-based composites[J]. Intermetallics, 2017, 85: 34‐47.

[18] Zelenitsas K, Tsakiropoulos P. Study of the role of Ta and Cr additions in the microstructure of Nb‐Ti‐Si‐Al in situ composites[J]. Intermetallics, 2006, 14(6): 639‐659.

[19] Davidson D L, Chan K S. The fatigue and fracture resistance of a Nb‐Cr‐Ti‐Al alloy [J]. Metallurgical and Materials Transactions A, 1999, 30(8): 2007‐2018.

[20] Tsakiropoulos P. Alloys for application at ultra-high temperatures: Nb‐silicide in situ composites: challenges, breakthroughs and opportunities[J]. Progress in Materials

Science, 2022, 123: 100714.

[21] 郑鹏,沙江波,刘东明,等. Hf 对 Nb - 15W - 5Si - 2B 合金室温和高温力学性能的影响 [J]. 航空学报,2008,29(1): 227 - 232.

[22] Sankar M, Phanikumar G, Singh V, et al. Effect of Zr additions on microstructure evolution and phase formation of Nb - Si based ultrahigh temperature alloys[J]. Intermetallics, 2018, 101: 123 - 132.

[23] Tian Y, Guo J, Sheng L, et al. Microstructures and mechanical properties of cast Nb - Ti - Si - Zr alloys[J]. Intermetallics, 2008, 16(6): 807 - 812.

[24] Qiao Y Q, Guo X P, Zeng Y X. Study of the effects of Zr addition on the microstructure and properties of Nb - Ti - Si based ultrahigh temperature alloys[J]. Intermetallics, 2017, 88: 19 - 27.

[25] Sun G X, Jia L N, Ye C T, et al. Balancing the fracture toughness and tensile strength by multiple additions of Zr and Y in Nb - Si based alloys[J]. Intermetallics, 2021, 133: 107172.

[26] Kang Y W, Guo F W, Li M. Effect of chemical composition and heat treatment on microstructure and mechanical properties of Nb - xTi - 16Si - 3Cr - 3Al - 2Hf - yZr alloy [J]. Materials Science and Engineering: A, 2019, 760: 118 - 124.

[27] Ma R, Guo X P. Effects of Mo and Zr composite additions on the microstructure, mechanical properties and oxidation resistance of multi-elemental Nb - Si based ultrahigh temperature alloys[J]. Journal of Alloys and Compounds, 2021, 870: 159437.

[28] Wang Q, Wang X W, Chen R R, et al. Improvement of microstructure and fracture toughness of MASC alloy by element substitution of Zr for Hf[J]. Journal of Alloys and Compounds, 2022, 892: 162127 - 162132.

[29] Wang Q, Wang X W, Chen R R, et al. Microstructure evolution and fracture toughness of Nb - Si - Ti based alloy with Cr, Mo and W elements addition[J]. Intermetallics, 2022, 140: 107408 - 107413.

[30] Wang Q, Zhao T Y, Chen R R, et al. Effect of C addition on microstructure and mechanical properties of Nb - Si - Ti based alloys[J]. Materials Science and Engineering: A, 2021, 804: 140789.

[31] Tiwary C S, Kashyap S, Chattopadhyay K. Effect of Mg addition on microstructural, mechanical and environmental properties of Nb - Si eutectic composite[J]. Materials Science and Engineering: A, 2013, 560: 200 - 207.

[32] Wang Y Y, Li S S, Wu M L, et al. Effect of Zr and Mg on microstructure and fracture toughness of Nb - Si based alloys[J]. Rare Metals, 2011, 30(S1): 326 - 330.

[33] Ma R, Guo X P. Composite alloying effects of V and Zr on the microstructures and properties of multi-elemental Nb - Si based ultrahigh temperature alloys[J]. Materials Science and Engineering: A, 2021, 813: 141175 - 141186.

[34] Kashyap S, Tiwary C S, Chattopadhyay K. Effect of gallium on microstructure and mechanical properties of Nb - Si eutectic alloy[J]. Intermetallics, 2011, 19(12): 1943 - 1952.

[35] Huang Q, Kang Y W, Song J X, et al. Effects of Ni, Co, B, and Ge on the microstructures and mechanical properties of Nb－Ti－Si ternary alloys[J]. Metals and Materials International, 2014, 20(3): 475－481.

[36] Chen D Z, Wang Q, Chen R R, et al. Effect of Co on microstructures and mechanical properties for Nb－Si based in-situ composites[J]. Materials Characterization, 2021, 182: 111563－111577.

[37] Huang Y L, Jia L N, Jin Z H, et al. Effect of Sc on the microstructure and room-temperature mechanical properties of Nb－Si based alloys[J]. Materials & Design, 2018, 160: 671－682.

[38] 郭丰伟,康永旺,肖程波. 稀土元素(La,Sm,Tb)合金化铌硅材料显微组织及室温断裂韧度[J]. 材料工程,2016,44(10):8－16.

[39] 田玉新,郭建亭,周兰章,等.对 Nb－Nb₅Si₃共晶合金显微组织和力学性能的影响[J]. 金属学报,2008,44(5):589－592.

[40] Tsakiropoulos P. On the alloying and properties of tetragonal Nb_5Si_3 in Nb－silicide based alloys[J]. Materials, 2018, 11(1): 69.

[41] Tsakiropoulos P. On Nb silicide based alloys: alloy design and selection[J]. Materials, 2018, 11(5): 844.

[42] Tsakiropoulos P. Alloying and hardness of eutectics with Nb_{ss} and Nb_5Si_3 in Nb－silicide based alloys[J]. Materials, 2018, 11(4): 592.

[43] Sun Z P, Guo X P, He Y S, et al. Investigation on the as-cast microstructure of Nb－Nb silicide based multicomponent alloys[J]. Intermetallics, 2010, 18(5): 992－997.

[44] Fang X, Guo X P, Qiao Y Q. Effect of Ti addition on microstructure and crystalline orientations of directionally solidified Nb－Si based alloys[J]. Intermetallics, 2020, 122: 106798－106808.

[45] Dhanaraj G, Byrappa K, Prasad V, et al. Springer handbook of crystal growth[M]. Heidelberg: Springer, 2010.

[46] Senkov O N, Gorsse S, Miracle D B. High temperature strength of refractory complex concentrated alloys[J]. Acta Materialia, 2019, 175: 394－405.

第8章 激光焊接铝合金过程中的晶体生长研究进展

由于铝合金的性质特点优良及应用场景广泛,铝合金激光焊接技术已经成为目前最具发展前景的激光焊接技术之一。本章简述了激光焊接的原理和特点,综述了温度梯度、冷却速度、成分过冷以及外场辅助四大因素对激光焊接铝合金焊缝凝固过程中组织形成和晶体生长的研究进展,分析了作用机理,并提出激光焊接铝合金组织和缺陷控制是需要重点开展的研究方向。

8.1 引言

由于铝合金质量轻、比强度高、耐腐蚀性能好、成本低,广泛用于汽车、航空航天、交通运输等领域。因此,对铝合金高效、高质量的焊接需求也越来越大。激光焊接具有高熔深、焊接速度快、焊后变形小等优点,是一种具有广泛应用前景的铝合金熔焊工艺。此外,激光热源具有较高的能量密度,可以使焊缝熔合区和热影响区最小化,从而形成细小的微观组织。然而,激光焊接在铝合金的应用往往受到材料物理化学性能的影响,如铝合金对激光束的高反射率和低吸收率、致密的氧化膜、热膨胀系数高和易形成低熔点组织。因此,在铝合金的激光焊接中容易存在气孔、晶粒粗大以及凝固裂纹等缺陷。为了使焊接接头获得较好的力学性能,需要控制铝合金激光焊接时的凝固结晶过程,调控焊缝处的晶体生长,消除焊接缺陷,细化焊缝组织。本章将从影响铝合金焊缝凝固组织状态的四大因素(温度梯度、冷却速度、成分过冷、外场辅助)入手,讨论在激光焊接时应如何调控焊接过程,以实现减少和避免焊接缺陷、细化焊缝组织的目的。

8.2 激光焊接的原理及特点

激光焊接是一种高效的焊接方法,其原理是通过聚焦的光束照射被焊金属,光子通过撞击将激光中的能量传递给原子,原子接受能量之后温度升高,整个被焊金属被加热。由于金属通常具有较好的传热性,可以将热量从表面传递到金属内部,因此被焊金属可以获得较大的熔深。与传统焊接方法相比,激光焊接具有能量密度高、穿透深、精度高、适应性强等特点,因此,在不同领域的应用日益广泛。激光焊对于一些特殊材料和结构的焊接具有非常重要的作用,这种焊接方法在航空航天、电子、汽车制造、核动力等高新技术领域具有尤为重要的应用价值。

8.3　铝合金激光焊接的影响因素

8.3.1　温度梯度

温度梯度主要用于描述熔化焊接过程中,板材由固态变为液态熔池后不同区域的温度变化,该变化是热源在板材上移动而造成的。其中,主要影响焊缝内组织变化的温度梯度是指液态熔池的温度梯度。通常情况下,熔化的焊缝呈现为椭圆形的液态熔池,热源加入的位置温度最高,随着距离热源的位置变远,熔池内的温度逐渐降低,由焊缝中心向四周降低的温度梯度呈现放射性。对于连续变化的熔池,过任意一点 P 温度变化率最大的方向为等温线的法线方向,称过点 P 的最大温度变化率为温度梯度,用 grad T 表示:

$$\mathrm{grad}\ T = \lim_{\Delta n \to 0}\left(\frac{\Delta T}{\Delta \boldsymbol{n}}\right) = \frac{\partial T}{\partial \boldsymbol{n}}$$

式中, $\boldsymbol{n}$ 为法线方向单位矢量; $\dfrac{\partial T}{\partial \boldsymbol{n}}$ 为温度在 $\boldsymbol{n}$ 方向的导数。在凝固过程中,以柱状晶为例,柱状晶的生长方向往往沿着温度梯度方向。凝固速率的大小也在某种程度上决定着凝固结晶的形态。

焊接过程中,不同的热输入会影响熔池内液态金属的温度梯度和凝固速率,进而影响焊缝区域的晶粒形貌和尺寸。图 8.1 所示为铝锂合金 T 型接头在不同热输入条件下,焊缝上、下熔合区的宏观形貌与微观组织,其中 HAZ 为热影响区(heat affected zone),EQZ 为等轴细晶区(equiaxed grain zone),PMZ 为半熔化区(partially melted zone)。可以发现,由于激光热源能量集中且加热范围小,焊接接头的 HAZ 较窄;由于熔池凝固时存在非平衡结晶及晶粒的竞争生长,焊缝凝固过程中焊缝内从上熔合线到焊缝中心的晶粒形貌依次为等轴细晶、柱状树枝晶和等轴树枝晶。研究还发现,随着焊接热输入的增大,柱状晶的晶粒尺寸不断增大,即较大的热输入会导致柱状晶粗大化;柱状晶与 EQZ 之间的界限明显,沿垂直于熔合线方向朝焊缝中心生长;柱状晶靠近焊缝中心区域时,熔池内温度梯度的变化逐渐不规则,柱状晶无法严格垂直于熔合线生长,晶粒的枝晶竞争生长,形成等轴树枝晶;在较低的热输入条件下,柱状晶区域内熔池的温度梯度与结晶速度比值较大,柱状晶晶核难以生长,此时得到的柱状晶晶粒更细小[1]。

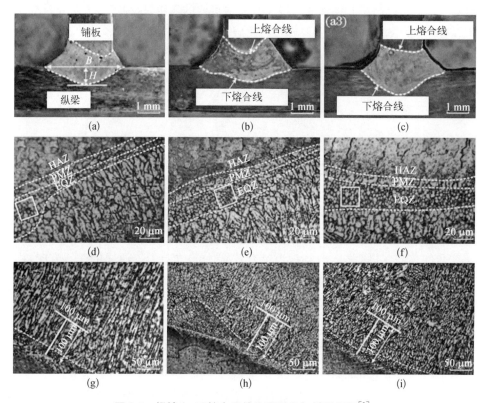

图 8.1　焊缝上、下熔合区的宏观形貌与微观组织[1]

(a)～(c) 焊缝的宏观形貌;(d)～(f) 焊缝上熔合区的微观组织;(g)～(i) 焊缝下熔合区的微观组织

　　焊缝不同区域的温度分布和温度梯度对晶粒形貌有很大影响。Liu 等[2]研究发现,由于熔池流动性引起的局部温度梯度和凝固速率的差异,6061 铝合金焊缝中上部同时形成柱状晶、胞状晶和等轴枝晶;熔池中心的温度梯度很小,熔合线附近的温度梯度最大,温度梯度从熔合线区域到焊缝中心逐渐减小。当焊接速度一定时,激光功率越大,温度梯度越大。在不同的焊接工艺参数下,熔池中心温度最高,温度梯度最小,这是形成粗大等轴枝晶的原因之一。此外,从熔池中心到熔合线的温度逐渐降低,温度梯度逐渐增加,因此,从焊缝中心到熔合线区域依次形成胞状枝晶和柱状枝晶。图 8.2 所示为不同焊接参数下的不同温度分布及温度梯度。

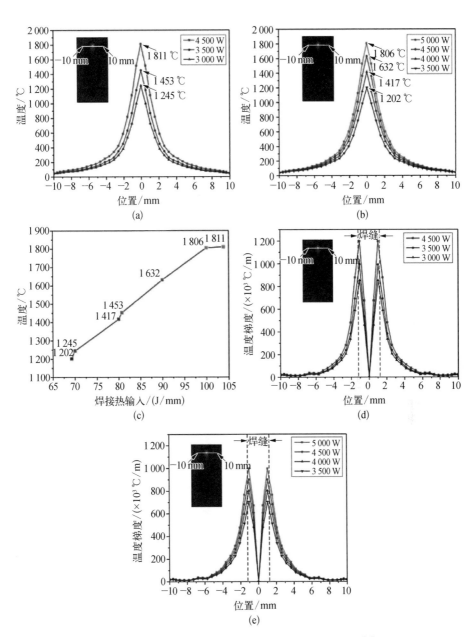

图 8.2　不同焊接参数下的不同温度分布及温度梯度[2]

（a）$v=2.6$ m/min 时不同位置的温度分布；（b）$v=3.0$ m/min 时不同位置的温度分布；（c）不同焊接热输入时熔池的峰值温度；（d）$v=2.6$ m/min 时不同位置的温度梯度；（e）$v=3.0$ m/min 时不同位置的温度梯度

束流振荡可以通过降低焊缝边缘柱状晶的生长温度梯度破坏焊缝边缘柱状晶的生长。Gao 等[3]研究发现,由于激光振荡引起的强对流和涡流效应,使断裂的枝晶从焊缝边缘快速流向焊缝中心;在一定频率下,随着振荡半径的增大,熔池明显扩大,焊缝中心的高温保温时间进一步延长,凝固速率降低;大量的成核位点被熔化和还原,而保留的成核位点长成大尺寸的等轴枝晶,在一定的半径范围内,随着频率的增加,温度梯度变得更加均匀,形核点数目增加,促进了等轴枝晶的形成,但尺寸减小。图 8.3 所示为不同光束振荡情况下铝镁合金焊缝熔合线附近的微观组织结构。

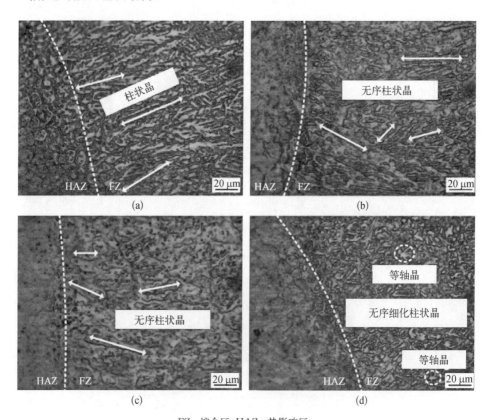

FZ—熔合区;HAZ—热影响区。

图 8.3 熔合线附近的微观组织结构[3]

(a) 无光束振荡;(b) $r=0.5$ mm,$f=50$ Hz;(c) $r=2.0$ mm,$f=50$ Hz;(d) $r=2.0$ mm,$f=200$ Hz

8.3.2 冷却速度

冷却速度是指单位时间内物体温度的降低量,在数学上是温度对时间的导数(dT/dt)。冷却速度一定程度上决定了结晶晶体生长速率和晶粒尺寸。如图 8.4 所示,当温度梯度一定时,随着冷却速度增加,枝晶及等轴晶的晶粒尺寸相应减小。在实际应用中,细小的晶粒组织有利于提高铝合金的硬度,同时有助于铝合金接头抵抗变形。因此,往往希望增加熔池的冷却速度,获得相对细小的铝合金接头组织。

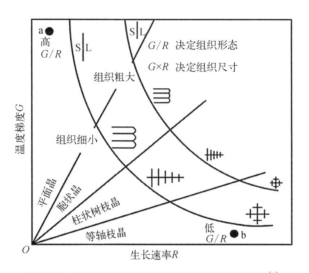

图 8.4　温度梯度和冷却速度对凝固组织的影响[4]

　　在激光焊接铝合金时,由于激光热源比较集中,除激光光斑直接接触的区域外,其余区域受到的热辐射较少。而激光焊接的焊接速度往往较大,这导致激光光斑高速移动,在同一位置的停留时间较短,在热影响范围较小的情况下,会造成熔池后方快速凝固,导致铝合金激光焊接接头的冷却速度较快。根据图 8.4 可知,冷却速度快,有助于获得细小的接头组织,但由于铝合金液的含气量高,冷却速度过快会导致铝合金液中的气体来不及释放形成气孔。因此在铝合金激光焊接过程中,有必要调控焊接接头的冷却速度,寻找合适的冷却速度以获得无缺陷、组织均匀的焊接接头。

　　在激光焊接中,主要通过调节焊接速度、改变激光功率、改变激光能量分布模式、增设焊前预热、焊后保温等方式来调控铝合金激光焊接时焊缝的冷却速度。改变激光焊接的速度是最直接调控焊缝冷却速度的方法。当激光焊接速度较大时,激光光斑在焊缝某一处的停留时间较短,熔池受热时间短,随后激光光斑迅速向前移动,熔池没有持续的热量输入,因此会快速冷却。而当激光焊接速度较小时,由于激光光斑有一定尺寸,因此,光斑会有较大的重叠率,熔池中的某一处位置会被长时间加热,导致冷却速率较慢。在 Narsimhachary[5] 的研究中发现,高速激光焊接 6061 铝合金有助于获得更细小的焊缝组织,同时能够减少元素的烧蚀,是较理想的焊接参数,其不同焊接速度下的焊缝横截面形貌如图8.5所示。

激光功率/kW	焊接速率/(m/min)	保护气(氩气)		
		101/min	141/min	181/min
3	1	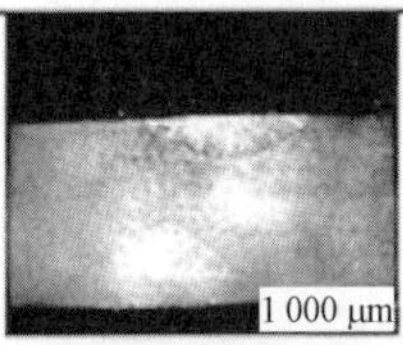	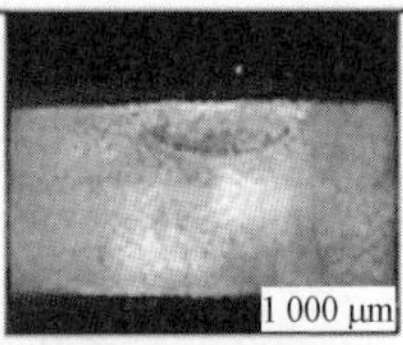	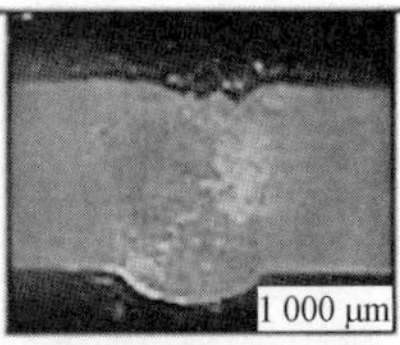
3	3	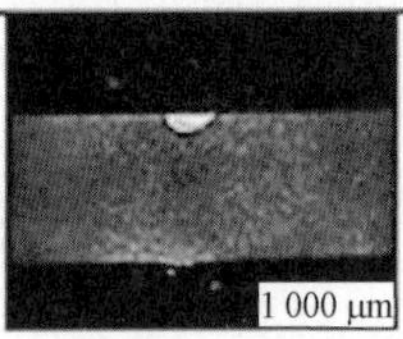	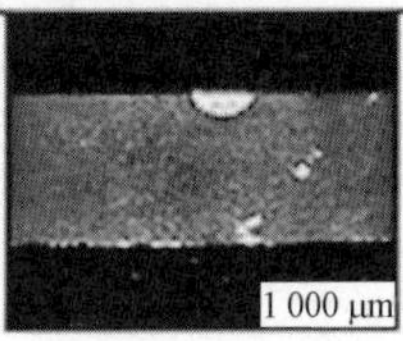	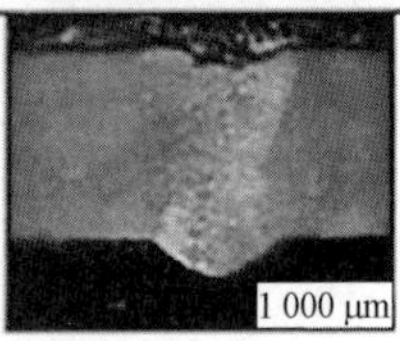

图 8.5　不同焊接速度对铝合金焊接接头横截面形貌的影响[5]

改变激光能量分布模式可以从热源入手,该方式可调节焊缝冷却速度。传统的激光能量分布模式是高斯分布,能量状态为中间高而边缘低,这导致焊缝中间位置受热最多且最集中,而边缘则受热显著减少,这会导致熔池冷却速度较快。而采用调制激光,可以改变高斯分布热源的峰值情况,例如,Kang[6] 采用环形调制激光,将单一峰值激光热源转变为多峰值激光热源,从而降低了焊缝中心处的热量输入,增加了焊缝边缘处的热量输入,导致焊缝冷却速度降低。5052 铝合金焊缝处的组织对比如图 8.6 所示。焊缝区(weld zone,WZ)由柱状晶粒(主要在焊缝边缘区域)和等轴晶粒(主要在焊缝中心区域)组成。在熔池凝固过程的早期,柱状晶粒从母材(basic mental,BM)与 WZ 的边界向 WZ 中心逐渐生长。柱状晶粒继续生长,在凝固过程的最后阶段,剩余熔池中晶体的形核迅速进行,导致在焊缝最终凝固区形成等轴晶粒。这种等轴晶粒的形成最终阻止了柱状晶粒向焊缝中心的持续生长。可以清楚地观察到,两种激光束焊缝中柱状晶粒的生长方向有较大差异。激光高斯能量分布制备的样品中,柱状晶粒几乎平行于工件表面生长,而经调制能量分布样品中的柱状晶粒向上倾斜生长。一般来说,柱状晶粒的定向生长取决于凝固过程中的传热方向,柱状晶粒的生长属于典型的外延生长,生长方向与传热方向相反。同时,焊缝边缘处柱状晶的凝固结晶取向得到改变,大大提高了接头的焊接质量。

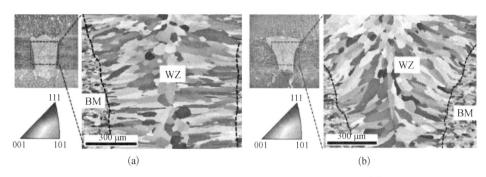

图 8.6　两种不同激光能量分布下焊缝的 EBSD 图像[6]

(a) 高斯能量分布;(b) 调制能量分布

　　焊前预热与焊后保温是更直接影响焊接冷却速度的方式。通过焊前预热可以整体加热铝合金板材的温度,预热后再进行激光焊接可以使焊缝处的冷却速度降低。而焊后保温的效果与其相似,焊后保温相当于给焊缝增加了一个缓冷机制,有助于焊缝缓慢冷却,从而改变铝合金焊缝的组织。Hekmatjou[7]采用不同温度对铝合金板材进行预热,预热温度分别为 25 ℃、150 ℃、250 ℃、300 ℃。结果表明,通过提高预热温度(preheating temperature,PHT)可以降低焊缝的凝固速率和冷却速率,可以使得熔合线处的结晶方式由预热温度为 25 ℃时的胞状晶转变为预热温度为 300 ℃时的等轴晶。而在铝合金激光焊接快速冷却的过程中,晶粒间容易残留未凝固的熔体。当晶粒之间的液体量足够多时,会形成一个薄的、连续的晶界膜。此时没有多余的熔体用于愈合裂缝,更容易使材料在凝固过程中发生开裂。由于细小的等轴晶粒间熔体补液容易,也更容易变形,其裂纹敏感性与柱状晶组织相比就更低,因此,等轴晶组织能够更均匀地分散残余熔体和焊接应力。预热温度低的焊缝中,柱状晶占主体,因此,易发生热裂;而预热温度高的焊缝中细小的等轴晶粒较多,在凝固后期形成了等轴晶的共格网络,从而提高凝固裂纹抗力,得到无热裂纹焊缝,如图 8.7 所示,其中 PHT 为预热温度。

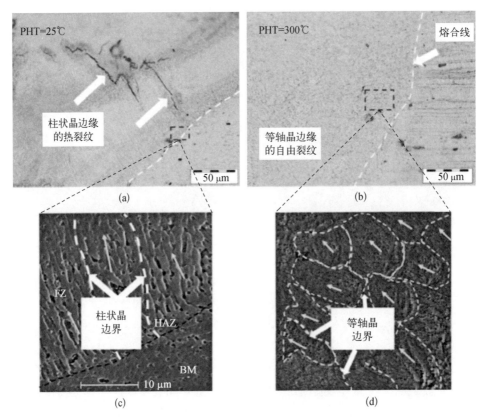

图 8.7　在不同预热温度下熔合线凝固方式的变化[7]

(a) 胞状晶结构；(b) 等轴晶结构；(c) 图(a)的局部放大图；(d) 图(b)的局部放大图

8.3.3　成分过冷

除了控制温度梯度与冷却速率外，影响焊缝晶粒组织状态的另一个重要因素是成分过冷，这是由材料本身特性所决定的。金属凝固时所需的过冷度，若完全由热扩散控制，这样的过冷称为热过冷，其过冷度称为热过冷度。纯金属凝固时就是热过冷。热过冷度 ΔT_h 为理论凝固温度 T_m 与实际温度 T_2 之差，即

$$\Delta T_h = T_m - T_2$$

但对于合金而言，在近平衡凝固过程中，溶质会发生再分配，从而在固-液界面的液相侧形成一个溶质富集区。液相成分的不同导致理论凝固温度的变化。当固相无扩散而液相有扩散的单相合金凝固时，界面处溶质含量最高，离界面越远，溶质含量越低，如图 8.8 所示。平衡液相温度 $T_L(x')$ 则与此相反，在界面处

最低;离界面越远,液相温度越高,最后接近原始成分合金的凝固温度 T_0。假设液相线为直线,其斜率为 m_L,纯金属的熔点为 T_m,凝固达到稳态时,固-液界面前沿液相温度为

$$T_L(x') = T_m - m_L C_L(x')$$

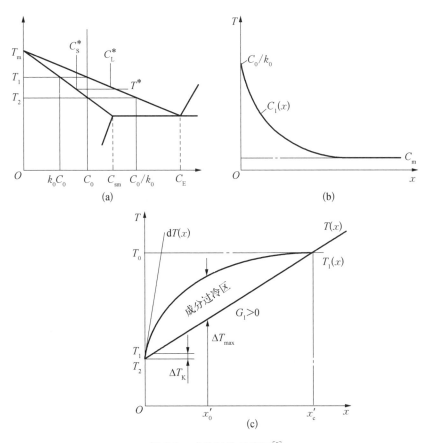

图 8.8　成分过冷示意图[8]

(a) 平衡相图;(b) 液相中溶质浓度变化曲线;(c) 成分过冷区

　　首先,因为合金在凝固过程中会发生溶质再分配,所以距离凝固液固界面前沿距离不同的部位的过冷度就有所差别。Fu 等[9]对激光焊接 2A97 铝锂合金的组织和力学性能进行研究。接头显示四个不同的区域,根据固有的微观结构特征进行分类即热影响区(HAZ)、部分熔化区(PMZ)、非枝晶等轴区(EQZ)和熔合区(fusion zone,FZ),FZ 的高倍显微照片显示,从熔合边界到中心,晶体形态按柱状晶、柱状枝晶和等轴枝晶的顺序变化。各个区域的代表性微观结构如

图 8.9 所示。在熔合边界附近,温度梯度(G)与结晶生长速率(R)的比值高,导致小的过冷,由于凝固时间很短,等轴晶粒呈球状生长。这是因为在晶粒相互接触之前来不及产生分支。FZ 中上述亚晶粒结构的形态取决于 G、R 和溶质偏析的相互关系,这可以用成分过冷理论来解释。随着远离熔合边界,G/R 变小,并且由于偏析,在前进的固-液界面之前液相线温度降低,这两者都会导致更高的成分过冷。随着成分过冷量的增加,晶粒形态从柱状晶粒到等轴枝晶变化。

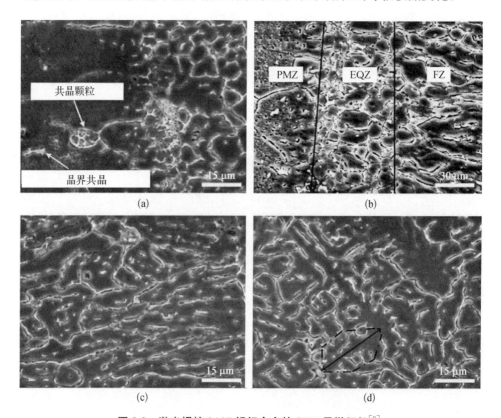

图 8.9　激光焊接 2A97 铝锂合金的 SEM 显微组织[9]

(a) PMZ;(b) EQZ;(c) FZ 柱状晶;(d) FZ 柱状枝晶与等轴枝晶

此外,当温度梯度和冷却速度一定时,焊接合金成分,尤其是对晶粒生长约束因子(growth restriction factor,GRF)有明显影响的主要合金元素,会对成分过冷产生明显影响。合金元素的 GRF 数值越大,越易于生成细小的等轴晶。Schimbäck 等[10]在铝合金中引入产生不同成分过冷效果的合金元素,并对比了激光焊接过程中的结晶模式。图 8.10 为 Al-1Sc-0.4Zr 基合金、Al-Mg-Sc-Zr-Mn Scalmalloy®、Al-Cr-Sc-Zr Scancromal®、Al-Ti-Sc-Zr Scantital® 的反极

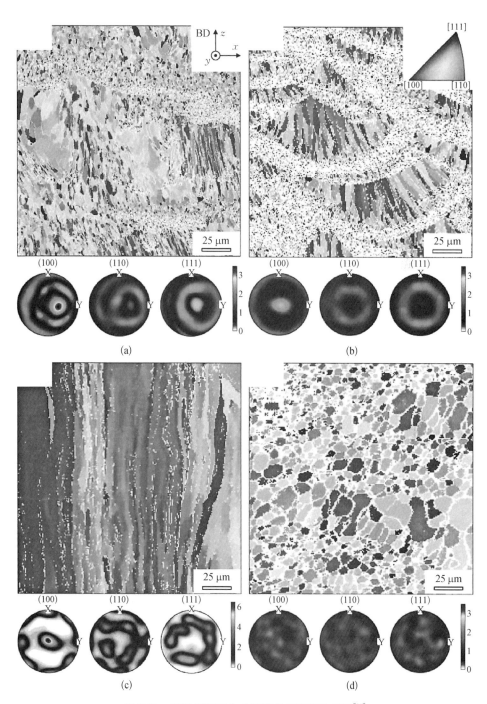

图 8.10　四种不同铝合金焊缝的反极图和极图[10]

（a）Al‑1Sc‑0.4Zr 基合金；（b）Al‑Mg‑Sc‑Zr‑Mn Scalmalloy®；（c）Al‑Cr‑Sc‑Zr Scancromal®；
（d）Al‑Ti‑Sc‑Zr Scantital®

图和极图。研究表明,Al-1Sc-0.4Zr 基合金的焊缝组织为典型的双峰显微组织[见图 8.10(a)],大部分为尺寸粗大的柱状晶,有一小部分细小的晶粒在熔池边界附近;而在 Al-Mg-Sc-Zr-Mn Scalmalloy® 合金中,Mg 为主要加入的合金元素。向基体合金中添加 Mg 会产生清晰的细晶粒区域的显微组织,晶粒尺寸为 500~700 nm,粗晶粒区域的柱状晶粒尺寸为 1~10 μm[见图 8.10(b)]。在粗晶粒区域内,〈100〉织构显示沿最高热梯度朝向熔池顶部结晶。在 Al-Cr-Sc-Zr Scancromal® 合金中,Cr 为主要加入的合金元素。使用 Cr 进行改性会使各个焊道上的晶粒产生外延生长,这导致在 Al 基体中沿焊缝熔深高度方向具有非常明显的〈100〉织构[见图 8.10(c)]。与 Al-Cr-Sc-Zr Scancromal® 相比,正如从 GRF 的高值预期的那样(见表 8.1),Al-Ti-Sc-Zr Scantital® 的微观结构显示出超细等轴微观结构,没有优选的结晶取向,平均晶粒尺寸约为 500 nm[见图 8.10(d)]。

表 8.1 所示为四种铝合金中合金元素的 GRF 值。很明显,以 Mg 和 Ti 为主要合金元素的 GRF 较大,其中,含 Ti 元素的 Al-Ti-Sc-Zr Scantital® 铝合金的 GRF 最大,对应的组织最细,且为无织构的等轴晶[见图 8.10(d)]。

表 8.1 含 Mg、Cr、Ti 等合金元素的 4 种铝合金[10]

合　　金	质量分数/%							
	Al	Mg	Cr	Ti	Sc	Zr	Mn	GRF/K
Al-1Sc-0.4Zr 基合金	余量	—	—	—	1.0	0.4	—	0.01
Al-Mg-Sc-Zr-Mn Scalmalloy®	余量	4.4	—	—	0.8	0.3	0.5	16.3
Al-Cr-Sc-Zr Scancromal®	余量	—	2.6	—	0.7	0.3	—	2.0
Al-Ti-Sc-Zr Scantital®	余量	—	—	1.0	1.0	0.4	—	18.4

8.3.4　外场辅助

除了以上影响因素,外部的一些辅助条件,如超声波、磁场等因素,均会对焊缝熔池产生搅拌作用,达到细化晶粒的效果。例如,在传统的电弧焊中加入超声波,可以吸引电弧实现电弧的左右摆动,造成熔池流动的变化,改变熔池中的温度梯度与冷却速率,从而获得凝固结晶方向时刻变化的焊缝。超声波在激光焊接铝合金中也具有类似的效果。哈尔滨工业大学的 Lei 等[11]针对 3 mm 的 5A06 铝合金,开展超声振动辅助激光填丝焊接实验研究。实验中通过将超声变幅杆与焊接试件直接接触,将超声波引入熔池。

图 8.11 所示为 5A06 铝合金在激光焊接过程中施加不同超声波变幅杆压力条件下焊缝的微观组织。在施加合适的超声波变幅杆压力下,柱状晶区逐渐缩小甚至消失,焊缝中心出现均匀而细小的等轴晶。超声波在熔池内传播时会引起空化效应、声流效应以及机械搅拌效应。这些效应既可以有效地提高熔池内的形核率,又可以促使晶粒的生长方式由柱状晶向等轴晶转变,具有细化晶粒的作用。

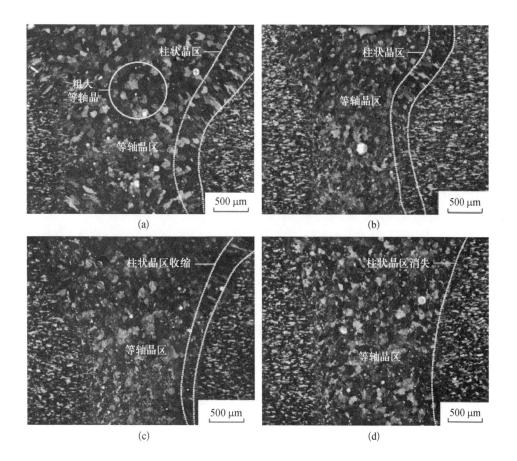

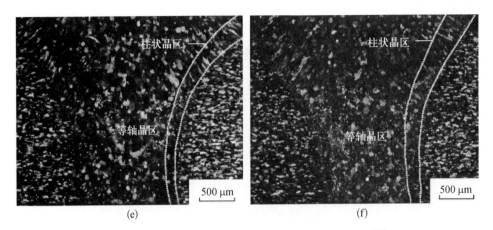

图 8.11 超声设备变幅杆压力对焊缝微观组织的影响[11]

(a) 0 N；(b) 62.9 N；(c) 100.5 N；(d) 125.7 N；(e) 188.6 N；(f) 251.4 N

外加磁场是调节焊接质量的一个重要方法，图 8.12 展示了 5A06 铝合金激光焊接接头上部截面的显微组织，柱状晶接近熔合线，等距线均匀分布在焊缝中心，如图 8.12(c)～(f)所示，与对照情况相比，在 238.1 mT 的外部磁场条件下，晶粒在一定程度上生长，低熔点共晶结构大量析出，这表明磁场确实对熔池内的成核和凝固结晶条件有影响[12]。根据形核理论、哈特曼流动特性和凝固机理，外部施加的磁场影响结晶组织的主要途径如下：焊接熔池中被抑制的马兰戈尼对流在结晶前沿表现出向下的移动性，使得主干难以破裂以刺激成核；热金属流对结晶前沿的冲刷作用较弱，降低了熔体平衡结晶温度，破坏了结晶前沿的稳定性，这种机制对元素扩散产生不利影响，导致晶界偏析更严重；感应电流在凝固系统中产生焦耳热，过冷度降低，结晶前沿稳定性减弱，固液共存区变宽，降低了初晶生长速率；在凝固结晶前沿存在的热电致对流（热-电磁对流）搅动了局部的液-固过渡区，极大地促进了形核。在一次结晶过程中，外场引起晶粒粗化和严重的晶界偏聚现象是熔体对流和传热条件变化的综合结果。余圣甫等[13]研究了旋转磁场对激光焊接 Al-12Si 合金显微组织的影响，研究发现，旋转磁场使激光焊熔池中的液态金属产生旋转运动，加强了熔池与母材、周围环境的热交换，增大了凝固界面前沿的成分过冷度，抑制柱状晶的形成。同时，旋转磁场对熔池液态金属的搅拌作用，使结晶前沿的柱状晶胞折断、运动、增殖，大大增加了熔池中的非自发形核质点，这两方面共同作用使激光焊缝金属的显微组织细化和均匀化。

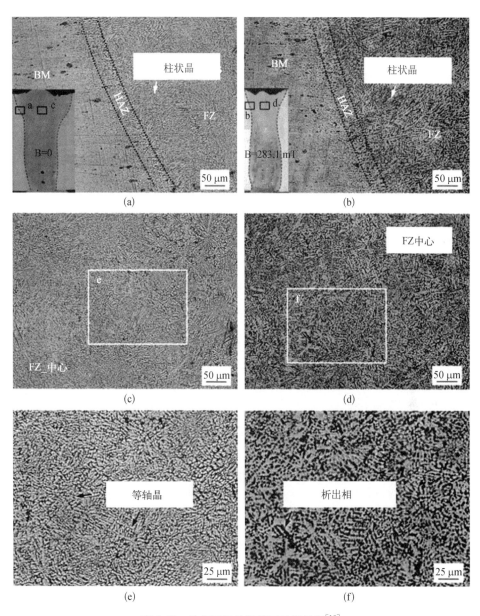

图 8.12　外加磁场的焊缝区显微组织[12]

（a）$B=0$ 时熔合线附近的焊缝显微组织；（b）$B=238.1$ mT 时熔合线附近的焊缝显微组织；（c）$B=0$ 时熔合区中心的显微组织；（d）$B=238.1$ mT 时熔合区中心的显微组织；（e）图（c）的局部放大图；（f）图（d）的局部放大图

8.4 本章小结

激光焊接铝合金过程中的晶体生长属于当前的热点研究问题之一,虽然对于焊缝中的组织表征已经非常成熟,但焊缝在凝固过程中结晶的理论还需要进一步完善,其缺陷形成机理和预防措施也需要后续研究。特别是激光焊接铝合金过程中,组织和缺陷形成机理的研究是激光焊接铝合金技术发展的基础和关键。

参考文献

[1] 陈丹,刘婷,赵艳秋,等.晶粒尺寸对双激光束双侧同步焊接接头力学性能的影响[J].中国激光,2021,48(10):196-203.

[2] Liu T, Zhan X H, Kang Y. The influence of thermal distribution on macro profile and dendrites morphology based on temperature field simulation of 6061 aluminum alloy laser welded joint [J]. Journal of Adhesion Science and Technology, 2020, 34 (19): 2144-2160.

[3] Gao M, Wang H K, Hao K D, et al. Evolutions in microstructure and mechanical properties of laser lap welded AZ31 magnesium alloy via beam oscillation[J]. Journal of Manufacturing Processes, 2019, 45: 92-99.

[4] Kou S. Welding metallurgy[M]. 2nd ed. Hoboken: John Wiley & Sons, 2003.

[5] Narsimhachary D, Bathe R N, Padmanabham G, et al. Influence of temperature profile during laser welding of aluminum alloy 6061 T6 on microstructure and mechanical properties[J]. Materials and Manufacturing Processes, 2014, 29(8): 948-953.

[6] Kang S, Shin J. The effect of laser beam intensity distribution on weld characteristics in laser welded aluminum alloy (AA5052)[J]. Optics & Laser Technology, 2021, 142: 1-10.

[7] Hekmatjou H, Naffakh-Moosavy H. Hot cracking in pulsed Nd: YAG laser welding of AA5456[J]. Optics & Laser Technology, 2018, 103: 22-32.

[8] Kou S, Le Y. Welding parameters and the grain structure of weld metal: a thermodynamic consideration [J]. Metallurgical Transactions A, 1988, 19 (4): 1075-1082.

[9] Fu B L, Qin G L, Meng X M, et al. Microstructure and mechanical properties of newly developed aluminum-lithium alloy 2A97 welded by fiber laser[J]. Materials Science and Engineering: A, 2014, 617: 1-11.

[10] Schimbäck D, Mair P, Bärtl M, et al. Alloy design strategy for microstructural-tailored scandium-modified aluminium alloys for additive manufacturing[J]. Scripta Materialia,

2022，207：114277－114283.

[11] Lei Z，Guo H，Zhang D，et al. Study on melt flow and grain refining ultrasonic-assisted laser filler wire welding process of 5A06 aluminum alloy[J]. Journal of Mechanical Engineering，2021，57(6).

[12] Chen J C，Wei Y H，Zhan X H，et al. Weld profile，microstructure，and mechanical property of laser-welded butt joints of 5A06 Al alloy with static magnetic field support [J]. The International Journal of Advanced Manufacturing Technology，2017，92(5/8)：1677－1686.

[13] 余圣甫,张友寿,雷毅,等. 非磁性合金激光焊旋转磁场搅拌机理[J]. 焊接学报,2006,27(3)：109－112.

第**9**章 激光增材制造过程中的晶体生长研究进展

激光增材制造是近几十年发展起来的一种先进金属快速成型工艺,具有成品材制柔性高、制造周期短、成形不受材料及形状限制等显著优势,已成为航空航天、航海、核电及生物医疗等领域的前沿制造技术。本章介绍了激光增材制造的基本原理,归纳总结了钛合金、铝合金以及镍基合金激光增材制造过程中的晶体生长,特别是工艺参数对增材制造结晶组织影响的研究进展。

9.1 引言

激光金属增材制造技术是一种典型的快速成型工艺,也称为 3D 打印技术。增材制造是以激光束(或电子束、离子束、电弧)作为能量源,三维管理软件计算机辅助设计(management software computer aided design,MS‐CAD)数据模型为基础,将金属粉末或丝材逐层沉积而形成三维零件的技术。增材制造过程通常通过层构增材的方式实现,与传统的减材制造方式相反。与传统制造技术相比,增材制造技术具有周期短、成形不受材料及形状限制等特点,材料柔性高,适合制造复杂结构零件,也可用于损伤零件的快速修复,在航空航天、航海、核电及生物医疗等领域具有广阔的应用前景。由于激光增材制造过程中激光束能量密度集中,熔池温度梯度大,凝固过程中冷却速率快且热流方向性强,许多研究证实,凝固结晶机制是在已有合金层上的外延生长与形核‐结晶混合。该过程决定了构件的凝固组织,进而影响其服役性能。因此,这一快速凝固过程的影响因素非常重要,已开展了大量研究。李怀学等[1]利用激光增材技术制备 Ti‐6Al‐4V 合金,研究表明其存在明显外延生长,组织为柱状晶,平行和垂直生长方向的组织呈现各向异性。陈源等[2]研究表明,当激光束沿激光扫描方向(scan direction,SD)顺时针偏转时会提高凝固过程中二次树枝晶的生长,提高树枝晶间的连接,增加裂纹扩展的阻力。Gu 等[3]研究表明,激光功率的不断提高在决定 TiC 晶体形态方面发挥了重要作用,随着激光功率的不断增加,TiC 晶粒的形态经历了从层状到八面体,再到截断的近八面体,最后到近球形的连续变化。下面介绍激光增材制造基本过程,举例介绍钛合金、铝合金以及镍基合金增材制造过程中的晶体生长,包括工艺参数对激光增材制造结晶组织影响、晶体生长的研究进展。

9.2　激光增材制造基本过程

金属激光增材制造技术是一种自由度很高的制造技术,通过基于数字模型的层状沉积策略构建三维金属物体[4]。增材制造技术的独特之处在于它可以在不需要模具的情况下建造构件,材料浪费较少。激光增材制造方式主要分为两类:直接激光沉积技术和激光选区熔融技术,这两种技术分别是激光定向沉积增材制造和激光粉床增材制造,可以使形状复杂的精密构件快速成型。这两种技术都是利用激光热源实现材料的熔化和结晶。在激光粉床熔融增材制造过程中,一层金属粉末均匀铺在激光工作区上,移动激光热源基于数字模型扫描,固化第一层材料。然后,工作台降低,继续用刮板将金属粉末铺在激光工作区上,重复这个铺粉烧结过程,直到零件完全建成,如图 9.1(a)所示。在激光定向沉积

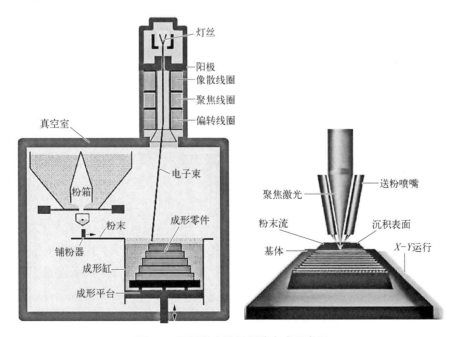

图 9.1　不同激光增材制造方式示意图

(a)铺粉式增材制造示意图;(b)送粉式增材制造示意图

增材制造过程中,当沉积头和激光在工件上同步移动时,基于数字模型,将金属粉末或金属线形式的材料注入激光加热区。当热源移动时,会产生一个熔池,从而实现逐层制造工件,如图9.1(b)所示。

9.3 钛合金增材制造过程中的晶体生长

钛合金通常用于国防装备以及航空航天等重大装备制造。在增材制造技术出现之前,大型钛合金构件采用传统制造技术,需要大型锻造工业装备和大型模具,相关加工设备制造技术难度大、投资大,导致钛合金构件在实际生产过程中材料利用率低,制造周期长,成本居高不下。增材制造技术与钛合金构件生产结合后,具有短周期、低成本优势的大型关键钛合金构件激光增材制造技术尤其适合于重大装备中钛合金大型复杂关键结构件的制造,代表着重大装备大型关键金属构件先进制造技术的发展方向,目前已经成为国际前沿研究热点方向之一。下面将简单介绍钛合金的典型激光成型结晶组织及其影响因素。

9.3.1 激光功率对结晶组织的影响

下面以Ti-6Al-4V合金激光立体成形件为例进行介绍[5]。激光立体成形TC4钛合金试样宏观组织由两部分组成。基材底部和中部由贯穿多个熔覆层呈外延生长的粗大β相柱状晶组成,柱状晶主轴基本沿激光沉积方向,并略向光束扫描方向倾斜。成形试样顶部为等轴晶组织,即在沉积层顶部发生了转变。熔池中的结晶组织大部分处于柱状晶生长范围内,仅在熔池顶部出现柱状晶向等轴晶转变的情况。Ti-6Al-4V合金激光快速熔凝得到的初生β相柱状晶在随后的冷却过程中还将发生β相向α相的固态相变。成形件的最终微观组织是由初生β相柱状晶、与初生β相晶粒具有一定位相关系的大量的魏氏α相板条和一定体积分数的板条间β相组成。另外,由于结晶偏析,初生β相晶界通常具有更高的溶质饱和度。因此,在冷却过程中,α相通常在初生β相晶界首先形核析出,随后部分α相团束沿着初生β相晶界析出向晶内生长。在接近重熔区的部分,由于热影响区的作用,β相晶内α相板条局部容易达到快速粗化温度而明显粗化,进而使层带现象更明显。合金显微硬度随激光功率的增大而增大,各激光功率下的显微组织如图9.2所示。

激光立体成形过程中高能激光束会导致快速加热和快速冷却,使成形件的结晶组织容易出现过饱和的亚稳态特点。激光立体成形 Ti-6Al-4V 合金退火后的微观组织是由不同取向相互交叉的魏氏 α 相板条和板条间 β 相组成。与沉积态的组织相似,在晶界同样可见少量 α 相集束,同时可以观察到,退火处理对晶界的连续性没有影响。与沉积态组织相比较,针状 α 相的体积分数增加了,α 相板条有了一定程度的粗化,同时,α 相板条的长宽比也减小了。

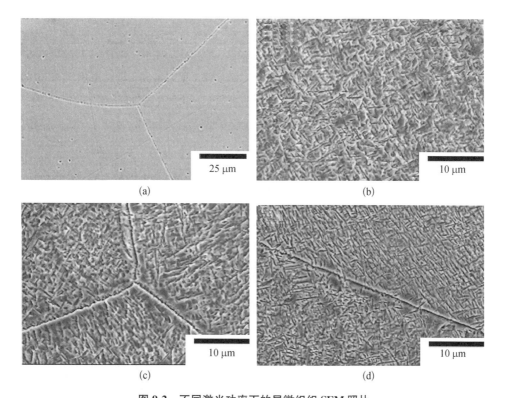

图 9.2　不同激光功率下的显微组织 SEM 照片

（a）2 450 W,顶层区域；（b）2 450 W,中间区域；（c）2 100 W,中间区域；（d）1 800 W,中间区域

9.3.2　沉积率对结晶形核的影响

由上可知,钛合金激光增材制造过程中,移动熔池结晶存在池底外延生长和熔池表面异质形核主导的两种结晶方式,如图 9.3 所示。有学者[6-7]研究了钛合金增材制造中的晶粒形貌控制。等轴晶在部分熔融粉体上的非均质形核和柱状晶在池底的外延生长是两种主要的结晶机制。熔池内两种结晶机制之间的竞争主导了晶粒形态选择过程,并决定了逐层沉积构件的沉积态晶粒组织。在激光

功率、光束直径和光束扫描速率等所有激光沉积工艺参数不变的情况下,采用单轨激光熔积实验,研究激光诱导局部熔池结晶成核和生长机理随质量沉积速率的变化规律。基于局部熔池结晶机制,对逐层沉积钛合金构件的沉积态晶粒结构和晶粒形态选择行为进行综合研究,提出了 3 种代表性沉积态晶粒形貌的相应晶粒形貌选择机制。

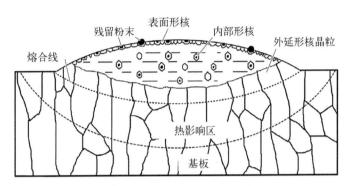

**图 9.3 激光增材制造过程中移动熔池池底外延生长与
熔池表面异质形核结晶机制示意图**

(1) 低质量沉积速率导致熔体过热度高,贯入重熔大,有效消除表面非均质形核和高温梯度,抑制了表面的非均质形核,促进了底部晶粒外延生长柱状晶粒的形成。当穿透深度超过等轴晶厚度时,会产生全柱状晶粒结构,如图 9.4 所示。

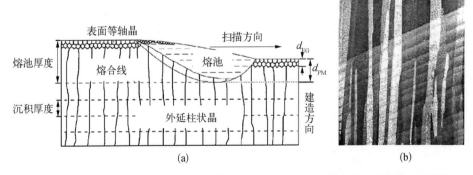

图 9.4 钛合金构件激光逐层熔化沉积增材制造过程全柱状晶形成机制及其组织照片

(a) 全柱状晶组织形成示意图;(b) 全柱状晶凝固组织照片

(2) 高质量沉积速率导致熔体温度低,粉末熔融不足,表面和内源性非均质形核位置高,抑制了外延生长,有利于细小近等轴晶粒的形成,如图 9.5 所示。

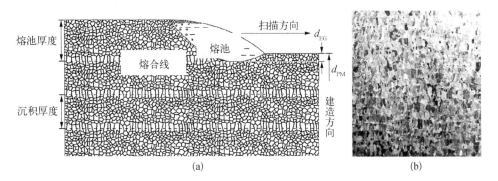

(a)　　　　　　　　　　　　　　　(b)

图 9.5　钛合金构件激光逐层熔化沉积增材制造过程等轴晶形成机制及其组织照片

（a）全等轴晶组织形成示意图；（b）全等轴晶凝固组织照片

（3）通过调整质量沉积速率，可以制备出全柱状、近等轴状和独特的"钢筋混凝土状"混合晶粒组织，如图 9.6 所示。

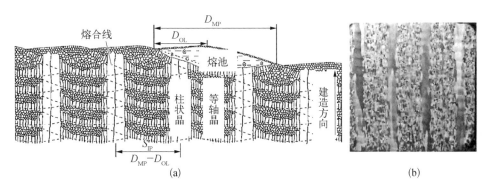

(a)　　　　　　　　　　　　　　　(b)

**图 9.6　钛合金构件激光逐层熔化沉积增材制造过程柱状晶‑等
轴晶混合晶粒组织形成机制及其组织照片**

（a）"钢筋混凝土状"柱状晶‑等轴晶混合凝固晶粒组织形成示意图；（b）"钢筋混凝土状"柱状晶‑等轴晶混合凝固晶粒组织照片

9.3.3　层间冷却条件对结晶形核的影响

由于增材制造过程的凝固组织对于温度场以及热历史的分布敏感，因此，在不同的冷却条件下，组织的形态特征会发生改变。大型钛合金构件存在构件不同位置经历的层间冷却不同的问题，该问题将导致增材制造过程中温度场分布和热循环过程不同，从而影响最终的结晶组织特征和力学性能。刘炳森[8]等研究了不同层间冷却条件对 TC17 β 型高强钛合金微观组织的影响。两种不同层间冷却的激光增材制造 TC17 钛合金沉积态晶粒组织如图 9.7 所示。试样 A 和试样 B 分别采取的层间冷却时间为 0 min 和 3 min。在试样 A 中观察到 β 晶粒呈现柱状晶-等轴晶交替形貌,在试样 B 中可观察到"波浪形"的热影响条带形貌,此时层间冷却显著影响已沉积层各位置的热历史,导致条带上下的 α 相尺寸与形貌不同,宏观表现为热影响条带,而试样 A 内热输入稳定,α 相可以充分生长,宏观上不表现为热影响条带。

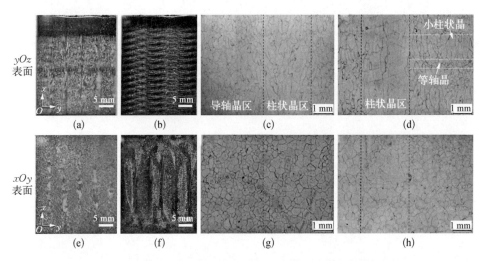

图 9.7 不同层间冷却的激光增材制造 TC17 钛合金的微观组织图

(a)(c)(e)(g) 试样 A;(b)(d)(f)(h) 试样 B

沿沉积方向看,试样 A 内部为柱状晶和等轴晶交替排列的形貌,试样 B 出现了取向一致的粗大柱状晶区以及柱状晶和等轴晶交替排列的"竹节状"混合晶粒区。这是因为随着层间冷却时间增加,上一个沉积层的温度大大降低,当前沉积层与已沉积层沿沉积方向的温度梯度和凝固速度增大,晶粒生长的择优取向更加明显。熔池搭接处生成沿最大热流方向的柱状晶粒,晶粒在吞并周围的小晶粒后,形成贯穿熔池的粗大柱状晶,熔池中间区域为底部外延生长的柱状晶和顶部未完全重熔的等轴晶交替形成的"竹节状"晶粒形貌。

9.3.4 变质剂对结晶形核的影响

由于增材制造过程沿沉积方向存在巨大温度梯度,钛合金微观组织主要由贯穿熔池的粗大 β 柱状晶组织和针状、片状以及网状的 α 相组成。最终构件的强度、硬度很高,但塑性和韧性较差,不同方向的力学性能各向异性较大。在钛合金增材制造过程中加入变质剂,利用变质剂对微观组织的细化作用,可以有效改善组织粗大、力学性能各向异性突出以及塑性较差等问题。

　　有学者[9-10]在激光熔覆的 TC4 钛合金中分别加入 B 和 Si 作为变质剂,研究变质剂单独作用以及和感应加热共同作用下对微观组织的影响。如图 9.8 所示,添加 B 后,原本贯穿熔池的长条柱状晶消失,晶粒的长度小于 100 μm,宽度为 10~25 μm,未加入变质剂的 TC4 晶粒长为几毫米到几十毫米,宽度为 0.1~0.3 mm。沉积态的组织为片状 α 相和 β 基体。B 对钛合金晶粒的细化机制如图 9.9 所示。凝固过程中 B 在固/液界面富集[见图 9.9(a)],形成局部的成分过冷,增加了熔池的形核率[见图 9.9(b)]。在凝固末期,残余的 B 元素与熔体在晶界处发生共晶反应,产生的 TiB 第二相成为晶粒生长的阻力。图 9.10 为不同感应温度下 TC4 钛合金的组织形貌图。当 B 元素的添加和对熔池的感应加热同时进行时,随着感应加热温度的增大,柱状晶变细、变短。当感应加热温度为 500 ℃ 和 700 ℃时,熔覆层的组织呈典型的网篮组织。900 ℃感应加热温度下的熔覆层组织介于网篮组织和魏氏组织之间。这是由于感应加热使熔体升温,减小了熔池内部的温度梯度,促进了组织从柱状晶到等轴晶的转变,而等轴晶对柱状晶的生长产生抑制作用,粗大柱状晶被截断,从而起到晶粒细化的作用。

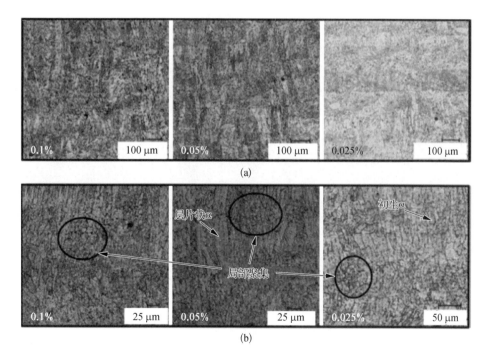

图 9.8　不同 B 含量下 TC4 钛合金的组织形貌

(a) 放大 200 倍;(b) 放大 500 倍

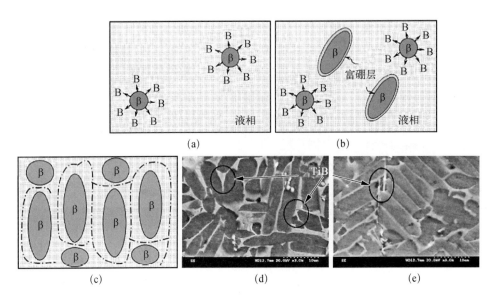

图 9.9　B 对钛合金晶粒的细化机制

(a) β 相形核;(b) B 富集在固-液界面;(c) 共晶反应;(d) 沿晶界析出硼化物

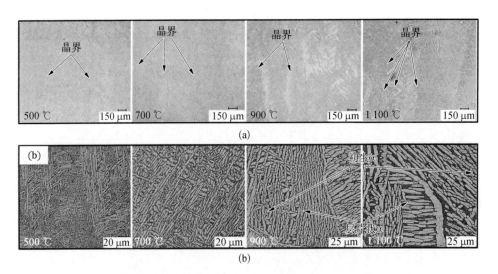

图 9.10　不同感应温度下 TC4 钛合金的组织形貌

(a) 放大 200 倍;(b) 放大 500 倍

　　Si 元素与 B 元素对微观组织的细化机制类似。在激光熔覆沉积过程中,粉末在激光照射下熔化,成为液相,此时 Si 原子能够在液相中完全溶解。熔池温度降低,TC4 钛合金熔体开始凝固,熔体中出现 β 相的晶核,溶质 Si 被排除并富集在固-液界面的前沿,引起成分过冷和界面失稳,液相中会出现更多的 β 相晶核。由 Ti-Si 相图可知,富集在 β 相前沿的液相 Si 将与剩余的少量液相发生伪共晶反应,生成 Ti_3Si_5 粒子,再经包析转变生成 Ti_3Si。因此,硅化物一般都是沿着晶界析出,当温度降低到相变点之下时,β 相转变为 α 相。然而,当 Si 的加入量过大时,在凝固的过程中会析出较多的硅化物,这会减小 Si 在成分过冷时的含量,从而降低成分过冷的程度,阻碍 β 相的形核。因此,Si 对钛合金的晶粒细化存在临界点,超过临界点后,继续增加 Si 的含量,晶粒尺寸基本不发生变化。试验中 Si 含量的临界点约为 2%。

9.4　铝合金增材制造过程中的晶体生长

9.4.1　Al-Si 合金典型结晶特征

铝合金的激光熔化增材制造存在易开裂等技术难点,Al-Si 合金作为一种已经较为成熟的铝合金 3D 打印粉末,常常用作 3D 打印研究的材料。帅三三等[11]采用喷粉式脉冲激光熔化 3D 打印工艺,选取 Al-Si 合金这一热物性参数较为完备的研究对象,研究了在无磁场以及外加横向稳恒磁场下的结晶组织。实验所用粉末为 Al-12% Si 合金粉,其成分(质量分数)如下: Si 12.00%,Fe 0.18%,Cu 0.03%,Zn<0.01%,Mn<0.01%,Mg<0.01%,Al 余量。

图 9.11 为不加磁场的情况下激光单道次扫描 Al-Si 合金薄壁纵截面顶部、中部和底部的微观组织图。在试样的不同高度,灰暗区内的组织存在差别。如图 9.11(c)所示,在无磁场作用下,靠近试样的底部区域,灰暗区存在斜向上弧状界面,称为“珠状界面”,不连续的激光使得每一层由一颗颗熔池液珠叠加,从而形成了该界面,实际上也是重熔界面。在试样的底部区域,α-Al 相组织主要以柱状枝晶为主,方向垂直于珠状界面生长。这是由于最初几层在打印时,基板可以作为散热块,吸收大量热量,熔池结晶速率会相对较快,下一道激光打下来时,已结晶的组织上会形成一个重熔界面。

当成型到一定高度时,灰暗区的组织形貌如图 9.11(b)所示,珠状界面逐渐消失,灰暗区内的 α-Al 相主要转变成柱状,方向沿着沉积方向竖直往上。如图 9.11(e)所示,经放大观察后,枝晶间区域存在非常细小且致密的共晶组织。在未施加磁场条件下,试样中部的柱状晶一次枝晶臂非常发达,二次枝晶臂较短,无明显三次枝晶臂的存在。这是由于随着沉积厚度的不断增加,伴随着熔覆高度的提高,基板的温度也随之提高。由于单道薄壁的沉积特性,热量只能通过已结晶的区域传递到基板再散出。这就导致熔池的结晶速率减慢,熔融材料难以在脉冲激光的停

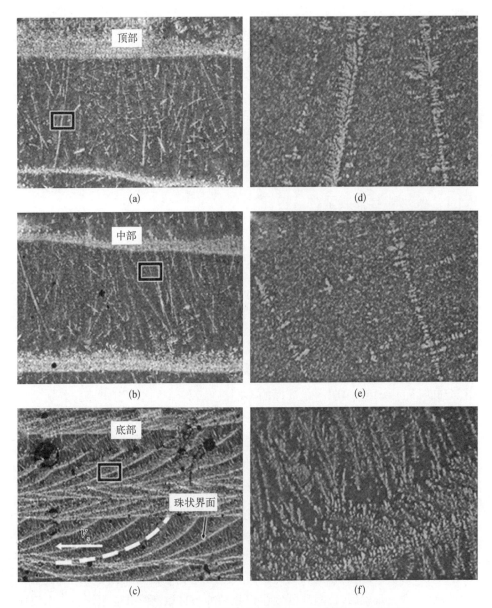

图 9.11　激光熔化 Al‑Si 试样不同位置的光学显微照片(无磁场)

(a) 无磁场宏观区域图,顶部;(b) 无磁场宏观区域图,中部;(c) 无磁场宏观区域图,底部;(d) 图(a)的局部放大图;(e) 图(b)的局部放大图;(f) 图(c)的局部放大图

顿间隙完全结晶,珠状界面消失,而且柱状晶区域得到进一步发展。

如图 9.11(a)所示,在试样顶部,随着沉积高度的进一步提高,灰色区域 α-Al 相依然以竖直向上的柱状晶为主,同时伴随着极少量的等轴晶。如图 9.11(d)所示,α-Al 相仍以大量柱状枝晶为主要形貌。这主要是由于试样顶部距离基板较远,热量难以沿着结晶薄壁传导到基板,大部分热量在传递过程中从空气中散失,冷却速度进一步降低。

9.4.2　磁场对 Al-Si 合金结晶行为的影响

图 9.12 为在外加磁场强度为 0.35 T 的情况下,激光单道次扫描 Al-Si 合金薄壁纵截面顶部、中部和底部的微观组织图。如图 9.12(c)所示,0.35 T 磁场下试样底部区域同样存在珠状界面,此时垂直于珠状界面的柱状枝晶消失,由分布于珠状界面周围的大量等轴状 α-Al 相组织所代替。对比图 9.11(f)和图 9.12(f)可知,虽然柱状晶向等轴晶的转变不是非常显著,但是也可以明显发现柱状晶向等轴晶转变的趋势,部分区域形成了等轴晶组织,枝晶结构更加复杂多样。

在施加 0.35 T 的磁场强度后,试样中部区域特征如图 9.12(b)和图 9.12(e)所示,α-Al 相的组织同样发生了很大的变化,灰暗区域中沿激光扫描方向竖直向上生长的柱状枝晶消失,由取向不明显、细小杂乱的等轴状组织所代替,等轴晶组织的尺寸也得到细化。

在施加 0.35 T 的磁场强度后,试样顶部区域组织特征如图 9.12(a)和图 9.12(d)所示。组织特征在试样顶部与中间区域是比较类似的:一次枝晶臂被打断,定向生长的柱状枝晶消失,转变成等轴生长枝晶,而且二次枝晶臂和三次枝晶臂变得更发达。

综合来说,对比图 9.11 以及图 9.12,无磁场作用时,在试样的不同位置,大量 α-Al 相的主要形貌是柱状枝晶;在 0.35 T 的磁场强度下,大量 α-Al 相的主要形貌是等轴晶,说明磁场从一定程度上促使柱状晶向等轴晶转变。

实验结果表明,磁场的引入不仅使 α-Al 相由柱状晶向等轴晶发生转变,同时也促进了高次枝晶臂的发展。这有两方面原因:① 由于在结晶时,传热往往沿着与沉积方向相反的方向,较高的温度梯度使得最先析出的初生相沿着与传热方向相反的方向竖直生长;② 熔体中存在剧烈的对流,枝晶主干周围排出的溶质被快速带离固-液界面处,使得高次枝晶臂生长受到抑制。下面将进行详细介绍。

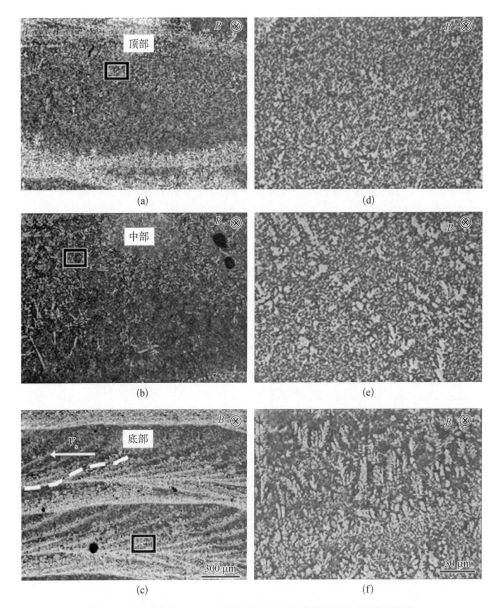

图 9.12　激光熔化 Al‐Si 试样不同位置的光学显微照片(有磁场)

(a) 有磁场宏观区域图,顶部;(b) 有磁场宏观区域图,中部;(c) 有磁场宏观区域图,底部;(d) 图(a)的局部放大图;(e) 图(b)的局部放大图;(f) 图(c)的局部放大图

　　在结晶过程中前沿界面为非等温界面,熔池的固‐液界面存在很大的温度差 ΔT,导致固‐液两相具有不同的热电势 η_s 和 η_L(η_s 和 η_L 分别为固体和液体的

热电势）。由于合金中初生相和熔体都是导电体，把固-液界面前沿的局部区域看作闭合回路，在枝晶上、下端产生热电势差 $\Delta V = (\eta_s + \eta_L)\Delta T$，从而形成热电流 J_{TE}［见图 9.13(a) 和 (b)］，在外加磁场 B 的作用下产生热电磁力 F_S，作用于初生 α-Al 枝晶上的热电磁力 F_s 为

$$F_s = J_{TE} \times B \tag{9.1}$$

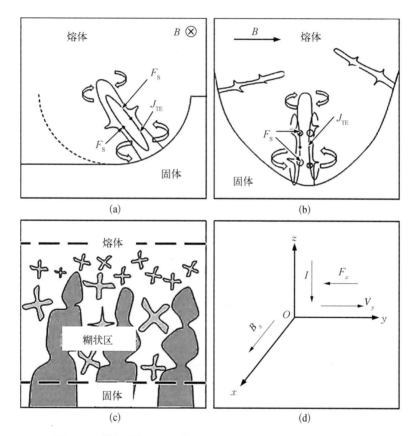

图 9.13　横向稳恒磁场下熔池中热电磁力对枝晶的影响示意图

式 (9.1) 显示热电磁力随着磁场强度的增强而增大。激光熔化增材制造的温度梯度通常为 10^6 K/m，通过式 (9.1) 计算，可以估算初生 α-Al 相在施加 0.35 T 稳恒磁场时，所受到的热电磁力可达 1×10^5 N/m³ 量级，这个力足以使部分枝晶或枝晶臂发生断裂。

此外，磁场会使合金熔体的流动更为充分，从而改变熔体的溶质分布和温度分布，进而影响结晶后的微观组织结构。磁场对熔体流动会产生两种作用：

磁阻尼作用和热电磁对流作用。当施加 0.35 T 静磁场时,激光熔化增材制造 Al - Si 熔池中磁场主要对熔体起到了磁阻尼作用。磁阻尼作用的原理如图 9.13(d) 所示,磁场抑制熔体对流的作用机理如下:假设磁场强度方向为沿 x 轴的正向,液态金属以 y 的速率沿着 y 轴正向流动,根据右手定则可知,感应电动势 B 沿 z 轴方向,从而可以得到沿 z 轴的负方向感应电流 I;根据左手定则可知,感应电流与磁场相互作用会产生一个与熔体流动方向 y 相反的洛伦兹力 F_x,这个力会使熔体的流动减弱,从而起到抑制熔体流动的作用。这个力的大小可以表示为

$$F_x = -\sigma\mu_0 V_y B_x^2 \tag{9.2}$$

式中,μ_0 为熔体的磁导率;B_x 是沿着 x 方向的磁场强度。

从式(9.2)中可以看出,磁场强度越大,熔体所受的洛伦兹力也越大,因此,施加强磁场可以有效地抑制熔体的对流。当施加 0.35 T 的静磁场时,静磁场对熔池结晶过程中的熔体流动具有强烈的抑制作用。当初生相 α - Al 的枝晶生长趋势因热电磁力被阻碍后,会发生等轴生长,当等轴晶生长达到稳定性的阶段时,次枝晶臂的发展就得到了进一步的促进。

9.5 镍基合金增材制造过程中的晶体生长

9.5.1 Inconel 625 合金柱状晶生长行为特征

有学者针对镍基合金 Inconel 625 在送粉式增材制造过程中柱状晶的生长方式进行了研究[12]。对于镍基合金而言,柱状晶生长方式关系到材料的微观组织特征和力学性能。采用激光增材制造技术制备的成形件的柱状晶生长方式为外延生长,生长方式不同于等轴晶且具有一定的优势:外延柱状晶的晶粒取向平行于一次晶轴,这能减少与主晶轴垂直的横向晶界和偏析。这种晶轴的生长方式有利于提高合金成形件的高温强度、疲劳性能、蠕变性能、耐腐蚀性能与抗氧化性能等使用性能,从而延长使用寿命。

激光熔覆第一层的过程与传统的表面熔覆技术类似,熔池的热量可以通过基材表面传导到整个基材,通过二维传递快速散热。在快速二维传递导热的情况下,沉积层会经历快速熔凝过程,根据过冷理论,沉积层内部会形成大量等轴晶;同时在熔覆的过程中,熔池的热量还可以向上通过气体对流和直接辐射的方式传递出去,因此,沉积层的上表面也会出现一层薄薄的等轴晶层。从图 9.14

中能明显发现柱状晶主要是垂直于扫描方向形成的,且呈现出连续不间断的分布类型。图 9.15 所示为当沉积层数分别为 2 层、6 层时,激光增材制造成形件纵截面宏观金相。由图 9.15(a)可以看出,柱状晶的形成方向与实验扫描方向偏差很小,几乎平行,但是通过进一步的熔覆沉积后,柱状晶形成方向与实验扫描方向的偏差开始变大,最后出现约 65°的偏差。主要原因是当熔覆沉积层数较少(1~2 层)时,扫描过程中心熔池热量的散热途径主要是通过基材本身进行二维平面传递,此过程中柱状晶的形成方向主要是沿热流反方向,所以才会出现如图 9.15(b)所示的柱状晶形成方向与实验扫描方向基本一致的情况。但当沉积层数逐渐增加,沉积高度达到一定值时,激光增材制造过程中的熔池热量散热传导方式由二维平面传导转变为一维纵向传导。

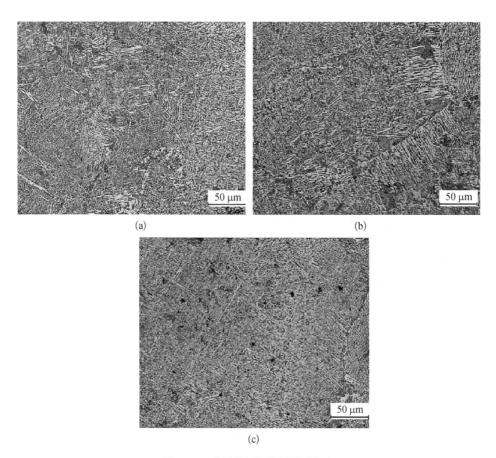

(a)　　　　　　　　　　(b)

(c)

图 9.14　成形件不同位置微观组织

(a)顶部微观组织;(b)中部微观组织;(c)底部微观组织

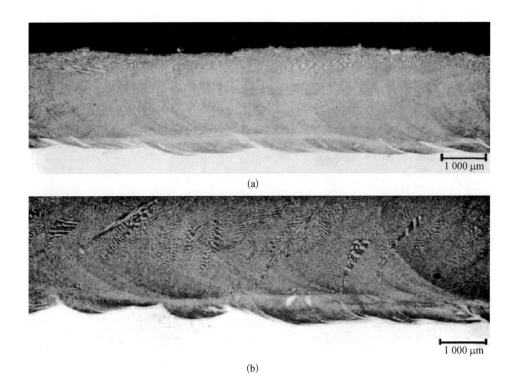

图 9.15　不同层数成形件纵截面宏观金相

(a) 2 层；(b) 6 层

9.5.2　功率对柱状晶生长的影响

　　如图 9.16 所示，样品取样位置为平行激光方向切割，当激光功率 P 大于 1 800 W 时，纵截面微观金相显示主要为细长柱状晶，柱状晶外延方向为与扫描方向呈 60°角。当功率 $P=1$ 500 W 时，纵截面微观金相显示主要为短小的柱状晶，且其在沉积层间转向生长。这主要是由于在增材制造过程中，前一沉积层上部的转变层厚度大于 1 500 W 激光辐射热输入的重熔深度，在熔覆沉积当前层时不能把前一层的转变层完全重熔，熔池中的形核质点不够，因此，柱状晶不能充分外延生长。此外，随着激光功率的变大，柱状晶粒宽度尺寸也相应变大。

9.5.3　扫描速度对柱状晶生长的影响

　　图 9.17 所示为四种不同扫描速度下截面的宏观金相，当扫描速度从 0.6 m/min 增加到 1.2 m/min 时，柱状晶的尺寸宽度也随之减小。图 9.17 所示

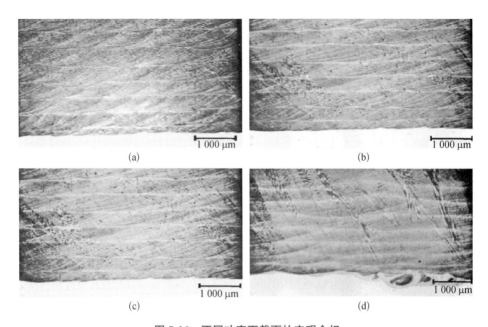

图 9.16　不同功率下截面的宏观金相

（a）1 500 W；（b）1 800 W；（c）2 100 W；（d）3 000 W

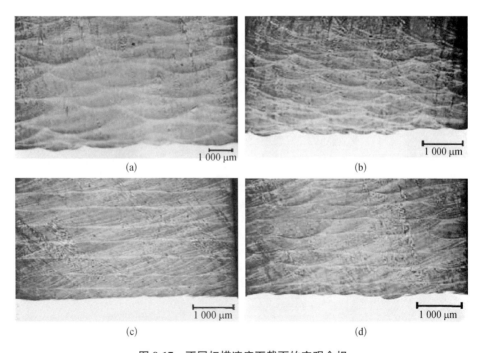

图 9.17　不同扫描速度下截面的宏观金相

（a）0.6 m/min；（b）0.8 m/min；（c）1.0 m/min；（d）1.2 m/min

为不同扫描速度获得的宏观金相,由图可见,当扫描速率从 0.6 m/min 增加到 1.2 m/min 时,柱状晶与激光器扫描方向夹角从 60°逐渐增加到接近 90°。这种柱状晶夹角随着扫描速率增加而增加的现象,主要是由熔覆沉积过程中熔池形状改变造成的。一般来说,熔覆沉积过程中枝晶的形成方向与热流的方向相反且平行,同时,枝晶会在此过程中择优生长,与熔池的上表面方向接近。在实验中,当扫描速率从 0.6 m/min 增加到 1.2 m/min 时,基材所获得的线能量减小,因此,熔池的温度场也减小,熔池的形状发生改变(由深且宽转变为浅且窄),熔池固液面与扫描方向夹角变小,柱状晶生长方向逐渐平行于扫描方向的法线方向;反之,当扫描速率减小时,柱状晶生长方向逐渐垂直于扫描方向的法线方向。

9.5.4 扫描模式对结晶组织的影响

扫描模式决定激光束在单层以及层间的运动轨迹,扫描模式包含开口距离、扫描策略以及层间转角三个主要参数。开口距离是指相邻两层焊缝的垂直距离,过大的开口距离会导致熔池不连续,而过小的距离会导致能量过量输入,影响样品的孔隙度和粗糙度。扫描策略是指在单层内激光束的运动轨迹,常见的扫描策略如图 9.18 所示,不同的扫描策略影响从激光束到金属粉末的能量输入,进而影响金属粉末的熔化和凝固行为以及最终的微观组织。

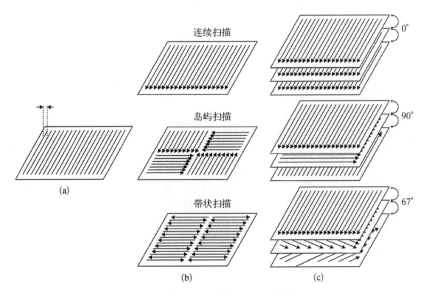

图 9.18 增材制造中常见的扫描策略

(a) 开口距离;(b) 扫描策略;(c) 层间转角

　　研究发现,连续扫描的方式更容易得到沿特定方向的柱状晶组织,岛屿扫描得到的晶粒组织具有最高的各向同性和最低的残余应力。Mclouth[13]等研究了 Inconel 718 镍基合金激光增材制造过程中扫描策略对晶粒生长方式的影响。在增材制造的初期,晶粒生长具有与扫描方向平行的强烈倾向,从而产生与扫描方向平行的{100}织构。随着晶粒的生长,根据温度梯度方向的变化,晶粒生长的方向与堆叠方向更加一致。由于温度梯度方向的改变以及凝固前沿速度的增加,熔池边缘快速凝固,这有利于细小晶粒的成核。随着晶粒向内生长和温度梯度的变化,晶粒成核率降低。熔池中心作为最后的凝固位置,形成了穿过熔池的细长晶粒,如图 9.19(a)所示。基于岛屿扫描策略的微观组织如图 9.19(b)所示,从极图中可以看出,第二个扫描方向的引入产生了第二个主导极点,极图中的三个峰值分别对应两个扫描方向和堆叠方向(build direction,BD)。岛屿的双向扫描抵消了相反方向的相邻扫描,产生了一个与构建方向平行的温度梯度,而不是让单一的扫描方向占主导地位。层与层之间的交替,通过减少相互平行的

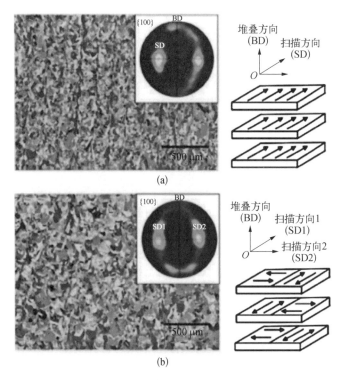

图 9.19　两种扫描策略下样品的反极图和极图

(a) 连续扫描;(b) 岛屿扫描

相邻扫描的数量,进一步促进了抵消的效果,创造了多个晶粒生长的方向,削弱了整体的结晶织构。此外,带状扫描微观组织的各向同性介于连续扫描与岛屿扫描之间,并且增大开口间距有助于减少织构。

Nadammal[14]等研究了不同的层间旋转角度对 Inconel 718 镍合金增材制造晶粒组织的影响。实验中单层的扫描策略相同,层间夹角分别设置为 0°、90°和 67°。图 9.20 为不同层间夹角沿样品堆叠方向扫描的宏观组织图。从图 9.20 中可以看到,层间夹角带来的影响较明显。夹角为 0°时的宏观组织为常见的热影响条带组织。对于层间夹角为 90°和 67°的样品,可以观察到由不同尺寸和形状的熔池组成的相对不规则的组织,说明层间旋转后,制备过程中产生了更复杂的温度场。不同层间夹角在堆叠面上(与堆叠方向垂直)的 EBSD 反极图如图 9.21 所示。在层间夹角为 0°的样品中,特定方向的晶粒沿着热源移动的方向排列。相比连续打印的样品,层间夹角为 90°和 60°的反极图中观察到小晶粒围绕着大晶粒分布,形成"项链结构"。图 9.22 为不同层间夹角沿着样品堆叠方向的(100)极图。

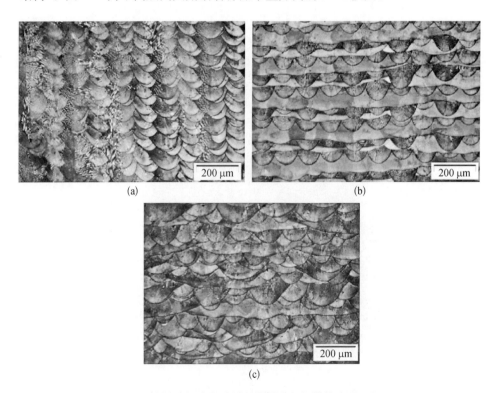

(a)

(b)

(c)

图 9.20　不同层间夹角沿样品堆叠方向扫描的宏观组织图

(a) 0°;(b) 90°;(c) 67°

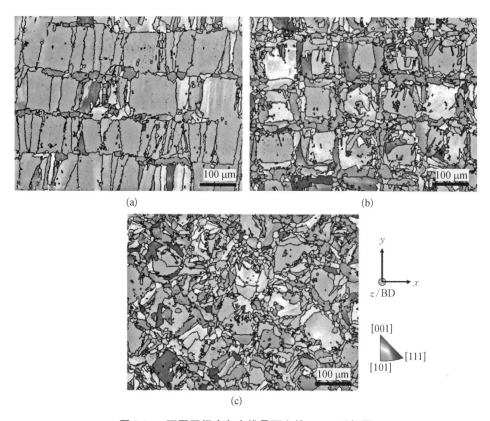

图9.21 不同层间夹角在堆叠面上的EBSD反极图

(a) 0°;(b) 90°;(c) 67°

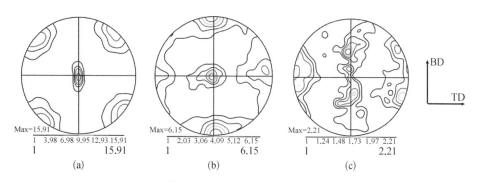

图9.22 不同层间夹角在堆叠方向上的(100)极图

(a) 0°;(b) 90°;(c) 67°

其中,层间夹角为 0°的样品具有较强的织构;层间夹角为 90°时,织构发生演变,分散了一部分的峰值强度;层间夹角为 67°时,对于织构的削弱作用最好。织构强度变化的趋势与在样品的反极图观察到的相似,通过层间旋转来形成具有更多不同方向的晶粒,起到减小织构强度的效果。

9.5.5 外场对结晶组织的影响

除了优化工艺参数,外场的引入也有助于改善激光增材制造的微观组织。常见的外场形式有电磁场、超声振动、感应加热以及机械振动等,通过对激光熔池内的流场和传质行为的控制来达到调控组织的目的。

东北大学的翟璐璐[15]研究了交变电流和稳态磁场对激光熔覆 Ni60 镍基合金涂层组织的影响。激光熔覆涂层中,交变电流对晶粒组织的细化区域集中在顶部和底部,这与交变电流在熔池中的分布范围以及对晶粒的细化机理有关。当交变电流进入熔池后,会产生方向为进入和离开熔池纵截面的感应磁场。随着交变电流强度变化,熔池内产生涡流,涡流形成趋肤效应,导致电流在熔池表面聚集。同时,凝固过程首先开始于熔池底部,由于电阻值的差异,电流优先通过已凝固的部分,导致一部分电流聚集在熔池底部。电流产生的电磁力促进熔体内部的对流,降低结晶前沿的溶质富集,促进原子的扩散,形成更多的结晶形核心,因此,最终成形件的晶粒组织细化效果更明显。图 9.23 为有无交变电流作用下涂层底部的微观组织图。激光熔覆涂层底部受基体激冷作用的影响,结合界面处的温度梯度大而冷却速度小。无外场条件下,底部的晶粒组织具有沿逆热流方向垂直向上生长的柱状晶形态。外加交变电流后,涂层底部开始出现细小的晶粒组织,细晶区域高度约为 107 μm。当电流达到 1 200 A 时,细晶区域

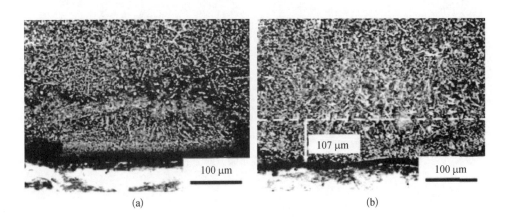

(a)   (b)

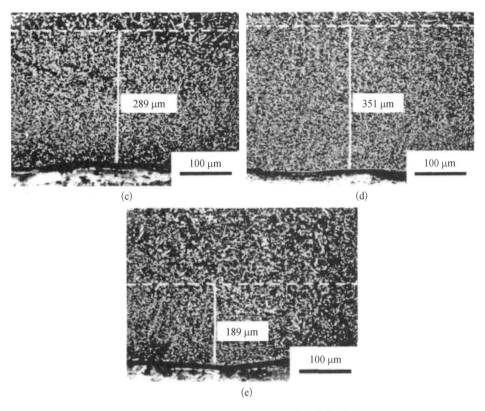

图 9.23　有无交变电流作用下激光熔覆涂层底部微观组织图

(a) 无辅助；(b) 600 A；(c) 1 200 A；(d) 1 800 A；(e) 2 100 A

高度增加到 289 μm。当电流值为 1 800 A 时，细晶区域高度达到最大值，约为 351 μm，如图 9.23(d)所示。当电流强度继续增大到 2 100 A 时，细晶区域的高度则降低至 189 μm。

在激光熔覆镍基合金过程中施加稳态磁场，熔体在稳态磁场中流动切割磁感线，产生与熔体方向相反的电磁力，抑制熔体对流，可以降低熔池的波动，使样品表面平滑。同时，凝固过程中，固相与液相之间存在电势差，电势差引起的电流在磁场作用下促进了熔体对流，枝晶组织在热电磁力的作用下熔断，起到细化晶粒的作用。图 9.24 为有无稳态磁场作用下激光熔覆涂层顶部的微观组织图。外加稳态磁场后，涂层中白色颗粒的密集程度增大，即白色晶粒尺寸减小。同时涂层中还出现了长条状枝晶组织，如图 9.24(b)～(d)中圆圈区域所示，随着磁感应强度的增加，长条状枝晶组织逐渐变得发达。

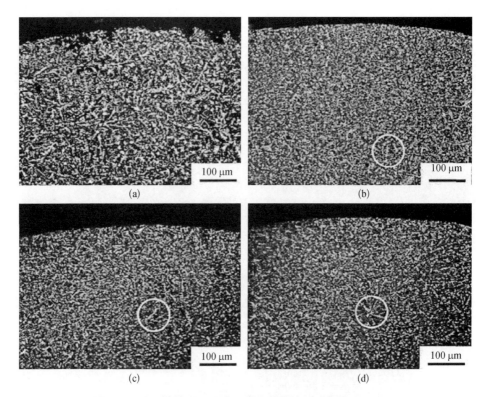

图 9.24　有无稳态磁场作用下激光熔覆涂层顶部微观组织图

(a) 无辅助；(b) 0.1 T；(c) 0.15 T；(d) 0.2 T

图 9.25 为有无稳态磁场作用下涂层中部的微观组织图。外加稳态磁场后，涂层中白色颗粒的密集程度有增加的趋势，当磁感应强度较小时，其密集程度不明显。但是当磁感应强度进一步增加时，涂层中白色晶粒的密集程度明显提高。涂层中部区域的密集区域内也出现了长条状的枝晶组织，如图 9.25(b)~(d) 中圆圈区域所示。

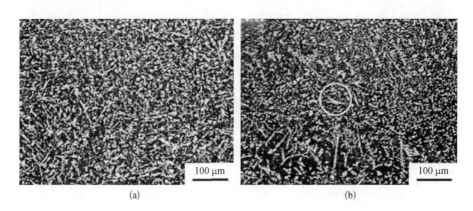

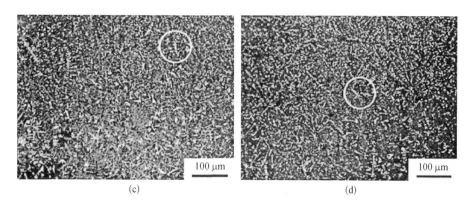

(c)   (d)

图 9.25 有无稳态磁场作用下激光熔覆层中部微观组织图

(a) 无辅助；(b) 0.1 T；(c) 0.15 T；(d) 0.2 T

图 9.26 为有无稳态磁场作用下激光熔覆涂层底部的微观组织图。可以看出稳态对涂层底部的影响没有顶部和中部区域的显著。但当磁感应强度达到最

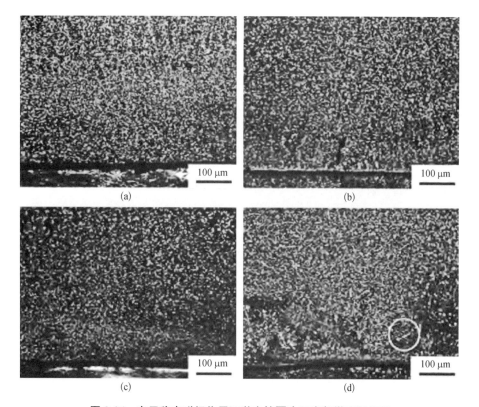

(a)   (b)

(c)   (d)

图 9.26 有无稳态磁场作用下激光熔覆涂层底部微观组织图

(a) 无辅助；(b) 0.1 T；(c) 0.15 T；(d) 0.2 T

大时,涂层底部仍出现了长条状的枝晶组织,如图 9.26(d)中圆圈区域所示。

9.6 本章小结

激光增材制造技术是一种典型的快速成型工艺,因其独特的"逐层制造"加工方式,适合制造复杂结构零件,也能实现损伤零件的快速修复。然而,由于激光增材制造物理过程复杂、工艺敏感性高及影响因素众多,要实现零件"控形控性",激光增材制造尚存在不少挑战。目前,激光增材制造金属材料尚存在严重的成分偏析、明显的各向异性及结晶组织可控性差等诸多问题,严重制约了该技术的发展及工业应用,还有待研究者们进一步探索各类合金的结晶及组织形成机理,发展激光增材制造技术。

参考文献

[1] 李怀学,黄柏颖,孙帆,等. 激光选区熔化成形 Ti‐6Al‐4V 钛合金的组织和拉伸性能(英文)[C]//第四届高能束流加工技术国际学术会议,青岛,2012：209‐212.

[2] 陈源. 激光增材制造 Inconel 718 合金裂纹形成机制及其控制[D]. 上海：上海交通大学,2017.

[3] Gu D D, Shen Y F, Meng G B. Growth morphologies and mechanisms of TiC grains during selective laser melting of Ti‐Al‐C composite powder[J]. Materials Letters, 2009, 63(29)：2536‐2538.

[4] 张立浩,钱波,张朝瑞,等. 金属增材制造技术发展趋势综述[J]. 材料科学与工艺,2022, 30(1)：42‐52.

[5] 姜国政,陈静,林鑫,等. 激光立体成形 Ti_2AlNb 基合金组织演化[J]. 稀有金属材料与工程,2010,39：437‐441.

[6] Wang T, Zhu Y Y, Zhang S Q, et al. Grain morphology evolution behavior of titanium alloy components during laser melting deposition additive manufacturing[J]. Journal of Alloys and Compounds, 2015, 632：505‐513.

[7] 王华明,张述泉,王韬,等. 激光增材制造高性能大型铁合金构件结晶晶粒形态及显微组织控制研究进展[J]. 西华大学学报(自然科学版),2018,37：9‐14.

[8] 刘炳森,张述泉,张纪奎,等. 层间冷却对激光增材制造 TC17 钛合金组织和拉伸性能的影响[J]. 中国激光,2022,49(14)：122‐132.

[9] 梁朝阳,张安峰,李丽君,等. 感应加热辅助变质剂硼细化激光熔覆沉积 TC4 晶粒的研究[J]. 中国激光,2018,45(7)：47‐53.

[10] 李丽君,王豫跃,张安峰,等. 感应加热辅助 Si 细化激光熔覆沉积 TC4 晶粒的研究[J]. 中国激光,2018,45(6)：77‐82.

[11] 帅三三,林鑫,肖武泉,等. 横向静磁场对激光熔化增材制造 Al‐12%Si 合金结晶组织的影响[J]. 金属学报,2018,6：918‐926.

[12] 戴婧,王恩庭,张群森,等. 激光增材制造镍基合金的柱状晶组织特性[J]. 应用激光,2017,37(6)：813‐818.

[13] Mclouth T D, Witkin D B, Bean G E, et al. Variations in ambient and elevated temperature mechanical behavior of IN718 manufactured by selective laser melting via process parameter control[J]. Materials Science and Engineering, 2020, 780：139184.1‐139184.13.

[14] Nadammal N, Mishurova T , Fritsch T , et al. Critical role of scan strategies on the development of microstructure, texture, and residual stresses during laser powder bed fusion additive manufacturing[J]. Additive Manufacturing, 2020, 38(5)：101792.

[15] 翟璐璐. 交变电流与稳态磁场作用下激光熔覆镍基合金涂层组织与性能研究[D]. 沈阳：东北大学,2019.

第*10*章 第二相对铝合金再结晶过程影响的研究进展

铝合金显微组织中存在大量可能来源于凝固过程或者固态相变过程的第二相粒子。这些第二相粒子对铝合金的再结晶过程有巨大的影响。本章综述了近年来第二相对铝合金再结晶过程影响的研究进展,包括影响铝合金再结晶的主要因素,第二相对再结晶形核过程及其影响机制,第二相尺寸、密度、分布等对铝合金再结晶晶粒长大的影响规律和机制,提出通过再结晶控制铝合金组织是重要的研究方向。

10.1 引言

作为一种重要的轻金属材料,铝合金广泛应用于航空航天、交通运输、建筑、机电等领域[1]。控制再结晶过程是改善铝合金性能的重要手段。在形核过程中,细小的第二相粒子会阻碍位错的运动,从而减缓再结晶形核过程。然而,当第二相粒子尺寸较大时,位错会在第二相粒子周围高密度集中,这会导致再结晶晶核在第二相粒子附近形成。在再结晶晶粒长大过程中,第二相粒子会产生钉扎晶界的运动,从而减慢再结晶过程。第二相粒子的尺寸、分布对铝合金再结晶形核和长大过程影响的分析是铝合金成分及工艺设计的重要依据。

尽管在 20 世纪初期,再结晶已经被定义,但是作为独立的过程,再结晶和晶粒长大并没有被很清楚地区分开。变形金属和合金在退火过程后,其组织和性能均会发生变化。退火过程一般包括回复、再结晶与晶粒长大三个阶段。当退火温度较低时,变形金属首先发生回复。回复是指在新的无畸变晶粒出现之前所产生的亚结构和性能的变化阶段。在回复阶段,不会发生大角晶界的迁移,晶粒依然保持塑性变形态的形貌和尺寸。回复过程中,合金中点缺陷(如间隙原子、空位等)的减少和消失使其电阻率显著下降,但强度和硬度变化较小。而在退火温度足够高、保温时间足够长的情况下,金属变形显微组织中会产生新的无畸变的晶核(即再结晶核心)。随后新晶核不断长大,原来的变形基体逐渐减少直至完全消失,金属和合金的性能也随之发生显著变化,这一过程即再结晶过程。再结晶过程是晶核重新形核和长大的过程,也就是在变形基体上产生无畸变的再结晶晶核,并且通过界面迁移吞噬畸变区域而长大的过程[2]。

10.2　影响铝合金再结晶的主要因素

影响铝合金再结晶的因素很多,其中,变形程度、微量溶质原子、再结晶退火温度和第二相等都会影响再结晶温度,从而导致不同程度的再结晶。第二相的存在既可能促进再结晶,也可能阻碍再结晶,这主要取决于基体上第二相的尺寸、形貌、性质与分布等因素。

在很多合金中都能够观察到第二相促进形核现象,包括铝合金、钢铁、铜合金和镍基合金。很多工业合金,特别是钢铁和铝合金,含有较大的第二相,因此,在很多工业合金中会发生第二相促进再结晶形核。当铝合金中第二相尺寸细小且较密集时,会阻碍再结晶的进行。这是因为在位错消失和重排最终形成小角度晶界的过程中,小尺寸第二相可以对单个位错进行钉扎,进而抑制这个阶段的回复作用。由于再结晶通常是由局部回复作用引发的,所以小尺寸第二相抑制了再结晶形核。

研究发现,高强铝合金中第二相的主要显微结构特征有粗大椭球状第二相颗粒、中等尺度的球状第二相颗粒和小尺度的细小沉淀物[3]。

粗大椭球状第二相颗粒,粒度范围一般在微米级($0.5\sim10~\mu m$),主要来自原始铸造组织。当合金元素(Zn、Mg、Cu 等)和杂质元素(Fe、Si 等)超过其在 Al 中的极限固溶度时,即导致形成粗大的第二相(结晶相)颗粒,颗粒包括可溶和部分可溶的金属间化合物,含量一般为 1%～5%(体积分数)。粗大硬脆第二相性几乎无变形能力,在铝合金的加工成型及服役过程中容易在粗大第二相处造成很高的应力集中,使粗大第二相发生断裂或界面脱黏而成为微裂纹。因此,作为微裂纹源的粗大第二相对高强铝合金的力学性能有显著的不利影响。

中等尺度的球状第二相颗粒,粒度范围一般在亚微米级($0.05\sim0.5~\mu m$)。它们是由于控制再结晶及晶粒长大用元素(如 Cr、Mn、Zr 等)的加入,而在铝合金均匀化处理及其他高温处理过程中沉淀析出的弥散相颗粒,含量为 0.05%～0.5%(体积分数)。中等尺度第二相对合金的力学性能有双重作用:一方面,这些弥散相能有效地抑制再结晶、限制晶粒长大,有利于改善合金的力学性能;另一方面,这些弥散相在服役条件下又容易发生界面脱黏,形成小空穴带,从而直接加快由粗大第二相断裂引发的微裂纹的聚合,降低合金的力学性能。

小尺度的细小沉淀物,简称时效析出相或时效强化相。尺度在纳米级范围(0.01 μm),形状为盘(片)状、棒(针)状或圆球状。形成于时效过程,细小弥散有利于提高合金的力学性能。

第二相的尺寸、分布对铝合金再结晶形核和长大过程影响的分析是铝合金成分及工艺设计的重要依据。铝合金中第二相对再结晶过程的影响因素主要包括第二相的尺寸、分布和形貌。下面介绍第二相对铝合金再结晶形核和晶粒长大影响的一些研究进展。

10.3 再结晶形核

铝合金再结晶形核过程包括应变引发的形核以及析出相引发的形核两种机制。再结晶的形核概念与其他相变过程的形核概念有明显的不同。

1977年,Humphreys[4]对 Al-0.45Cu-0.5Si 合金中第二相引发再结晶形核的条件进行了大量的实验研究。图 10.1 所示为第二相粒子激发再结晶形核(particle stimulated nucleation,PSN)的金相以及第二相尺寸和变形量对再结晶形核机制的影响[4]。研究结果表明,在形变量一定的情况下,当第二相粒子尺寸超过某一临界尺寸时,第二相粒子激发的再结晶形核即可出现。激发再结晶形核的临界第二相粒子尺寸随着形变量的增加而减小。再结晶现象起源于第二相粒子附近的高位错密度和大的晶格取向差。在这种高位错密度和大的晶格取向差的作用下,亚晶快速演化为与基体取向关系密切的多边形晶核。当第二相粒子激发再结晶形核机制发生以后,再结晶晶粒尺寸与第二相粒子间距有较大的

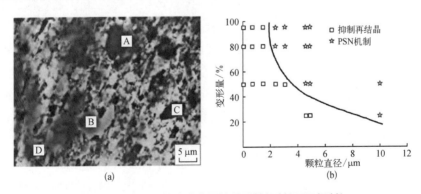

图 10.1 第二相粒子激发再结晶形核机制(PSN 机制)

(a) 第二相粒子 A、B、C、D 引发再结晶形核的金相照片;(b) 第二相尺寸与变形量对第二相粒子引发再结晶形核的影响

相关性。21 世纪以来,在成分更复杂的高性能铝合金的研究中,已经能观察到第二相粒子激发再结晶晶粒形核。

Jia 等[5]研究了 Al - 1Mn - 0.15Zr 合金均匀化过程对再结晶抗力的影响。研究发现,在 630 ℃均匀化 24 小时的过程中,含 Mn 初生相的长大会导致第二相粒子激发的再结晶形核机制在这些相附近发生,如图 10.2 所示。他们认为,第二相粒子激发的形核机制是使再结晶抗力降低的主要原因。

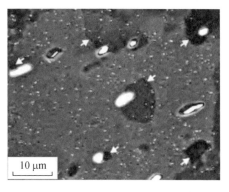

图 10.2　Al - 1Mn - 0.15Zr 合金中第二相粒子引发的再结晶形核

Tsivoulas 等[6-7]研究了 Mn 和 Zr 联合添加对 6 mm 的 2 198 铝锂合金厚板(Al - 3Cu - 1Li)的再结晶抗力的影响。Mn 和 Zr 具有相反的偏析倾向,Zr 元素倾向于分布在枝晶的中心区域,形成 Al_3Zr,而 Mn 元素倾向于分布在枝晶的边缘,形成 $Al_{20}Cu_2Mn_3$。因此,Al 和 Zr 的联合添加往往会使第二相析出分布更加均匀,从而提高铝合金再结晶抗力。然而,当 Mn 的含量较高时,就会发生再结晶抗力降低的现象。他们认为,由于 $Al_{20}Cu_2Mn_3$ 相的尺寸较大,激发了再结晶形核,这是再结晶抗力降低的重要原因之一,如图 10.3 所示。

ND—轧面法向;RD—轧向。

图 10.3　Mn、Zr 联合添加的 Al - Cu - Li 合金中的第二相粒子激发的再结晶形核

Davies 等[8]研究了 Al - Fe - Si 合金中 $FeAl_3$ 相对再结晶的影响。在合金组织中同时存在大尺寸和小尺寸的第二相,低温情况下,小尺寸 $FeAl_3$ 粒子阻碍晶界或亚晶界的移动,抑制再结晶过程;当温度升高时,第二相粒子粗化,当其尺寸大于 3 μm 时即可诱发再结晶晶核形成。Karlik 等[9-10]研究了 Fe 元素对含 Mn 和 Zr 元素的铝合金再结晶过程的影响,发现铁元素的加入会形成粗大的 $Al_6(Fe,Mn)$ 或 $\alpha - Al_{12}(Mn,Fe_3Si)$ 相,这些相的存在会促进再结晶晶核的形成。当粗大的含铁相的尺寸大于 1.5 μm 时,第二相粒子激发的再结晶形核机制即可启动。另外,小于 0.5 μm 的 Al₃Zr 粒子也可以阻碍晶界或亚晶界的移动,从而抑制再结晶过程。这两种机制都可以细化再结晶晶粒[4]。

第二相粒子激发的再结晶晶粒形核过程主要发生在静态再结晶过程中。在动态再结晶过程中,再结晶形核和长大的驱动力较大,再结晶过程主要以应变引发的形核为主。此外,由于第二相粒子激发形核的晶粒长大的驱动力小于应变引发形核的晶粒,由第二相激发的晶核会被其他应变形核晶粒迅速吞噬,使得第二相粒子在动态再结晶形核过程中难以发挥作用。

10.4 再结晶晶粒长大

在再结晶晶粒长大过程中,晶界与第二相之间必定产生相互作用。由于晶界在通过第二相粒子时会消耗部分驱动力,因此,第二相会对晶界的移动产生阻碍作用[11]。Zener 的钉扎理论定量化描述了第二相对晶界的钉扎作用[12]。根据 Zener 的钉扎理论,第二相的尺寸、密度、分布以及第二相粒子与晶粒之间的界面性质均会对钉扎过程产生影响。铝合金中存在大量的第二相,包括大块状的初生相、细小弥散的纳米析出相以及其他析出相。这些析出相由于形成条件以及本身性质的不同,会产生尺寸不均匀、分布不均匀、与基体结合方式不同等多种情况。在再结晶晶粒长大过程中,对不同种类的第二相及其不同的组合方式对晶界移动过程的影响进行深入研究具有重要意义。

10.4.1 第二相尺寸、密度对晶界钉扎过程的影响

一般来说,第二相的尺寸越小、密度越大,对晶界和位错的钉扎效果越强,越有利于组织细化。因此,在铝合金设计中通常希望得到弥散分布的小颗粒析出相。

第二相对再结晶的抑制作用一般通过其对晶界或位错的阻力——齐纳钉扎力表示。该力与第二相粒子的大小和分布有关,可表示为[13]

$$P_z = \frac{3\gamma_{GB}}{2}(f/r)$$

式中,P_z 表示第二相对位错和亚晶界迁移的阻力;γ_{GB} 表示具体的晶界能量;f 表示第二相的体积分数;r 为第二相的平均尺寸。由方程可知,第二相粒子的尺寸越小、体积分数越大,f/r 值就越大,P_z 值越大,则第二相粒子对位错或亚晶

界的迁移产生的阻力就越大[14]。

Jones 等[15]对冷轧变形至 80％的 Al‑Sc 合金的再结晶过程进行了较系统的研究,得到了不同 Sc 含量下的 Al‑Sc 合金的等温再结晶动力学,如图 10.4(a)所示[13]。随着 Sc 含量的升高,Al‑Sc 合金再结晶温度升高,孕育时间延长,再结晶所需时间缩短。从图 10.4(b)[14]可以看出,Al_3Sc 相粒子对再结晶晶粒有明显的钉扎作用。当 Sc 含量为 0.02％时,没有发现明显的 Al_3Sc 析出,再结晶温度区间为 250～300 ℃,与单相低浓度铝合金的再结晶温度接近。当 Sc 含量为 0.25％时,再结晶温度在 500 ℃以上,此时 Al_3Sc 相粒子已经在再结晶发生之前充分析出。研究者利用测量得到的 Al_3Sc 相粒子尺寸,对粒子的钉扎力进行了估计。当温度为 450 ℃时,测得 Al_3Sc 相粒子直径约为 17 nm,估算得到的钉扎力 P_z 约为 0.8 MPa,估算得到的驱动力 P_d 约为 0.4 MPa,此时,$P_z > P_d$,再结晶过程不会发生。当温度为 550 ℃时,Al_3Sc 相粒子直径约为 108 nm,钉扎力约为 0.1 MPa,此时,$P_z < P_d$,再结晶过程发生。由此可见,随着温度的升高,Al_3Sc 相粒子的粗化对再结晶过程有强烈的影响。

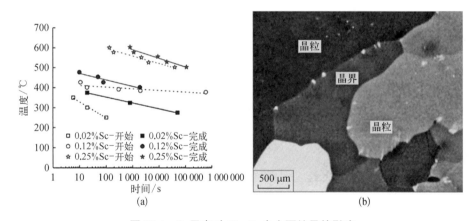

图 10.4　Sc 元素对 Al‑Sc 合金再结晶的影响

(a) 不同 Sc 含量 Al‑Sc 合金的等温再结晶动力学;(b) Al_3Sc 相粒子对晶界的钉扎作用金相照片

只有当第二相粒子弥散到一定程度才会对再结晶过程产生抑制作用。第二相粒子较粗大时,其对晶界的钉扎作用有限,反而会促进再结晶的形核,从而起到促进再结晶的作用。比如,在 Al‑Mg‑Si 系合金中,非共格 Mg_2Si 粒子的大小为 0.02～0.04 μm 时,才会对再结晶过程产生明显的抑制作用[15]。在第二相由大尺寸向弥散的小尺寸转变的过程中,随着尺寸的减小,第二相粒子数目上升,意味着能够形成的再结晶晶核数目增加,再结晶加快,同时减小了再结晶的晶粒尺寸。随着第二相粒子的尺寸进一步减小,数目进一步增加,再结晶晶界移动的阻力也在增加,达到某一临界值之后,可以完全抑制再结晶。对于弥散硬化型铝合金(Al-Si系合金)来说,第二相粒子之间的间距是决定再结晶行为的重要参数。第二相粒子大小在 $0.5\sim2.5\ \mu m$ 范围内,对再结晶的影响主要是由它们的间距决定的。当第二相粒子间距 S 约为 $4\ \mu m$ 时,促进再结晶成核又阻碍再结晶晶粒的长大,可以得到细晶组织。$S=0.5\sim1.5\ \mu m$,是阻碍和促进再结晶的临界值所处的大致区间[16]。

6063 铝合金中第二相的微观织构、晶粒度、形态、尺寸和分布对合金的综合力学性能有重要影响。Yang[17]等通过在 6063 铝合金中加入锶元素,比较添加后对显微织构和细化晶粒的效果,研究了锶元素的存在及其对第二相的影响,还探讨了添加锶元素对合金力学性能的影响机理。图 10.5 所示为添加锶元素前后 6063 挤压铝合金的 IPF 图、晶界图和取向差角。结果表明,添加锶元素改变了 6063 铝合金的相结构,形成了 Al_2Si_2Sr 金属间化合物,并在动态回复和再结晶过程中形成了大量的亚结构。加入锶元素后,6063 铝合金的晶粒度由 $33.45\ \mu m$ 减小到 $24.04\ \mu m$,小角度晶界增加,大角度晶界减小。锶元素显著改变了 6063 铝合金的微观织构。并使 6063 铝合金的抗拉强度、屈服强度和布氏硬度分别提高了 59.67%、69.36% 和 36.63%。综合来看,锶元素通过细晶强化了 6063 铝合金的力学性能。

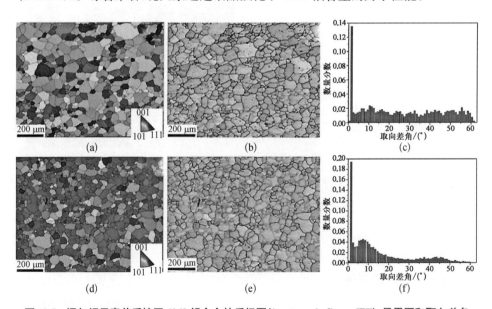

图 10.5　添加锶元素前后挤压 6063 铝合金的反极图(inverse pole figure, IPF)、晶界图和取向差角

(a) 6063 铝合金的 IPF 图;(b) 6063 铝合金的晶界图;(c) 6063 铝合金的取向差角;(d) 添加锶元素的 6063 铝合金的 IPF 图;(e) 添加锶元素的 6063 铝合金的晶界图;(f) 添加锶元素的 6063 铝合金的取向差角

10.4.2　第二相分布的影响

在铝合金凝固过程中往往会发生成分偏析。在铝合金凝固组织中,高溶质浓度的区域出现第二相密度较高的现象,而低溶质浓度区域则出现第二相密度较低的现象。这种第二相的不均匀分布会对铝合金的再结晶过程产生影响。为了获得更好的再结晶抗力,需要使第二相粒子的分布更加均匀。

图 10.6 所示为 Al-Mn、Al-Zr 和 Al-Sc 合金冷轧板组织发生 50% 再结晶的温度随合金浓度的变化。研究发现,Sc 对合金的再结晶温度提高的幅度比其他元素都高,与 Zr 相比,合金的再结晶温度约为 200 ℃。在 Sc 含量低于 0.3% 时,其提升幅度随含 Sc 量的增加而增大[18]。Sc 不仅能提高热变形的半成品铝合金的再结晶温度,也能提高冷变形合金的再结晶温度。

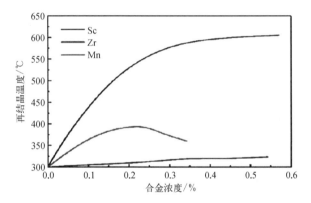

**图 10.6　Al-Mn、Al-Zr 和 Al-Sc 合金冷轧板组织发生
50% 再结晶的温度随合金浓度变化示意图**

向含 Zr 的铝合金中加入 Sc 元素,可以得到分布更加均匀、密集的 Al_3($Sc_{1-x}Zr_x$)粒子,添加 Sc 和 Zr 对合金晶粒组织的影响还表现在抑制再结晶上。从图 10.7 和图 10.8 可知,未添加 Sc 和 Zr 的铸态铝合金经过均匀化、热挤压和固溶处理后发生了明显的再结晶,而添加 Sc、Zr 的合金再结晶过程被抑制。添加 Sc 和 Zr 的合金,在均匀化过程中会析出大量弥散细小的二次 Al_3(Sc,Zr)相,该相在后续的热加工及固溶处理过程中几乎不发生变化。图 10.9 所示是热挤压态 Al-Zn-Mg-Cu-Sc-Zr 合金的透射电子显微镜结果,从图中可以看到合金中有大量弥散细小且与基体共格的 Al_3(Sc,Zr)相,在热挤压过程中,Al_3(Sc,Zr)粒子强烈钉扎位错,阻碍位错和亚晶界移动,抑制热挤压过程中动态回复和动态再结晶发生。另外,合金中的二次 Al_3(Sc,Zr)粒子在固溶处理过程

中几乎不发生变化,因此,可以持续钉扎位错和亚晶界,从而延缓再结晶发生。

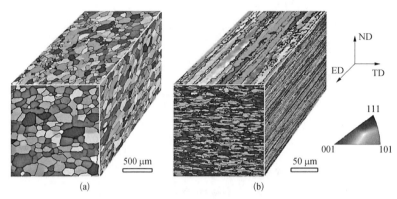

图 10.7   Al - Zn - Mg - Cu 和 Al - Zn - Mg - Cu - Sc - Zr 合金挤压板材固溶处理后三个面的 IPF 图

(a) Al - Zn - Mg - Cu 合金挤压板材固溶处理后三个面的 IPF 图;(b) Al - Zn - Mg - Cu - Sc - Zr 合金挤压板材固溶处理后三个面的 IPF 图

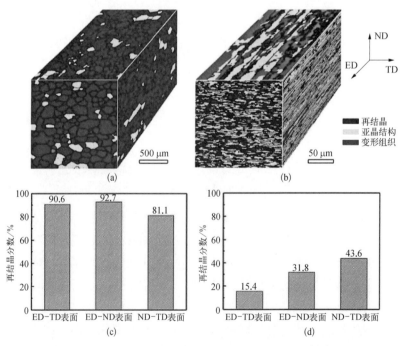

图 10.8   Al - Zn - Mg - Cu 和 Al - Zn - Mg - Cu - Sc - Zr 挤压态试样固溶处理后三个面上再结晶组织、亚结构和变形组织的分布图及再结晶分数结果

(a) Al - Zn - Mg - Cu 挤压态试样固溶处理后三个面上再结晶组织、亚结构和变形组织的分布图;(b) Al - Zn - Mg - Cu - Sc - Zr 挤压态试样固溶处理后三个面上再结晶组织、亚结构和变形组织的分布图;(c) Al - Zn - Mg - Cu 再结晶分数;(d) Al - Zn - Mg - Cu - Sc - Zr 再结晶分数

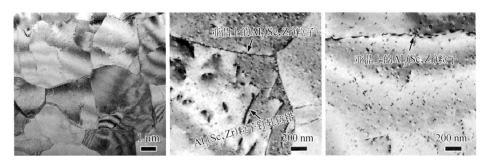

图 10.9　热挤压态 Al‑Zn‑Mg‑Cu‑Sc‑Zr 合金试样晶粒和析出相明场像

Nagahama 等[19]研究了 Al‑Cr 合金在变形过程中的析出,表明变形过程析出的 Al_7Cr 可以有效地钉扎晶界,从而抑制再结晶过程。Fang[20]和 Peng 等[21]研究了 Cr 元素与稀土元素 Pr 联合添加对含 Zr 铝合金再结晶过程的影响,研究表明,Cr 元素和 Pr 元素的联合添加可以使 Pr、Cr、Zn、Mg 和 Cu 元素溶入 Al_3Zr 粒子,从而形成更加弥散分布的共格 $(Al、Zn、Mg、Cu、Cr)_3(Zr、Pr)$ 粒子,粒子尺寸为 10～20 nm,这有助于提高铝合金的再结晶抗力。

10.5　本章小结

铝合金再结晶过程中,在形核阶段,细小的第二相粒子会钉扎亚晶界和位错的运动,从而抑制再结晶的形核;存在一个临界尺寸,超过该临界尺寸的第二相粒子可能成为再结晶的形核点,从而促进再结晶过程,该临界尺寸在 1～3 μm 范围内。在长大阶段,细小而弥散的第二相粒子会阻碍大角晶界的移动,减慢晶核长大的速度,抑制再结晶过程。总之,尺寸小、弥散度高的第二相粒子钉扎位错、亚晶界和大角晶界,抑制再结晶过程;尺寸大、弥散度低的第二相粒子促进形核,对位错和晶界的钉扎力弱,促进再结晶过程。为了获得细化的再结晶晶粒,一般要求再结晶过程形核点较多而晶核长大速度较慢。因此,可以通过引入大颗粒第二相粒子提高形核率,同时通过引入细小而弥散的第二相粒子来降低晶粒长大速度。但是引入第二相粒子后,由于第二相粒子具有一定尺寸,且与位错具有一定的相互作用力,因此对再结晶过程的影响不同。可以通过建立第二相尺寸与晶粒尺寸的关系,分析第二相粒子对晶粒长大速度、形核率以及再结晶速率的影响。通常情况下,当第二相粒子具有一定尺寸时,再结晶速率较快且不均匀。由于形核过程中第二相粒子钉扎位错运动,因此再结晶速率更慢、更均匀;但当第二相粒子具有一定尺寸时,其钉扎作用会降低,这可能是钉扎位错的能力降低所致。

参考文献

[1] 王渠东,王俊,吕维洁. 轻合金及其工程应用[M]. 北京:机械工业出版社,2015.

[2] 中国冶金百科全书总委员会. 中国冶金百科全书:金属材料[M]. 北京:冶金工业出版社,2001.

[3] 曾周亮,宁康琪,彭北山. 高强铝合金第二相强化及其机理[J]. 冶金丛刊,2008,4:5-7.

[4] Humphreys F J. The nucleation of recrystallization at second phase particles in deformed aluminium[J]. Acta Metallurgica, 1977, 25(11): 1323-1344.

[5] Jia Z, Hu G, Forbord B, et al. Effect of homogenization and alloying elements on recrystallization resistance of Al-Zr-Mn alloys[J]. Materials Science and Engineering: A, 2007, 444(1-2): 284-290.

[6] Tsivoulas D, Robson J D, Sigli C, et al. Interactions between zirconium and manganese dispersoid-forming elements on their combined addition in Al-Cu-Li alloys[J]. Acta Materialia, 2012, 60(13-14): 5245-5259.

[7] Tsivoulas D, Prangnell P B. The effect of Mn and Zr dispersoid-forming additions on recrystallization resistance in Al-Cu-Li AA2198 sheet[J]. Acta Materialia, 2014, 77: 1-16.

[8] Davies R K, Randle V, Marshall G J. Continuous recrystallization: related phenomena in a commercial Al-Fe-Si alloy[J]. Acta Materialia, 1998, 46(17): 6021-6032.

[9] Karlík M, Mánik T, Slámová M, et al. Effect of Si and Fe on the recrystallization response of Al-Mn Alloys with Zr addition[J]. Acta Physica Polonica A, 2012, 122(3): 469-474.

[10] Karlík M, Mánik T, Lauschmann H. Influence of Si and Fe on the distribution of intermetallic compounds in twin-roll cast Al-Mn-Zr alloys[J]. Journal of Alloys and Compounds, 2012, 515: 108-113.

[11] Rios P R, Gottstein G, Shvindlerman L S. An irreversible thermodynamic approach to normal grain growth with a pinning force[J]. Materials Science and Engineering: A, 2002, 332(1-2): 231-235.

[12] Smith C S. Grains, phases, and interfaces: an introduction of microstructure[J]. Transactions of the Metallurgical Society of AIME, 1948, 175: 15-51.

[13] Pierer R F. Formulation of a hot tearing criterion for the continuous casting process[D]. Leoben: University of Leoben, 2007.

[14] 聂崇礼. 再结晶问题译文集[M]. 北京:机械工业出版社,1979.

[15] Jones M J, Humphreys F J. Interaction of recrystallization and precipitation: the effect of Al_3Sc on the recrystallization behaviour of deformed aluminium[J]. Acta Materialia, 2003, 51(8): 2149-2159.

［16］辽宁科学技术情报所. 国外轻金属［M］. 沈阳：辽宁科学技术情报所，1964.

［17］Yang Z S，Dong Y，Li W，et al. Strengthening mechanism of Sr element on 6063 Al alloys［J］. Materials Research Express，2022，9(4)：046501.

［18］王东林. 几种镍基高温合金再结晶问题的研究［D］. 沈阳：中国科学院金属研究所，2006.

［19］Nagahama K，Miki I. Precipitation during recrystallization in Al－Mn and Al－Cr alloys ［J］. Transactions of the Japan Institute of Metals，1974，15(3)：185－192.

［20］Fang H C，Chen K H，Chen X，et al. Effect of Zr，Cr and Pr additions on microstructures and properties of ultra-high strength Al－Zn－Mg－Cu alloys［J］. Materials Science and Engineering：A，2011，528(25－26)：7606－7615.

［21］Peng G，Chen K，Fang H，et al. Effect of Cr and Yb additions on microstructure and properties of low copper Al－Zn－Mg－Cu－Zr alloy［J］. Materials & Design (1980－2015)，2012，36：279－283.

第11章 镁合金动态再结晶的研究进展

本章综述了镁合金动态再结晶的研究现状和进展,主要内容包括,多种镁合金动态再结晶的应力-应变特征及其影响研究结果;镁合金动态再结晶的组织特点,以及在不同变形条件下发生塑性变形时位错、孪晶、亚结构等微结构的演变情况;镁合金塑性变形过程中变形温度、变形程度、应变速率、原始晶粒成分、晶体取向等因素对镁合金动态再结晶过程的影响;镁合金动态再结晶机制的研究进展,包括非连续动态再结晶、连续动态再结晶、孪晶动态再结晶、低温动态再结晶和旋转动态再结晶机制。

11.1 引言

镁合金因具有低密度、高比强度、高比刚度和优良的阻尼性能,以及尺寸稳定性、机械加工性及磁屏蔽性优良等特点,已成为21世纪重要的商用轻质结构材料。然而,镁合金基体通常为密排六方晶体结构,常温下能够开动的滑移系少、塑性低、成形性差,限制了镁合金特别是变形镁合金在工业上的应用。目前,大多数镁合金产品主要是通过各种铸造技术生产,变形产品很少。与铸造镁合金产品相比,变形镁合金产品(如挤压、轧制、锻造)组织细小致密,消除了铸造缺陷,综合力学性能大大提高。

热机械加工(thermomechanical processing,TMP)是一种在热加工和温加工条件下提高合金可加工性的有效加工方法。镁合金在热机械加工过程中会发生多种物理和化学变化,其中一个非常重要的过程就是动态再结晶(dynamic recrystallization,DRX)。与铝等高层错能金属相比,镁合金在热变形过程中更容易发生动态再结晶。动态再结晶是一种重要的软化和晶粒细化机制,对控制镁合金变形组织、改善塑性成形能力以及提高力学性能具有非常重要的意义。镁合金在发生动态再结晶时,新晶粒沿原始晶界形成细小的再结晶组织。通常认为,由于动态再结晶的软化作用,材料的高温变形流变应力达到峰值后将下降,变形抗力降低,有利于进一步加工成形。

镁合金动态再结晶因合金变形方式的不同而存在一定的差异。因此，系统研究其动态再结晶形核与晶粒长大的规律，完善镁合金的塑性变形理论体系，并利用动态再结晶细化晶粒的原理有效控制镁合金的组织和性能，在生产中具有极为重要的应用价值。下面介绍镁合金动态再结晶的研究现状和研究进展。

11.2　镁合金动态再结晶的应力-应变曲线及其影响因素

Ion 等[1]指出，镁合金容易发生动态再结晶的主要原因如下：① 镁合金滑移系较少，位错容易塞积，达到发生再结晶所需的位错密度较快；② 镁合金层错能较低，产生的扩展位错很难聚集，因而滑移和攀移很困难，动态回复速度很慢，有利于再结晶的发生；③ 镁合金的晶界扩散速度较高，在亚晶界上堆积的位错能够被晶界吸收，从而加速动态再结晶的过程。

AZ61[2]、ZK60[3]镁合金在恒定应变速率和一定温度及应变范围内的应力-应变曲线如图 11.1 所示。由图 11.1 可见，镁合金即使在较低的温度下变形，其应力-应变曲线也呈现出动态再结晶的特征，即明显的峰值或者稳态流变现象。从图 11.1 中还可以发现两种真应力-真应变曲线：一种是当变形温度较低时，有很明确的峰值应力；另一种是当温度较高时，达到很小的应变后就出现了稳态流变应力，未出现明显的峰值应力。对于前者，在塑性变形初始阶段，应变硬化使试样应力随应变的增加而急剧增加；随着变形的进行，动态回复的软化作用逐渐增强；应力达到最大值后，动态回复和动态再结晶所引起的软化作用开始大于加工硬化作用；在一定的应变后可观察到稳态变形，此时硬化与软化之间形成了动态平衡[4]。周浩等[5]对 Mg-9.8Gd-2.7Y-0.4Zr 合金的研究表明，流变应力曲线由四个不同的阶段组成，即加工硬化阶段、过渡阶段、软化阶段和稳定阶段，这体现了热激活软化和加工硬化之间的竞争效应。峰值应力和出现稳态应力时的应变都随温度升高而降低。对于后者，变形开始时也发生较强烈的加工硬化，由于变形温度高，材料容易发生动态回复和动态再结晶，因此，达到较小的应变后，软化作用等于或稍大于硬化作用，使应力-应变曲线呈水平状或接近水平状。此外，当变形温度更低时，应力随变形量的增加不断升高，直到发生断裂[6]，这时加工硬化是影响材料组织性能的主要因素。镁合金的流变应力-应变曲线不仅与变形温度相关，而且还受应变速率、合金成分、初始织构、原始晶粒尺寸等因素的影响。

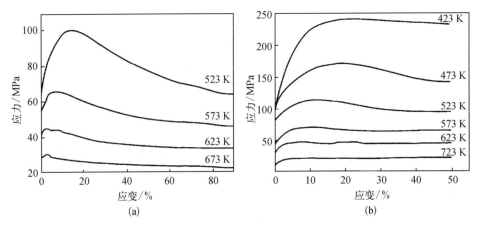

图 11.1　镁合金的应力-应变曲线

(a) AZ61 镁合金, $\dot{\varepsilon}=1\times10^{-3}$ s^{-1}; (b) ZK60 镁合金, $\dot{\varepsilon}=2.8\times10^{-3}$ s^{-1}

图 11.2 所示为轧制 AZ91 镁合金超塑性变形的真应力-真应变曲线,其中图 11.2(a)为在 673 K 时不同拉伸应变速率的真应力-真应变曲线,图 11.2(b)为在拉伸应变速率为 1×10^{-3} s^{-1} 时不同温度的真应力-真应变曲线[7]。从图 11.2(a)可以看出,在 673 K,应变速率为 1×10^{-3} s^{-1} 时,轧制 AZ91 镁合金出现超塑性变形,变形过程中不会出现明显的加工硬化和加工软化现象,没有明显的应力峰,呈现很高的流动稳定性。经过大变形量后失稳断裂,这是超塑性变形的典型真应力应变特性[8]。与低应变速率下的应力应变曲线相比,当应变速率比较高时[见图 11.2(b)],轧制 AZ91 镁合金真应力-真应变曲线会出现明显的加工硬

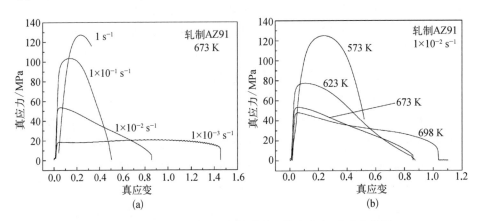

图 11.2　轧制 AZ91 镁合金超塑性变形的真应力-真应变曲线

(a) 同一温度(623 K);(b) 同一应变速率(1×10^{-3} s^{-1})

化和加工软化现象,变形刚开始时,真应力随真应变的增加迅速增加,表现出很强的加工硬化现象,当真应变达到 0.2 左右时,真应力达到应力峰值,随后会出现明显的软化现象,真应力随着应变增加逐渐下降,没有表现出较大的稳态流变阶段。这是由于当应变速率较高时,变形过程进行得比较快,轧制 AZ91 镁合金不能够通过晶界滑移、原子扩散和位错开动等机制完全释放由正向拉应力在材料内部引起的应力集中,使得应力迅速增加,出现较强烈的应变硬化现象;当真应力达到最大以后,由于动态再结晶的进行,真应力开始下降,但随着真应变增加,由于应变速率较高,动态再结晶过程无法充分进行,不能通过原子扩散等机制来协调超塑性变形,所以出现了较明显的应变软化。

从图 11.2(a)可以明显看出,在相同温度下,随着应变速率的增加,真应力峰值也升高,应变硬化和应变软化现象都变得更加明显,尤其是当应变速率达到 1 s^{-1} 时,轧制 AZ91 镁合金基本没有流变阶段,真应力达到峰值之后,就出现了失稳断裂的现象。这说明超塑性变形的应变速率不能太高。超塑性的主要变形机制是晶界滑动,而位错蠕变机制被认为是主要的调节机制[8]。从图 11.2(b)可以进一步看出,在相同应变速率下,真应力峰值随着温度的增加而降低,同时应变硬化和应变软化现象也变得比较缓和,这与温度升高后材料内部原子扩散能量增加以及位错开动临界应力降低有关,而且在最高实验温度(698 K)时,轧制 AZ91 镁合金在高应变速率下呈现出比较明显的稳态流变阶段。

11.3　镁合金动态再结晶的组织特点

动态再结晶是一个形核与核心长大的过程,镁合金的动态再结晶组织为大小不均匀且晶内位错密度较低的等轴晶粒。一般随着变形量的增大,动态再结晶晶粒变得更加细小和均匀。动态再结晶的晶粒不仅与变形量的大小有关,并且与变形温度、应变速率有关,变形温度越高,动态再结晶进行得越充分,组织越均匀,但是晶界扩散和晶界迁移能力增强,晶粒容易长大而导致晶粒粗大。随着应变速率增加,变形过程中产生的位错来不及抵消,位错密度增加,再结晶形核增加,晶粒得到细化。如图 11.3 所示,动态再结晶晶粒一般在晶界或晶界附近形核长大,由于再结晶晶粒在形核和长大的同时还在继续变形,所以动态再结晶晶粒不同于再结晶退火时得到的无畸变的等轴晶粒,在动态再结晶晶粒内有一定程度的应变[9]。

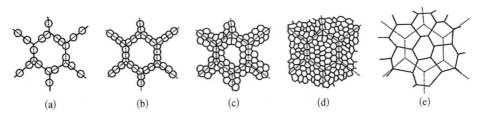

图 11.3 动态再结晶的微观组织演变

(a) 在原晶界处形成再结晶晶粒;(b)(c) 新晶粒与母晶粒尺寸相差较大,再结晶晶粒纵向与侧向生长;(d)(e) 完全再结晶

11.4 镁合金动态再结晶的影响因素

通常在塑性变形过程中,变形温度、应变速率、变形程度、原始晶粒组织、织构、合金元素等因素都会影响镁合金塑性变形过程,从而影响动态再结晶行为。

11.4.1 变形温度

金属热变形时位错密度上升,当驱动力足够大时,会发生动态再结晶行为。流变应力与位错密度的平方根成正比,常用临界流变应力 τ_R 描述动态再结晶开始的变形条件。周海涛等[10]在对 AZ61 镁合的热变形研究中发现,动态再结晶发生在很宽的温度范围内。提高变形温度、降低变形速率会使流变应力降低;变形温度较低时,由于镁合金是密排六方结构,滑移系较少,因此,在变形过程中会产生大量的孪晶,位错难以通过运动而实现重组,所以动态再结晶不易发生。当温度升高后,合金中原子热振荡和扩散速率增加,位错的滑移、攀移、交滑移和位错节点脱锚比低温时更容易,动态再结晶的形核率增加,同时晶界迁移能力增强,因此,升高温度可以促进镁合金动态再结晶的发生。变形温度对镁合金动态再结晶的影响可以分为低温区(小于 473 K)、中温区(473～573 K)和高温区(大于 573 K)三个温度区间[3,11]。

1) 低温区

Kaibyshev 等[12-13]的研究表明,镁合金在常温下塑性变形时,原始晶粒内部形成了密集位错堆积,并伴随着大量孪晶的生成。层片孪晶在变形时长大,在层片孪晶内有微晶形成。他们认为有两种过程导致了微晶的形成:一是初级孪晶的相互作用;二是在粗大的初级孪晶层内发生了二级孪晶,初级孪晶与二级孪晶相互交割,形成微晶核心,在孪生区域演变为再结晶晶粒链。这种显微结构的演

变过程称为孪晶动态再结晶(twins dynamic recrystallization,TDRX),如图 11.4
(a)所示。进一步变形,使孪晶界大规模地迁移,使再结晶晶粒尺寸和体积分数
增大。在应变超过 4 以后没有发生孪生,而是在这些孪生晶粒内部重复发生塑
性变形和另一种低温动态再结晶(low temperature DRX,LTDRX),如图 11.4
(b)所示,形成的新晶粒尺寸减小,这些晶粒及其晶界含有高的位错密度,在变形
后期内部弹性应变极大地提高。这种低温动态再结晶源于位错滑移而非孪生,
因此称为"位错"低温动态再结晶[14]。纯镁经过"位错"低温动态再结晶,在变形
后期晶粒尺寸下降,显微硬度提高。

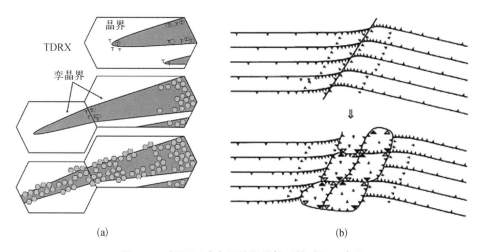

图 11.4　低温下动态再结晶晶粒形核过程示意图

(a) 低应变下的"孪生"低温动态再结晶;(b) 高应变下的"位错"低温动态再结晶[3,15]

　　Kaibyshev 等还发现[14],镁的合金化和初始组织的细化将抑制孪生,Mg -
6％ Zn - 0.65％ Zr 镁合金在整个应变范围内主要发生"位错"低温动态再结晶。
高密度位错在强烈的应力作用下堆积并迅速重组,形成新晶粒。这种再结晶组
织的特点是晶界处于非平衡状态,且含有混乱的位错网,形成长程内应力场。因
此该组织具有高显微硬度,不会使材料软化。然而,Galiyev 等[3]对 ZK60 镁合
金表面进行观察发现,该合金在 423 K 变形时不仅有孪生也有位错滑移现象。
位错滑移主要是基面滑移,在基滑移线周围还出现了短而细的非基面滑移线。
Galiyev 等[16]认为,材料在低温下发生的低温动态再结晶与孪生、基滑移和
(a+c)位错滑移有关。

　　由上可见,镁及其合金在低温变形时,主要产生基面滑移和协调变形的孪
晶。在较低应变时发生"孪生"低温动态再结晶,其晶粒结构较粗大,材料发生软

化;在高应变下发生"位错"低温动态再结晶,晶粒尺寸下降,但显微硬度提高[11]。

2) 中温区

研究发现[12-13],纯镁在 573 K、小于临界分切应变的条件下,同时发生了"孪生"低温动态再结晶和连续动态再结晶(continuous dynamic recrystallization, CDRX),孪晶层的形核行为与低温下的相似。很小应变时在原始晶界附近观察到位错堆积,亚晶结构在晶粒周边区域(mantle)形成。随着应变的增加,再结晶晶粒链沿着原始晶界形成。应变在 0.1~0.7 区间内增加时,再结晶晶粒的体积分数不断升高,同时发生"孪生"低温动态再结晶和连续动态再结晶,连续动态再结晶晶粒的平均尺寸比孪生晶粒尺寸大。在更高应变时,再结晶体积分数也有微小的提高,此时只发生连续动态再结晶。

Galiyev 等[3]发现在 523 K 时,ZK60 镁合金原始晶粒内表现出基面和非基面滑移特征。变形试样原始晶界附近出现短而弯曲的与交滑移有关的滑移线,还可以看到新的晶粒边界在原始晶界附近的非基面滑移区域形成,亚晶界可以通过晶格位错的合并重组来提高其取向差,转变成大角度晶界,进而沿原始晶界形成了再结晶晶粒的"项链结构"。Barnett[17]也发现,在 573 K 进行等通道角挤 AZ31 镁合金时,发生了典型的"项链"型动态再结晶。

Tan 等[18]对轧制态的 A231 镁合金在 523 K、应变速率为 1×10^{-4} s^{-1} 的条件下进行拉伸变形,发现随着应变的增加,显微结构相继发生了以下变化(见图 11.5):原始晶粒发生静态长大(应变 $\varepsilon = 5\%$);粗大晶粒边界出现锯齿形,少量再结晶晶粒开始在晶界和三叉晶界形核($\varepsilon = 20\%$);再结晶晶粒数量猛增到约 68.9%($\varepsilon = 40\%$),这些晶粒包围了原始晶粒的晶界,并且随应变增加,再结晶晶粒继续向原始晶粒内部长大、再结晶区域继续扩大。利用透射电子显微镜观察确认这种动态再结晶是连续动态再结晶,具体过程如下:当位错密度超过晶界对位错的吸收能力或者晶格位错的合并正处孕育期时,剩余位错将堆积,在晶界产生局部应力,导致形成锯齿状晶界;为了进一步降低局部应力,晶界附近的堆积位错发生重组,形成小角度晶界和位错胞结构,这些结构进一步增大取向差,最终发展成亚晶。

由上可见,镁合金在中温区变形时,基面滑移和非基面滑移会同时发生,并伴有交滑移。纯镁在较低应变下同时发生孪晶动态再结晶和连续动态再结晶,在较高应变下只发生连续动态再结晶。镁合金主要发生连续动态再结晶,往往在再结晶初期产生"项链结构"[3,19]。

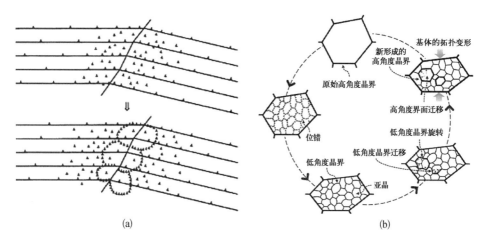

图 11.5　中温下动态再结晶晶粒形成过程示意图

（a）CDRX 发生；（b）CDRX 过程中原始晶粒内部亚结构的演变

3）高温区

Kaibyshev 等[12-13]的研究表明,温度为 723 K 时,纯镁在变形初始阶段发生原始孪晶界的迁移,同时沿原始晶界和孪晶界发生连续动态再结晶,形成链状的再结晶晶粒。进一步变形将重复发生连续动态再结晶,形成新的再结晶晶粒,使平均晶粒尺寸减小。应变 $\varepsilon > 0.7$ 时,在粗大孪生晶粒内将发生大角度晶界的局部迁移,产生凸起部分,随应变的进一步增加,凸起部分被小角度晶界从晶粒基体切分掉。这些小角度晶界不断转变为大角度晶界,最后形成新的再结晶晶粒。这可能是发生了不连续动态再结晶(discontinuous dynamic recrystallization,DDRX)。晶界这种动态再结晶机制又被称为凸出机制(bulging mechanism),通过这种机制形成 DRX 晶核的过程如图 11.6 所示[20]。

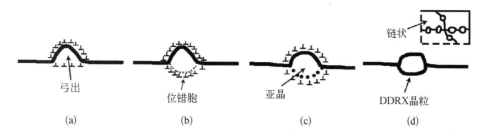

图 11.6　高温下不连续动态再结晶晶粒形核过程示意图

（a）原始晶界凸起；（b）凸起部分被小角度晶界分割；（c）形成亚晶；（d）再结晶晶粒形成

　　Pérez-Prado 等[21]在 648 K 时对 AM60 镁合金进行大应变热轧,发现该合金在高温下发生了连续动态再结晶。他们认为,合金相邻晶粒的应变不一致,导致晶界附近产生了局部应力,从而使位错活动性加强,位错易重组和合并形成亚晶,于是沿晶界附近形成了新的再结晶晶粒。Galiyev 等[3]发现 ZK60 镁合金在 623 K 变形时,其晶粒内部出现了大量的多滑移。结合表面观察和 TEM 伯格斯矢量分析可以确认,这些滑移线与基面滑移、a 位错非基面交滑移和(a+c)非基面滑移有关。多滑移带发生原始晶界的局部迁移,形成凸起,凸起被其壁架之间新形成的小角度晶界切分,从而产生新晶粒。这种现象与上述不连续动态再结晶相似。

　　Zhou 等[7]对轧制态的 AZ91 镁合金进行热拉伸实验,发现在 673 K 时,该合金主要的变形机制是交滑移、位错攀移和交叉孪晶。孪晶的交互作用和强烈的位错滑移促使亚晶的形成。Li 等[22]对铸态 A291 合金进行温度为 673 K 的高温压缩,通过金相和 TEM 观察发现,该 DRX 现象属于包括小角度晶界向大角度晶界转变的 CDRX。而 Ravi 等[23]则认为 A291 合金在高温(608~668 K)下被挤压和扭转时,动态再结晶是不连续地进行的。由此可见,学者们在 A291 镁合金高温变形过程中的动态再结晶机制上存在不同的观点。

　　镁合金在高温变形时,会同时发生基面滑移、非基面滑移、交滑移和攀移。变形过程中伴随动态再结晶机制有连续动态再结晶、非连续动态再结晶和旋转动态再结晶。再结晶机制随着温度和应变的演变如图 11.7 所示。

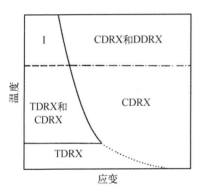

图 11.7　再结晶机制分布图

11.4.2　变形程度

　　动态再结晶能否发生不仅与变形温度、应变速率有关,而且受变形程度的影响。当合金的实际变形程度高于临界变形程度时,再结晶晶粒才能够形核,并且需要较大的临界变形程度。变形程度不仅影响形核的过程,而且对镁合金动态再结晶晶粒尺寸也有很大影响。增大合金的变形程度一般能够增加晶粒内部的位错密度、增大晶格畸变,使新晶粒更易形核。形核数目增加可以达到细化晶粒的目的[24]。图 11.8 所示为晶粒尺寸与真应变之间的关系[25],在试验的温度和应变速率下,在变形初期,晶粒尺寸随应变的增加而急剧下降,当真应变达到一定数值后,晶粒尺寸的变化很小。这是由于在大的变形量下,大量的塑性变形造成金属晶体结构的严重畸变,为再结晶的形核提供了有利的条件。在再结晶时,在晶格严重畸变的高能位区域形成大量的晶核,新的晶粒又在长大的再结晶晶粒的晶界周边形核长大,从而细化晶粒。

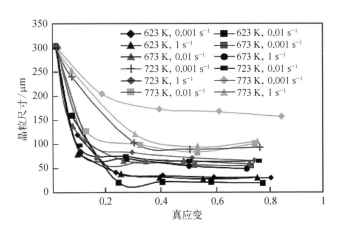

图 11.8　不同温度与应变速率变形时 AZ31 镁合金晶粒尺寸与真应变的关系

Lou[26] 等在研究 AZ80 镁合金高温变形时发现,在试验的变形温度和变形速率下,变形程度 ε 为 0.2 时,开始出现动态再结晶现象。随着变形程度的增加,动态再结晶晶粒不断增多。Zhou 等[27] 发现,在相同变形温度下,流变应力会随应变的增加不断增大,达到最大值后逐渐降低,显示出明显的动态再结晶特征。随着应变的增加,试样的动态再结晶晶粒数目也越来越多,动态再结晶过程也进行得越来越充分,直到加工硬化与动态软化达到动态平衡。通过增加变形程度,可以促进合金中的动态再结晶,有利于细化晶粒。陈勇军等[28-31] 发现,增大挤压比可以促进 AZ31 合金中的动态再结晶,从而有助于晶粒细化,并成功制备了超细晶 AZ31 合金。林金保等[32] 和张陆军等[33] 采用往复挤压促进了 ZK60 合金中的动态再结晶,将晶粒尺寸细化至 1 μm 以下。刘鉴锋等[34] 发现,往复压缩也是一种有效的促进动态再结晶的方法,随着变形量的增加,NZ30K 合金的晶粒尺寸从 90 μm 细化至 4 μm。

11.4.3　应变速率

变形速率的增加即位错运动速度的加快,需要施加更大的切应力。因此,降低变形速率可促进镁合金动态再结晶的发生,通过对 ZK60 镁合金[35]热变形过程的有限元模拟发现,应变速率的增加使合金中发生动态再结晶的平均体积分数降低,且再结晶体积分数分布不均匀,位于试样中心大变形区的动态再结晶的体积分数较大。如图 11.9 所示,Maksoud等[36]在研究应变速率对 AZ31 镁合金形变能力和微观结构的影响规律时发现,在同一温度下降低应变速率时,试样的动态再结晶晶粒体积分数将逐渐增大。在中低应变速率下,动态再结晶的机制以晶界弓出形核为主;在高应变速率下动态再结晶大部分通过孪晶分割进行。

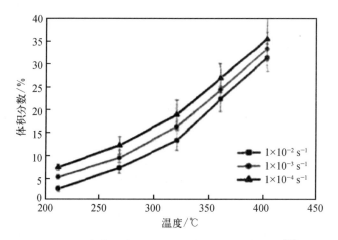

图 11.9　应变速率对再结晶晶粒体积分数的影响[34]

　　动态再结晶是一个速率控制的过程,变形速率不仅影响新晶粒的形核,而且对新晶粒的尺寸有很大的影响。如图 11.10 所示,刘毅[25]发现 AZ31 合金在 350 ℃下,应变速率从 1×10^{-3} s^{-1} 增大到 1×10^{-2} s^{-1} 时,细小晶粒的体积分数随应变速率的增加而增加,但随着应变速率从 1×10^{-2} s^{-1} 升高到 1 s^{-1},体积分数反而减小。通常认为,变形温度与变形速率对再结晶的影响通常被综合为 Z 参数。随着变形温度的升高或应变速率的降低,Z 值减小、晶粒变大,在一定程度上能够促使动态再结晶的发生。当 Z 值降低到某一临界数值时,将改变合金的形核方式或再结晶方式。

11.4.4　原始晶粒尺寸

　　热变形前原始晶粒的大小对动态再结晶晶粒尺寸也有很大影响。与其他金属相比,镁合金动态再结晶晶粒组织与原始晶粒大小高度相关。当原始晶粒尺

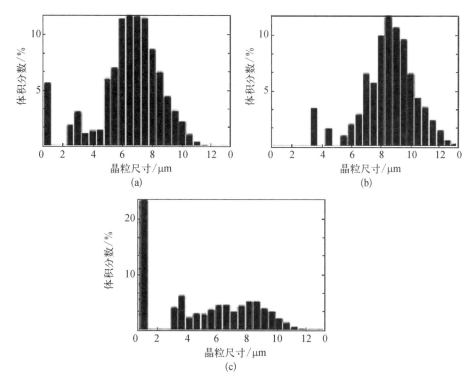

图 11.10 AZ31 镁合金在 350 ℃ ,不同应变速率下的变形晶粒尺寸分布图[25]

(a) 1×10^{-3} s^{-1}, $\varepsilon=0.79$;(b) 1×10^{-2} s^{-1}, $\varepsilon=0.76$;(c) 1 s^{-1}, $\varepsilon=0.74$

寸较大时,新的晶粒尺寸也较粗大。这是由于在细小的原始晶粒组织中的晶界更多,更有利于动态再结晶在晶界形核,并且随着原始晶粒尺寸的减小,峰值应力时的应变 ε_p 也相应降低,因此动态再结晶更容易发生。图 11.11 所示是 AZ31 镁合金原始晶粒尺寸对流动应力-应变的影响,可以看出,流动应力随晶粒尺寸的增加而增大[37]。Pérez - Prado[21]指出,由于镁合金密排六方结构的各向异性,占主导地位的变形机制与原始组织的关系非常密切。这说明在镁合金中,动态再结晶机制同样与原始组织有关。在原始组织具有随机取向的 AM60 合金中,不同滑移系的滑移变形可导致在层错能较低的镁合金中发生连续动态再结晶。

11.4.5 晶体取向

镁合金在加工过程中会产生晶体取向的择优分布(织构),在应用过程中,镁合金在遭受不同载荷的情况下,其变形方式、加载条件会对其变形机

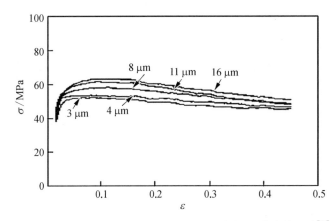

图 11.11 AZ31 镁合金原始晶粒尺寸对流动应力-应变的影响[37]

制产生影响,使得镁合金的变形行为呈多样化特征。因此,在镁合金塑性加工与应用研究领域,许多工作都集中在织构的形成、塑性变形机制、晶体取向对变形机制及力学行为的影响等方面,希望通过微观组织、织构的演变规律以及与变形机制关系的研究,对镁合金的加工与应用提供指导。一般而言,关于镁合金晶体取向及变形行为机制的研究基于两个目的:① 通过织构的调控改善合金的强度、塑性、疲劳等力学性能;② 通过织构调控、成分调整、工艺条件控制改善合金的塑性加工能力,同时也为研究开发新型镁合金奠定理论基础。

镁合金在热变形过程中很容易发生动态再结晶,在退火过程中也可以发生静态再结晶。不管是静态再结晶还是动态再结晶,两者都会对镁合金中的织构产生显著的影响,形成再结晶织构。

毛卫民等[38]通过对镁合金再结晶织构形成过程的研究,认为再结晶过程中的定向形核以及形核核心的选择生长是导致再结晶织构形成的根本原因。定向形核理论认为,在变形金属内,一些具有特殊取向的点阵在再结晶时可作为再结晶晶核。而这些特殊取向在变形基体内并不是主要织构,多数情况下反而是次要的,甚至强度很弱,难以发现。因此,定向形核理论认为,再结晶晶粒的取向分布特征是由发生形变基体内的一些具有特定晶核的取向所决定的。选择生长理论则认为,形变基体内存在的所有晶核,在退火过程中几乎是同时开始生长的,但晶核之间的长大速度有所不同,其中某些特定取向的晶核容易发生晶界的快速迁移,生长速率最快,其他晶核则由于生长速率较慢而被吞并,最终形成一些特定的再结晶织构。陈勇军等[39]发现在往复挤压过程中,AZ31合金中会形成微观织构,并且微观织构随着挤压道次的增加趋于减弱。林金保等[40-42]在对ZK60合金的往复挤压研究中也发现了类似的规律。Pérez-Prado等[21]通过镁合金变形过程中合金组织及织构的变化研究和镁合金退火过程中织构的演变规律的研究,分别证实了镁合金变形过程中的动态再结晶及上述两种再结晶织构的形成理论。

11.5　镁合金动态再结晶的机制

动态再结晶(dynamic recrystallization,DRX)是指材料在变形过程中发生的再结晶,造成DRX的物理机制在很多方面都与控制静态再结晶(static recrystallization,SRX)的机制相似。在镁合金的高温变形中,存在多种DRX机制,包括非连续动态再结晶、连续动态再结晶、孪晶动态再结晶、低温动态再结晶、旋转动态再结晶等[43]。

11.5.1　非连续动态再结晶

非连续动态再结晶(discontinuous dynamic recrystallization,DDRX)包含明显的形核和晶粒长大过程。根据晶界出形核机制,在母晶晶粒大角度晶界处形核,非连续动态再结晶要求晶界具有大的迁移活动能力。合金的纯度越高,变形温度越高,晶界的迁移能力就越强,越容易发生非连续动态再结晶。

非连续动态再结晶包含明显的形核和晶粒长大过程。如图11.12(a)所示[1],高温时,位错的局部滑移引发镁合金初始晶界的局部迁移,该迁移通常发生在位错密度较高的区域,并导致不规则晶界的形成。在非基面上,这些晶界通常会发生迁移,在接近晶界处形成较高的应变梯度[见图11.12(b)]。变形进一

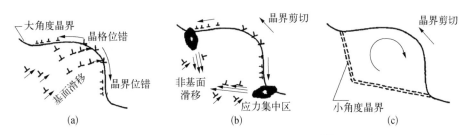

图 11.12　非连续动态再结晶示意图[1]

(a) 形成不规则晶界;(b) 非基面上晶界剪切;(c) 亚晶形成

步进行,非基面晶界的位错在晶粒内部启动,突出的晶界在基面与非基面的位错交割下被分割出去形成亚晶,分割出去的亚晶因为受到晶格位错的约束,随着应变的增大,其晶体取向也会增大,最终转变为大角度晶界[见图 11.12(c)]。

研究人员在研究动态再结晶时发现,非连续动态再结晶具有以下特点[44-46]:① 非连续动态再结晶形核前达到临界应变;② 应力-应变曲线中观察到的单个或多个峰取决于负载条件(Zener – Hollomon 参数)和初始晶粒尺寸;③ 稳定状态达到中度米塞斯等效应变,流动应力与显微组织和加载条件相关,而与初始晶粒尺寸无关;④ 通常在观察稳态流动应力和稳态平均晶粒尺寸时能观察到逆幂律关系;⑤ 初始晶粒尺寸对非连续动态再结晶动力学有明显的影响。

11.5.2　连续动态再结晶

在冷变形量极高的情况下或当晶界迁移过程受到诸如析出物等障碍极强的阻碍时,金属中可能只发生极强的特殊回复过程。在这种回复过程中,不仅会生成通常的小角度晶界,而且会生成大角度晶界。此时,尽管没有发生大角度晶界的迁移,但也生成了全新的组织结构,故将此过程称为连续再结晶。与其他回复过程一样,当连续再结晶时,金属组织结构的各个地方同时发生变化。连续动态再结晶(continuous dynamic recrystallization,CDRX)可在初始晶粒晶界处由亚晶旋转发生。图 11.13 展现了其形成机制[1]。首先,由于镁合金缺乏充分的滑移系,其在变形过程中组织不均匀,在晶界处形成局部剪切[见图 11.13(a)]。其次,局部剪切在晶界附件进行晶格旋转[见图 11.13(b)]。最后,伴随着动态回复的发生,在晶界附件处形成亚晶[见图 11.13(c)]。陈勇军等[47]在往复挤压 AZ31 合金中观察到了亚晶旋转,说明合金中发生了 CDRX。足够形成亚晶的高密度位错只在大角度边界积累,故亚晶主要在原始晶粒的周边区域形成。不同滑移系统的晶格位错的重组形成小角度晶界,晶格位错密度越大,对亚晶的形成越有利[48]。最终,亚晶界发生迁移聚合,形成新的晶粒。

通常,镁合金热变形过程所发生的连续动态再结晶具有以下特征[49]:

(1) 对于应力-应变曲线:应力随应变增加,并在较大应变下达到稳态应力,稳态应力随着变形温度的降低和应变速率的增加而增加,与初始晶粒尺寸无关[见图 11.14(a)]。此外,对于镁合金其应力应变曲线只有单一的峰值应力。

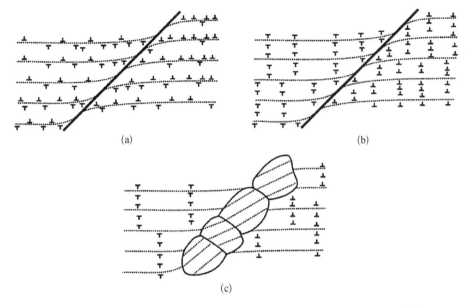

图 11.13　连续动态再结晶机制通过晶格旋转和动态回复形成的示意图[1]

（a）晶界处局部剪切；（b）局部剪切区域旋转；（c）亚晶形成

（2）对于应变所引起的亚晶或晶界的取向，晶界平均取向随着应变的增加而增加，特别是在低应变速率条件下，平均取向增加[18]。如果晶界中存在一些稳定的取向，应变的增加不足以使这些取向转变为高角度晶界［见图11.14（b）］。

（3）低角度晶界向高角度晶界转变时，在温度较高时，低角度晶界取向均匀增加；晶界附件亚晶粒连续旋转吸收位错；在较大应变时，微剪切带形成［见图11.14（c）］。

（4）对于平均晶粒尺寸，平均晶粒尺寸随着变形不断减小，并且在较大应变时达到一个稳定值［图11.14（d）］。合金初始晶粒尺寸的减小能够增加变形过程中晶粒细化的动力，并且应变道次对连续动态再结晶动力的作用是很微弱的。

（5）对于晶粒织构，合金在变形过程中，在应变较大时能够形成强的晶粒织构。

11.5.3　孪晶动态再结晶

在变形过程中，镁合金中形成的孪晶区具有比基体更高的储存能，因此在动

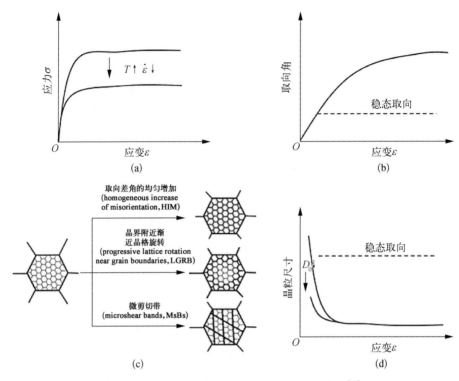

图 11.14 连续动态再结晶(CDRX)的特征示意图[49]

（a）应力-应变曲线；（b）应变引起的亚晶或晶界的取向；（c）连续动态再结晶(CDRX)形成机制；
（d）平均晶粒尺寸的演变

态再结晶过程中发挥着重要的作用。在变形过程中,孪晶的数量随着应变量的增加而增加,其机制如图 11.15 所示[50]。在变形过程中,由于孪晶界与晶界的取向差,大量位错堆积在孪晶界附近,随着变形的进一步进行,位错重新排列(滑移或攀移),形成多边形化的亚晶,随后亚晶不断吸收位错使晶界角度发生转变(低角度晶界→中等角度晶界→高角度晶界),最终形成新的再结晶晶粒。此外,初级孪晶与其内部的次生孪晶相互作用也可作为再结晶晶粒形核基点,但相互作用出现的条件与其他机制不同。

11.5.4 低温动态再结晶

低温动态再结晶(low temperature dynamic recrystallization,LTDRX)是指在低温变形时,应变引导新晶粒簇产生,这些晶粒的晶界均处于非平衡状态,晶粒内部存在大量弹性扭曲,使晶粒内部形成巨大的内应力场。当应力大于非基

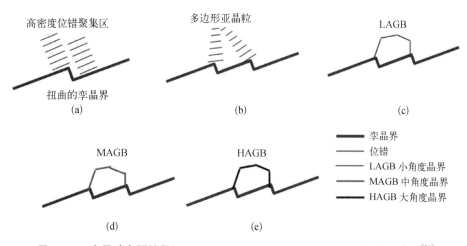

图 11.15　孪晶动态再结晶(twins dynamic recrystallization, TDRX)机制示意图[50]

(a) 高密度位错在孪晶台阶处聚集；(b) 多边化亚晶形成；(c) 亚晶转变为小角度晶界；(d) 小角度晶界转变为中角度晶界；(e) 中角度晶界转变为大角度晶界

面滑移所需的临界分切应力时，非基面滑移将会启动，而大角度再结晶晶核也会因位错重排而形成，并且晶粒内部存在大量位错。

Kaibyshev 等[14]观察 Mg - 5.8Zn - 0.65Zr 合金在温度为 423 K、应变为 2.8×10^{-3} s^{-1} 的条件下镁合金微观组织的变化发现，低温变形能显著细化合金的晶粒，晶粒尺寸从初始的 85 μm 减小到 0.8 μm。此种动态再结晶类型称为低温动态再结晶，这一现象通常发生在 473 K 以下[51]。

Galiyev 等[52]提出了一个低温动态再结晶模型，其过程如图 11.16 所示。位错在平行的基面上累积并重组[见图 11.16(a)]，重组的位错形成具有大角度取向的位错边缘[见图 11.16(b)]；然后晶界滑移促使晶界位错扩展，晶界位错密度的下降导致内部弹性应变减小，同时，大应变下矩形晶粒向等轴晶粒转变[见图

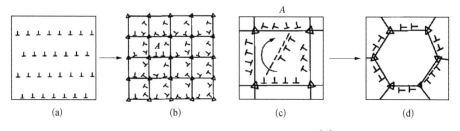

图 11.16　低温动态再结晶机制示意图[13]

(a) 位错在平行的基面上累积并重组；(b) 大角度取向差的位错边缘形成；(c) 晶界滑移促使晶界位错扩展；(d) 矩形晶粒转变为等轴晶粒

11.16(c)(d)]。此模型在解释镁合金变形过程中的一些现象(如显微硬度未下降)时还存在不足,因此需要对低温动态再结晶进一步研究。

11.5.5 旋转动态再结晶

在镁合金动态再结晶机制中,除了发生 DDRX 和 CDRX 外,研究者们发现镁合金在高温变形时还表现出另一种 DRX 现象[53],即旋转动态再结晶(rotary dynamic recrystallization,RDRX)。

Ion 等[1]根据 Mg - 0.8%Al 合金在 150~330 ℃热压缩时的显微结构演变特征,提出了旋转动态再结晶机制。如图 11.17 所示,材料在应力作用下发生孪生变形,重新取向使得基面垂直于压缩轴,这种取向不利于基滑移,同时在邻近晶界处的扭转区域形成新晶粒,在这些周边或表层区域,非基面滑移系容易启动,使晶粒表层发生旋转,从而容纳外部变形。随着应变增大,周边区域发生动态回复引起亚晶形成[见图 11.17(a)],并通过亚晶界迁移和合并最终形成大角度晶界。随着温度的升高,某些周边区域变厚[见图 11.17(b)]。新晶粒一旦形成,就会发生聚集,形成大的变形带或延性剪切带[见图 11.17(c)],此变形带的取向有利于基滑移,因而紧接着的变形都集中在这些区域。

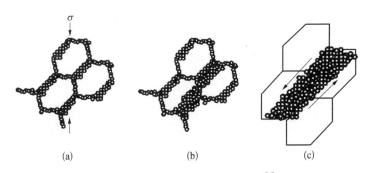

图 11.17　旋转动态再结晶示意图[1]
(a) 在原先晶界处形成新的亚晶;(b) 局部区域亚晶侧向聚集增多;(c) 变形带或延性剪切带形成

Pérez - Prado 等[54]在研究大应变多道次热轧 AZ61 镁合金织构演变时发现,该合金发生了动态再结晶,其组织的变化可以参考 Ion 等[1]提出的旋转动态再结晶模型来解释。试样经一道次轧制后,沿原始晶界产生细小的动态再结晶晶粒。这些晶粒通过原始晶粒旋转而形成,所以这些新生成的动态再结晶晶粒与原始晶粒的取向不同。在二道次轧制时,形成的细小再结晶晶粒发生聚集,形成大的变形带或延性剪切带,这类变形带使基面滑移在变形机制中占主导地位,因此可以容纳更大的应变。

　　大量研究表明,不同动态再结晶机制与开动的变形机制有关:低温(低于 473 K)变形时发生的 LTDRX 和 TDRX 与孪生、基面滑移和(a+c)位错滑移有关;中温(473~523 K)变形时发生的 DDRX 主要与位错排异机制的原始晶界弓出和亚晶生长机制相关,RDRX 在低温至高温阶段均有可能发生。但是,关于 LTDRX 机制的研究非常稀少,许多细节也不清楚;CDRX 和 DDRX 的形核生长过程有很多相似之处,两者之间的关系还有待进一步研究。

11.6　本章小结

　　作为新型结构材料,变形镁合金已经应用于汽车、航空、航天、电子产品以及其他民用产品领域。动态再结晶作为一种重要的软化和晶粒细化机制,对控制镁合金变形组织、改善塑性成形能力以及提高材料力学性能具有非常重要的意义。变形温度、变形程度、应变速率、原始晶粒成分及晶体取向等因素对镁合金动态再结晶过程有很大的影响。目前,镁合金中动态再结晶机制主要有孪晶动态再结晶、低温动态再结晶、连续动态再结晶、不连续动态再结晶和旋转动态再结晶 5 种机制。但是,针对各种因素对动态再结晶形核机制的影响的研究还不够系统。随着变形镁合金的研究和应用的进一步发展,利用镁合金的动态再结晶细化晶粒是提高镁合金的力学性能及改善塑性变形能力的有力手段。

参考文献

[1] Ion S E, Humphreys F J, White S H. Dynamic recrystallisation and the development of microstructure during the high temperature deformation of magnesium [J]. Acta Metallurgica, 1982, 30(10): 1909 - 1919.

[2] Zhou H T, Yan A Q, Liu C M. Dynamic recrystallization behavior of AZ61 magnesium alloy[J]. Transactions of Nonferrous Metals Society of China, 2006, 15(5): 1055 - 1061.

[3] Galiyev A, Kaibyshev R, Gottstein G. Correlation of plastic deformation and dynamic recrystallization in magnesium alloy ZK60[J]. Acta Materialia, 2001, 49(7): 1199 - 1207.

[4] Zhou H T, Liu L F, Wang Q D, et al. Strain softening and hardening behavior in AZ61 magnesium alloy [J]. Journal of Materials Science & Technology, 2004, 20 (6): 691 - 693.

[5] Zhou H，Wang Q D，Ye B，et al. Hot deformation and processing maps of as-extruded Mg－9.8Gd－2.7Y－0.4Zr Mg alloy[J]. Materials Science and Engineering：A，2013，576：101－107.

[6] 余琨，黎文献，王日初，等. Mg－5.6Zn－0.7Zr－0.8Nd 合金高温塑性变形的热/力模拟研究[J]. 金属学报，2003(5)：492－498.

[7] Zhou H T，Wang Q D，Wei Y H，et al. Flow stress and microstructural evolution in as rolled AZ91 alloy during hot deformation[J]. Transactions of Nonferrous Metals Society of China，2003，13(6)：1265－1269.

[8] Wang Q，Wei Y，Chino Y，et al. High strain rate superplasticity of rolled AZ91 magnesium alloy[J]. Rare Metals，2008，27(1)：46－49.

[9] Huang K. Towards the modelling of recrystallization phenomena in multi-pass conditions：application to 304L steel[D]. Paris：École Nationale Supérieure des Mines de Paris，2012.

[10] Zhou H T，Zeng X Q，Liu L L，et al. Microstructural evolution of AZ61 magnesium alloy during hot deformation[J]. Materials Science and Technology，2004，20(11)：1397－1402.

[11] Sitdikov O，Kaibyshev R. Dynamic Recrystallization in pure magnesium[J]. Materials Transactions，2001，42(9)：1928－1937.

[12] Kaibyshev R，Sitdikov O. Dynamic recrystallization of magnesium at ambient temperature[J]. Zeitschrift für Metallkunde，1994，85(10)：738－743.

[13] Kaibyshev R O，Sitdikov O S. On the role of twinning in dynamic recrystallization[J]. Physics of Metals & Metallography，2000，89(4)：384－390.

[14] Kaibyshev R，Galiev A，Sitdikov O. On the possibility of producing a nanocrystalline structure in magnesium and magnesium alloys[J]. Nanostructured Materials，1995，6(5)：621－624.

[15] Zhang Q，Chen Z，Li Q，et al. Deformation behavior characterized by reticular shear bands and long chain twins in Mg－Gd－Nd(－Zn)－Zr alloys[J]. Journal of Materials Research and Technology，2021，15：5326－5342.

[16] Galiyev A，Kaibyshev R，Gottstein G. Grain refinement of ZK60 magnesium alloy during low temperature deformation[C]//TMS Annual Meeting，2002：181－185.

[17] Barnett M R. Influence of deformation conditions and texture on the high temperature flow stress of magnesium AZ31[J]. Journal of Light Metals，2001，1(3)：167－177.

[18] Tan J C，Tan M J. Dynamic continuous recrystallization characteristics in two stage deformation of Mg－3Al－1Zn alloy sheet[J]. Materials Science and Engineering：A，2003，339(1)：124－132.

[19] Chen S F，Li D Y，Zhang S H，et al. Modelling continuous dynamic recrystallization of aluminum alloys based on the polycrystal plasticity approach[J]. International Journal of Plasticity，2020，131：102710.

[20] Le W，Chen Z，Naseem S，et al. Study on the microstructure evolution and dynamic recrystallization mechanism of selective laser melted Inconel 718 alloy during

hot deformation[J]. Vacuum，2023，209：111799.

[21] Pérez-Prado M T，Del Valle J A，Contreras J M，et al. Microstructural evolution during large strain hot rolling of an AM60 Mg alloy[J]. Scripta Materialia，2004，50(5)：661 – 665.

[22] Li S B，Wang Y Q，Zheng M Y，et al. Dynamic recrystallization of AZ91 magnesium alloy during compression deformation at elevated temperature [J]. Transactions of Nonferrous Metals Society of China，2004，14(2)：306 – 310.

[23] Ravi Kumar N V，Blandin J J，Desrayaud C，et al. Grain refinement in AZ91 magnesium alloy during thermomechanical processing [J]. Materials Science and Engineering：A，2003，359(1)：150 – 157.

[24] Wang Q D，Chen Y J，Liu M P，et al. Microstructure evolution of AZ series magnesium alloys during cyclic extrusion compression [J]. Materials Science and Engineering：A，2010，527(9)：2265 – 2273.

[25] Liu Y. Transient plasticity and microstructural evolution of a commercial AZ31 magnesium alloy at elevated temperatures[D]. Detroit：Wayne State University，2003.

[26] Lou Y，Li L，Zhou J，et al. Deformation behavior of Mg – 8Al magnesium alloy compressed at medium and high temperatures[J]. Materials Characterization，2011，62(3)：346 – 353.

[27] Zhou H T，Wang Q D，Wei Y H，et al. Flow stress and microstructural evolution in as rolled AZ91 alloy during hot deformation[J]. Transaction of Nonferrous Metal Society of China，2003，13(6)：1265 – 1269.

[28] Chen Y J，Wang Q D，Lin J B，et al. Microstructure and mechanical properties of AZ31 Mg alloy processed by high ratio extrusion[J]. Transactions of Nonferrous Metals Society of China，2006，16(A03)：S1875 – S1878.

[29] Chen Y J，Wang Q D，Peng J G，et al. Improving the mechanical properties of AZ31 Mg alloy by high ratio extrusion[J]. Materials Science Forum，2006，503 – 504：865 – 870.

[30] Chen Y J，Wang Q D，Peng J G，et al. Effects of extrusion ratio on the microstructure and mechanical properties of AZ31 Mg alloy [J]. Journal of Materials Processing Technology，2007，182(1)：281 – 285.

[31] Chen Y J，Wang Q D，Lin J B，et al. Fabrication of bulk UFG magnesium alloys by cyclic extrusion compression [J]. Journal of Materials Science，2007，42(17)：7601 – 7603.

[32] Lin J B，Wang Q D，Chen Y J，et al. Effect of large deformation on microstructure of ZK60 alloy[J]. Transactions of Nonferrous Metals Society of China，2006，16(0z3)：1750 – 1753.

[33] Zhang L J，Wang Q D，Chen Y J，et al. Microstructure evolution and mechanical properties of an AZ61 Mg alloy through cyclic extrusion compression[J]. Materials Science Forum，2007，546 – 549：253 – 256.

[34] Liu J F，Wang Q D，Zhou H，et al. Microstructure and mechanical properties of NZ30K magnesium alloy processed by repetitive upsetting [J]. Journal of Alloys and

Compounds，2014，589：372 - 377.

[35] 何运斌,潘清林,覃银江,等. ZK60 镁合金热变形过程中的动态再结晶动力学[J]. 中国有色金属学报,2011,21(6)：9.

[36] Maksoud I A，Rödel A J. Investigation of the effect of strain rate and temperature on the deformability and microstructure evolution of AZ31 magnesium alloy[J]. Materials Science and Engineering：A，2009，504(1 - 2)：40 - 48.

[37] Barnett M R，Beer A G，Atwell D，et al. Influence of grain size on hot working stresses and microstructures in Mg - 3Al - 1Zn[J]. Scripta materialia，2004，51：19 - 24.

[38] 毛卫民,张新明. 晶体材料织构定量分析[M]. 北京：冶金工业出版社,1993.

[39] Chen Y J，Wang Q D，Roven H J，et al. Microstructure evolution in magnesium alloy AZ31 during cyclic extrusion compression[J]. Journal of Alloys and Compounds，2008，462(1)：192 - 200.

[40] Lin J B，Wang Q，Peng L，et al. Microstructure and high tensile ductility of ZK60 magnesium alloy processed by cyclic extrusion and compression[J]. Journal of Alloys and Compounds，2009，476(1)：441 - 445.

[41] Lin J B，Wang Q，Peng L，et al. Effect of the cyclic extrusion and compression processing on microstructure and mechanical properties of as-extruded ZK60 magnesium alloy[J]. Materials Transactions，2008，49(5)：1021 - 1024.

[42] Lin J B，Wang Q D，Chen Y J，et al. Microstructure and texture characteristics of ZK60 Mg alloy processed by cyclic extrusion and compression[J]. Transactions of Nonferrous Metals Society of China，2010，20(11)：2081 - 2085.

[43] Ebrahimi M，Wang Q，Attarilar S. A comprehensive review of magnesium-based alloys and composites processed by cyclic extrusion compression and the related techniques[J]. Progress in Materials Science，2023，131：101016.

[44] Mcqueen H J. Development of dynamic recrystallization theory[J]. Materials Science & Engineering A，2004，387：203 - 208.

[45] Cram D G，Zurob H S，Brechet Y，et al. Modelling discontinuous dynamic recrystallization using a physically based model for nucleation[J]. Acta Materialia，2009，57(17)：5218 - 5228.

[46] Montheillet F，Lurdos O，Damamme G. A grain scale approach for modeling steady-state discontinuous dynamic recrystallization[J]. Acta Materialia，2009，57(5)：1602 - 1612.

[47] Chen Y J，Wang Q D，Lin J B，et al. Grain refinement of magnesium alloys processed by severe plastic deformation[J]. Transactions of Nonferrous Metals Society of China，2014，24(12)：3747 - 3754.

[48] 周海涛. Mg - 6Al - 1Zn 镁合金高温塑性变形行为及管材热挤压研究[D]. 上海：上海交通大学,2004.

[49] Huang K，Logé R E. A review of dynamic recrystallization phenomena in metallic materials[J]. Materials & Design，2016，111：548 - 574.

[50] Jiang H，Dong J，Zhang M，et al. Evolution of twins and substructures during low strain

rate hot deformation and contribution to dynamic recrystallization in alloy 617B[J]. Materials Science and Engineering：A，2016，649：369－381.

[51] Liu Z，Song B，Kang S B. Low-temperature dynamic recrystallization occurring at a high deformation temperature during hot compression of twin-roll-cast Mg－5.51Zn－0.49Zr alloy[J]. Scripta Materialia，2009，60(6)：403－406.

[52] Galiyev A，Kaibyshev R. Microstructural evolution in ZK60 magnesium alloy during severe plastic deformation[J]. Materials Transactions，2001，42(7)：1190－1199.

[53] 刘楚明,刘子娟,朱秀荣,等. 镁及镁合金动态再结晶研究进展[J]. 中国有色金属学报，2006,16(1)：12.

[54] Pérez-Prado M T，Valle J，Ruano O A. Effect of sheet thickness on the microstructural evolution of an Mg AZ61 alloy during large strain hot rolling[J]. Scripta Materialia，2004，50(5)：667－671.

第*12*章 金属构筑成形过程中的再结晶研究进展

本章介绍了金属构筑成形技术原理,围绕金属构筑成形过程中界面的再结晶行为,总结了近年纯铜、镍基高温合金、氧化物弥散强化钢热变形连接过程界面组织演化和固态冶金结合的研究进展。

12.1 引言

大型锻件是重大装备的核心部件,但是由于金属凝固过程的尺寸效应,大型铸锭内部常存在宏观偏析、缩孔疏松等缺陷,严重影响锻件质量。为解决这一难题,金属构筑成形技术应运而生。

金属构筑成形技术(additive forging,AF)[1-4]是中国科学院金属研究所基于多年来在大型铸锻件领域的工作经验,为解决大型锻件均质化制备问题而在国际上首次提出的一项全新热加工技术。该技术借鉴了传统的锻造技术与新兴的增材制造技术,突破了传统工程应用中"以大制大"的思想局限,实现金属基元以小制大、无焊缝固态冶金结合的目的。

金属构筑成形过程中会发生再结晶,再结晶是指当变形金属达到临界温度时,大角度界面发生迁移从而产生的结晶行为。动态再结晶是指通过将加压温度提升至再结晶温度以上,使金属材料发生形核长大的过程。深入研究结合界面的动态再结晶过程和机制,有利于进一步完善界面的结合机理,对于完善和改进金属构筑成形工艺具有重要意义。

12.2 金属构筑成形技术原理

金属构筑成形技术的科学本质是固态变形连接和增材制造。在真空、高温、高压和大变形条件下,当表面充分洁净的两块金属接近到原子引力作用的范围时,将形成牢固的金属键,少量残余的显微孔洞和界面氧化物在扩散作用下逐渐消失,使界面与基体在成分、组织、性能上完全一致,实现冶金结合。

　　该方法主要优势有三点:① 以小制大,可避免传统整体铸造的大钢锭中的凝固缺陷,尤其是宏观偏析、缩孔疏松及夹杂等问题,大幅提高成品的成分均匀性;② 实现金属的固态冶金结合,可避免热影响区及局部过热熔化区对原材料组织的不利影响;③ 工程应用上可结合连铸等大工业生产技术制备金属基元,不但自动化程度高,操作简单,而且没有冒口、水口损耗及后续的修整工序,可将材料利用率提升至 20% 以上,对于节能减排、提质增效具有重大意义。

　　金属构筑成形技术路线和原理如图 12.1 所示。其工艺流程如下:连续均匀铸造金属板块,将铸造的金属板块进行表面清洁、堆垛成形、真空电子束焊接封装,再经过高温下加压锻造,使界面充分完成愈合,之后进行多向锻造、整体成形,以此获得均匀的大锻件。通过金属构筑成形工艺可以获得大型均质化的坯料,这种技术可以改善偏析、疏松等传统工艺缺陷。但是,金属构筑成形技术与零部件的近净成形技术还有较大差异,金属构筑成形技术获得的坯料不能达到较高精度,且坯料表面较粗糙,这些问题亟待解决。

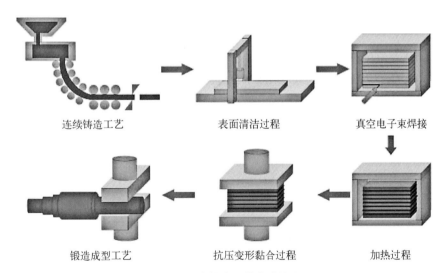

连续铸造工艺　　　　表面清洁过程　　　　真空电子束焊接

锻造成型工艺　　　抗压变形黏合过程　　　　加热过程

图 12.1　金属构筑成形技术路线和原理

　　从技术原理上而言,金属构筑成形过程的机理与扩散焊相似,主要涉及原子扩散与晶界迁移。但因其存在界面的大变形,连接效率和连接质量会远高于常规扩散焊。由此可见,金属的热变形行为也因为界面的引入而发生改变,其再结晶机理和元素互扩散过程会更复杂。基于扩散焊的理论基础,一般认为,金属实现有效冶金结合的标志是连接界面无夹杂物形成且金属基体之间发生冶金结合。因此,现有构筑连接的相关研究主要集中在两个方面。一方面是界面夹杂物的破碎、分解及扩散行为。连接界面具有高表面能,易吸收外来杂质而形成污染物,或者环境元素与金属内部合金元素在界面处结合而形成有害夹杂物,这些污染物和夹杂物都会阻碍连接界面的愈合从而削弱其连接强度[5]。另一方面是连接界面处的晶界迁移行为。早期 Park 等主要关注了界面处孔隙的消除[6],近期部分研究者开始关注构筑连接参数对界面微观组织演化及愈合质量的影响[7-8],发现界面愈合高度依赖于界面转变为晶界及随后的界面晶界迁移过程[9]。但是,关于构筑连接过程界面冶金结合的基础理论尚不完善,有必要对界面愈合机理开展系统的研究工作,为构筑连接技术的工程应用提供理论基础。

金属构筑成形是在真空、高温及大变形条件下实现界面的冶金结合。在变形连接过程中,界面将发生严重的塑性变形。一方面,塑性变形提供了克服表面粗糙度的物质流动,消除了原始界面上的凹陷和凸起,从而在微观尺度上建立起与待连接金属之间的接触;另一方面,塑性变形会使界面区域发生动态再结晶。研究表明,动态再结晶主要分为两种机制[10]。一般低层错能材料中常发生不连续动态再结晶,以晶界弓出为主要特征[11],晶界的局部弓出导致新晶核的形成,晶界持续迁移使得晶核长大并消耗变形储能,从而完成再结晶过程。高层错能材料则主要发生连续动态再结晶,亚晶持续转动,亚晶界取向差不断增加直至形成大角度晶界,进而原位形成新的再结晶晶粒[12]。Tang 等[13]对 TiAl 合金连接界面晶粒的再结晶行为及其对界面剪切强度的影响做了详细研究,指出结合界面再结晶的发生可改变断裂模式,进而改善结合面的强度。

由此可见,不同的再结晶机制势必影响界面晶界的迁移,从而影响连接界面的力学性能。为了深入研究界面动态再结晶行为,下面以三个实例介绍金属构筑成形过程中再结晶行为和界面组织演化的研究进展。

12.3 纯铜热变形连接过程界面组织演化

为避免固态相变对组织观察的干扰,科研人员选择具有 FCC 结构、成分单一、层错能低的单相组织纯铜作为研究对象,用于探究构筑成形过程中界面愈合行为与不连续再结晶机制之间的内在关系。关于纯铜热变形过程中再结晶微观结构演变机理已有较多报道[14],研究人员在此基础上将退火后的纯铜加工成圆柱形试样,将表面打磨光滑后放在压机上,在 600 ℃进行热压,热变形连接界面的微观组织的表征如图 12.2 所示。研究表明[3],在热变形连接过程中,界面区首先发生动态再结晶形核。再结晶晶粒起源于形变后微观结构中产生的小体积亚结构,在畸变能的驱动下,这种亚结构自发地向再结晶晶粒转化。再结晶晶粒优先在大角度晶界上形成,转化过程发生大角度晶界凸起,即界面晶界向前弓出迁移。这个过程一般被认为是应变诱导晶界迁移行为,其驱动力来自由热变形引起的晶界两侧位错含量的差异。这种差异是由于相邻晶粒取向不一致而引起变形过程中滑移系开动不同,或者晶界附近不均匀变形。随着凸起的发展,与凸起晶界相连接的部位位错含量保持不变,但晶界面积不断增大,即晶界能不断增大,作用于晶界凹侧的位

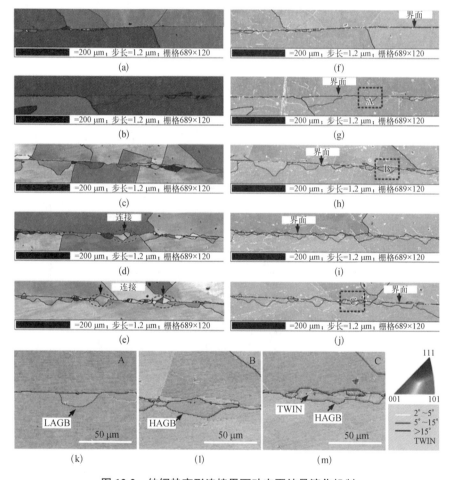

图 12.2　纯铜热变形连接界面动态再结晶演化机制

(a) 应变量为 0.05 的 EBSD;(b) 应变量为 0.10 的 EBSD;(c) 应变量为 0.15 的 EBSD;(d) 应变量为 0.20 的 EBSD;(e) 应变量为 0.25 的 EBSD; (f) 图(a)的界面 SEM; (g) 图(b)的界面 SEM; (h) 图(c)的界面 SEM;(i) 图(d)的界面 SEM;(j) 图(e)的界面 SEM;(k) 图(g)中 A 区域的局部放大图;(l) 图(h)中 B 区域的局部放大图;(m) 图(j)中 C 区域的局部放大图

错结构所产生的约束压力不断减小。因此,这种凸起一旦形成,它将持续长大直至达到新的平衡,并演化成再结晶晶粒。随着应力的增大,再结晶晶粒的形核、长大和界面界线逐渐模糊,最终实现连接界面的冶金结合。

铜基体在 600 ℃变形(0.05<ε<0.25)时,在晶界突出处产生初始动态再结晶晶粒。在结合区的界面晶界处,形成的新动态再结晶晶粒在变形初期具有小角度晶界,随着应变的增加转变为大角度晶界。应变进一步增加(0.50<ε<0.70),再结晶不完全,在试样中观察到一个由细晶粒和粗晶粒组成的界面。因此可以推断,界面结合是以大晶粒的牺牲为代价,是力平衡和应变诱导的边界运动共同作用的结果。冶金结合过程对样品硬度也有很大的影响,试样的整体硬度值随应变(0.15<ε<0.70)的增大而增大。这是由微观结构的变化引起的。由于动态再结晶的存在,平均晶粒尺寸随应变的增加而减小,根据霍尔-佩奇(Hall - Petch)公式,细粒材料应该比粗粒材料硬度更高,界面结合区硬度值明显高于界面结合区两侧的硬度值(见图 12.3)。这说明键合区域应力最大,并且键合区域比键合区域两侧更容易发生完全的再结晶。结合区硬度值应变增加逐渐变光滑,形成完美的结合。

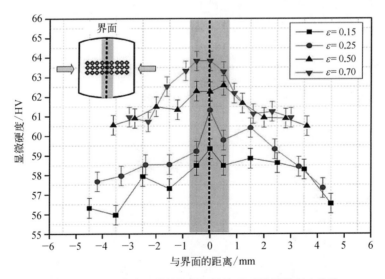

图 12.3 不同应变下的纯铜界面结合区试样显微硬度曲线

12.4 镍基高温合金热变形连接过程界面组织演化

为进一步探索工程材料变形连接过程的界面组织演化,科研人员开展了镍基高温合金 IN718 的热变形连接试验[15-16]。尽管 IN718 合金与纯铜同为 FCC 结构单相组织，兼具低层错能特征，但由于合金元素成分复杂，其热变形过程的组织演变同时具有不连续动态再结晶和连续动态再结晶两种机制。该合金界面愈合过程表现出两种不同的行为，即在较高温度变形时，界面组织愈合行为与纯铜相同，都是由因位错含量差异引起的晶界迁移导致的；而在较低温度变形时，界面组织愈合过程则与亚晶粒的演化相关。这一过程可以用图 12.4 来描述，变形初期，界面处发生轻微的塑性变形，界面晶粒内发生不均匀的应变。由于相邻晶粒之间应变不协调，产生局部应变梯度。局部应变梯度引起晶粒内微小的晶格取向差异，在变形区域中形成几何必需位错。这些几何必需位错相互构成亚晶界，进一步变形后转变为高角度晶界。因此，在变形初期，界面两侧晶粒内部会形成大量亚晶粒，作为动态再结晶的形核位点。随着应变的进一步增大，晶界

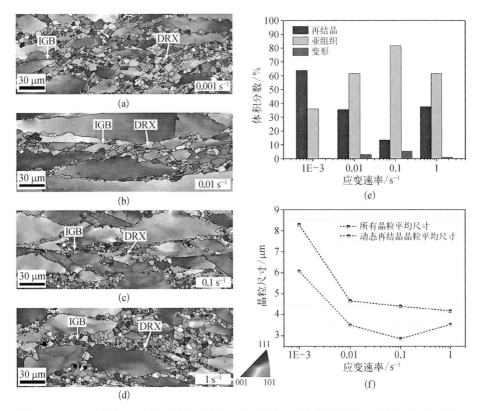

图 12.4　IN718 合金在 1 000 ℃时获得的连接区域的代表性反极图及变形应变率对晶粒的影响

(a) 应变速率为 0.001 s⁻¹时的代表性反极图；(b) 应变速率为 0.01 s⁻¹时的代表性反极图；(c) 应变速率为 0.1 s⁻¹时的代表性反极图；(d) 应变速率为 1 s⁻¹时的代表性反极图；(e) 变形应变速率对不同类型晶粒(再结晶、亚组织和变形)的体积分数的影响；(f) 变形应变速率对不同应变速率水平下晶粒的平均尺寸的影响

两侧在没有应变存储能差的情况下,当界面附近出现临界尺寸的亚晶粒时,即可诱导晶界弓出。在这种情况下,没有位错结构的拖拽阻力,晶界迁移的能力仅取决于亚晶粒的尺寸、分布以及晶界能(或晶粒取向差),晶界迁移速度相对更快。随着动态再结晶的演化,再结晶晶粒形核长大并最终形成跨越界面,实现界面愈合和迁移,致使线性界面逐渐消失。

在 1 000 ℃时,在不同应变速率下,用塑性变形结合法制备的 IN718 接合面的黏结区域发生不同程度的动态再结晶。当应变速率为 0.1 s^{-1}时,随着应变速率的增加,动态再结晶的含量和晶粒尺寸均呈先减小后增大的趋势。界面微观组织研究表明,界面的结合过程与高应变条件下结合界面上细小动态再结晶晶粒的形成和长大密切相关。由于应变硬化效应的不断增强,界面晶界两侧的晶格旋转形成了可作为动态再结晶核的小亚晶。随后,亚晶粒逐渐长大,进入相邻变形区域,界面晶界向相反方向迁移。原始界面晶界的膨胀和进一步的迁移是冶金结合成功的必要条件。

12.5　氧化物弥散强化钢热变形连接过程界面组织演化

为了考察第二相对界面愈合的影响,科研人员研究了氧化物弥散强化钢(ODS 钢)构筑界面的组织演变[8,17]。ODS 钢为高层错能的 BCC 结构材料,基体弥散分布大量纳米级氧化物。以往研究报道,ODS 钢热变形过程主要发生连续动态再结晶。在热压初期,位错在晶粒和晶界随机分布,在应力作用下通过交叉滑移和攀移形成位错缠结,随着应变的加强,取向差的梯度将增加,位错壁转变为亚晶粒中的小角度晶界,小角度晶界在不断吸收位错后演变为大角度晶界,而亚晶粒也逐渐演变成新的晶粒。由于该过程几乎不涉及大角度晶界迁移,所以称为连续动态再结晶。然而,科研人员在 ODS 钢变形连接界面处还观察到不连续动态再结晶现象(见图 12.5)。结构表征表明,ODS 钢中纳米氧化物分布不均以及不可动界面的引入,致使组织不均匀,组织的不均匀性必然会在相邻晶粒之间(特别是在结合界面附近)引入高储存能量梯度,为应变诱导晶界迁移提供驱动力。因此,界面处会发生明显的晶界弓出,弓出区域通过位错的重排和持续变形形成亚晶界,并成为不连续动态再结晶形核的潜在位置。随着应变的进一步增加,弓出区域后端堆积高密度的位错,这些位错形成桥接的亚晶界,并逐渐转变为大角度晶界,使弓出区域分离出来形成再结晶晶核。此后,晶核通过消耗周围变形基体的形变储能快速长大,随着变形量增加,温度升高,界面晶界迁移速率增加,晶界实现长程迁移,最终实现界面的有效结合。

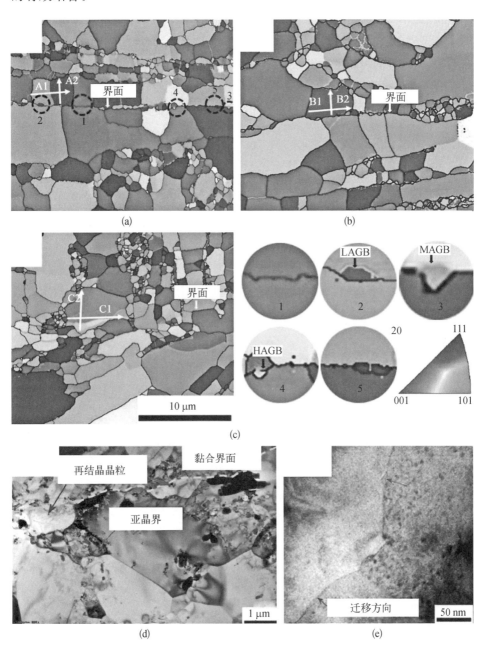

图 12.5　氧化物弥散强化钢(ODS 钢)热变形连接界面动态再结晶演化机制

(a) 应变为 0.11 时的 EBSD;(b) 应变为 0.22 时的 EBSD;(c) 应变为 0.51 时的 EBSD;(d) 界面;(e) 晶界迁移

结果表明,ODS 钢发生了以亚晶旋转为特征的连续动态再结晶,而以应变诱发晶界弓形和桥接亚晶旋转为特征的不连续动态再结晶是主要的形核机制。晶核将随着不断的变形而增长,这将使原来的界面晶界结合。氧化物弥散强化铁素体钢(14YWT)可以在 950 ℃、最小应变量为 0.22 的条件下通过热压实现冶金结合,结合界面无缺陷和夹杂。结合界面在室温下的拉伸性能与母材相同,并且结合界面处没有断裂,可见韧性较强。

12.6　本章小结

金属构筑成形是针对大型锻件制造技术难题,在真空、高温、高压和大塑性变形条件下,将表面洁净的固态金属在接近原子引力作用范围内形成牢固的金属键,实现固态变形连接、固态冶金结合和增材制造的新技术。在构筑成形过程中将发生原子扩散与晶界迁移,由于界面的引入,热变形行为具有特殊性,再结晶机理和元素扩散比传统热加工过程更复杂,不同金属材料在构筑成形过程中的再结晶行为和界面组织结构演化是关键的科学研究,将有助于金属构筑成形技术的发展和应用。

参考文献

[1] Xie B, Sun M, Xu B, et al. Dissolution and evolution of interfacial oxides improving the mechanical properties of solid state bonding joints[J]. Materials and Design, 2018, 157: 437 - 446.

[2] Zhang J Y, Sun M Y, Xu B, et al. Interfacial microstructural evolution and metallurgical bonding mechanisms for IN718 superalloy joint produced by hot compressive bonding[J]. Metallurgical and Materials Transactions B, 2018, 49(5): 2152 - 2162.

[3] Zhang J Y, Sun M Y, Xu B, et al. Evolution of the interfacial microstructure during the plastic deformation bonding of copper[J]. Materials Science and Engineering: A, 2019, 746(11): 1 - 10.

[4] Xie B, Sun M, Xu B, et al. Oxidation of stainless steel in vacuum and evolution of surface oxide scales during hot-compression bonding[J]. Corrosion Science, 2019, 147: 41 - 52.

[5] Zhu Z, He Y, Zhang X, et al. Effect of interface oxides on shear properties of hot-rolled stainless steel clad plate [J]. Materials Science and Engineering: A, 2016, 669: 344 - 349.

[6] Park C Y, Yang D Y. A study of void crushing in large forgings: bonding mechanism and

estimation model for bonding efficiency[J]. Journal of materials processing technology, 1996, 57(1 - 2): 129 - 140.

[7] Yang X, Li W, Feng Y, et al. Physical simulation of interfacial microstructure evolution for hot compression bonding behavior in linear friction welded joints of GH4169 superalloy[J]. Materials and Design, 2016, 104: 436 - 452.

[8] Zhou L, Feng S, Sun M, et al. Interfacial microstructure evolution and bonding mechanisms of 14YWT alloys produced by hot compression bonding[J]. Journal of Materials Science & Technology, 2019, 35(8): 10.

[9] Hu W, Ponge D, Gottstein G, et al. Origin of grain boundary motion during diffusion bonding by hot pressing[J]. Materials Science and Engineering A, 1995, 190(1 - 2): 223 - 229.

[10] Huang K, Logé R E. A review of dynamic recrystallization phenomena in metallic materials[J]. Materials and Design, 2016, 111: 548 - 574.

[11] Ponge D, Gottstein G. Necklace formation during dynamic recrystallization: mechanisms and impact on flow behavior[J]. Acta Materialia, 1998, 46(1): 69 - 80.

[12] Sakai T, Miura H, Goloborodko A, et al. Continuous dynamic recrystallization during the transient severe deformation of aluminum alloy 7475[J]. Acta Materialia, 2009, 57 (1): 153 - 162.

[13] Tang B, Qi X S, Kou H C, et al. Recrystallization behavior at diffusion bonding interface of high Nb containing TiAl alloy[J]. Advanced Engineering Materials, 2016, 18(4): 657 - 664.

[14] Miura H, Sakai T, Mogawa R, et al. Nucleation of dynamic recrystallization at grain boundaries in copper bicrystals[J]. Scripta Materialia. 2004, 51(1): 671 - 675.

[15] Zhang J Y, Xu B, Haq Tariq N, et al. Microstructure evolutions and interfacial bonding behavior of Ni - based superalloys during solid state plastic deformation bonding[J]. Journal of Materials Science & Technology, 2020, 46: 1 - 11.

[16] Zhang J Y, Xu B, Tariq N H, et al. Effect of strain rate on plastic deformation bonding behavior of Ni - based superalloys[J]. Journal of Materials Science & Technology, 2020, 40: 54 - 63.

[17] Zhou L, Chen W, Feng S, et al. Dynamic recrystallization behavior and interfacial bonding mechanism of 14Cr ferrite steel during hot deformation bonding[J]. Journal of Materials Science & Technology, 2020, 43: 92 - 103.

第*13*章 纳米晶材料的结晶与晶粒长大研究进展

本章介绍了纳米晶材料的特性和分类,综述了近年来利用化学气相沉积、磁控溅射、粉末冶金、机械合金化、非晶晶化、溶胶-凝胶法等制备技术制备纳米晶材料的发展,以及纳米晶材料中晶粒长大的实验研究和计算机模拟研究的新进展。研究纳米晶材料制备过程中的结晶和晶粒长大过程,有助于实现纳米晶材料的结晶控制,推动纳米晶材料的实际应用。

13.1 纳米晶简介

纳米晶材料是 20 世纪 80 年代发展起来的一种新型纳米材料,是指由极细晶粒组成,特征维度尺寸在纳米量级的固态材料(见图 13.1)。纳米晶材料组成

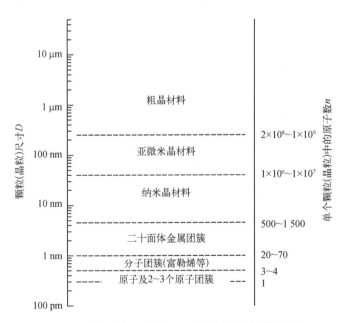

图 13.1 根据粒子(晶粒)尺寸对物质和材料的分类

单元的尺度小,界面占据了相当大的比例,导致由纳米晶体微粒构成的体系展现出不同于通常宏观材料体系的、独特的材料性能。科学家们对纳米晶材料在未来材料领域的应用与发展予以厚望。

13.1.1　纳米晶的特性

纳米晶材料的单个晶粒尺寸在纳米量级,可以看成是由两部分组成的,即晶体部分与界面部分。从几何角度来看,材料的晶界数量较普通材料大幅度增加,可占材料整体的 50% 以上,因此处于晶界处的原子占有极大的比例,其原子排列也互不相同,界面周围的晶格原子结构互不相关,晶粒间距离也各不相同。界面部分原子的排列既不像晶态材料那样长程有序,也不像非晶态材料那样短程有序,而是构成一种与结晶态的有序晶态与玻璃态的无序非晶态都具有很大差别的一种崭新的结构。

纳米晶材料特殊的性质与其微观组织结构有关。由于纳米晶材料组成和结构的特殊性,与常规晶体材料相比,纳米晶材料因其极细的晶粒,其晶体结构以及界面中原子的间距与普通材料不同,会引起量子尺寸效应、小尺寸效应、表面效应和宏观量子隧道效应等,进而改变材料性能。与同组成的微米晶体材料相比,纳米晶材料在力学、物理、催化、光学、磁性、热学和电学等方面有了很大的改进。晶粒尺寸的减小,在一定条件下引起的材料物理性质变化称为小尺寸效应,主要体现在纳米晶材料特殊的光学、热学、电磁学及力学性质上。例如,在温度一定的条件下,金属颗粒的粒径越小,越易发生量子尺寸效应,即金属越容易由导体转变为绝缘体;温度越低,出现量子尺寸效应的尺寸越大,金属颗粒越容易由导体变为绝缘体[1]。同时,纳米微粒的表面效应(指纳米粒子的表面原子数与总原子数之比)会大幅度增加,晶粒的表面能与表面张力也随之增加,最终引起纳米晶材料性质的变化。

作为 21 世纪材料科学和凝聚态物理领域中的研究热点,纳米晶材料具有广阔发展前景。目前,既可以大规模生产,又较经济的纳米晶材料的制备技术已成为广泛应用及发展新型纳米晶材料的关键。

13.1.2　纳米晶的分类

纳米晶材料是单相或多相多晶体,可以根据其晶粒大小进行分类,如图 13.1 所示。根据其维度,可以分为团簇材料(零维)、纤维材料(一维)、薄膜或多层材料(二维)及在三个维度上均为纳米级(通常为 1～100 nm)的多晶材料(三维)

（见图 13.2）[2]。在片层状纳米晶体中,晶体的长度和宽度远远大于厚度,而在丝状纳米晶体中,晶体的长度大体上大于宽度或直径。纳米晶材料可以包含晶体、准晶体或非晶相,可以是金属、陶瓷或复合材料。其中,三维纳米结构晶体的合成、结晶和表征最受关注,其次是二维层状纳米结构,前者由于其高强度、改进的成形性以及软磁性能的良好结合而被广泛应用,后者则多用于电子设备[3]。

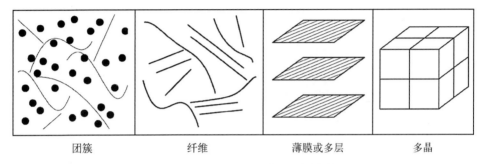

| 团簇 | 纤维 | 薄膜或多层 | 多晶 |

图 13.2　根据维度对纳米晶材料分类

13.2　纳米晶材料的主要制备方式

目前,在进行纳米晶材料的基础研究的同时,研究者们也着重于其制备技术的开发。但由于纳米材料在结构上存在表面效应及小尺寸效应,在能量上远离平衡态,表面原子数量多,原子配位不足,表面能高,因此这些表面原子具有高的活性,极不稳定,当满足一定的热激活条件（有时甚至在室温）时,就会通过长大释放出过剩自由能,相应地也将失去纳米材料的某些特性,这造成纳米晶材料制备中的困难。

在纳米晶材料中,纳米颗粒的结晶性、尺寸分布和空间分布是决定其电学和光学性质的关键因素。同时,由于纳米晶材料具有很高的界面分数,因此具有高的界面能,这会驱动界面总面积的减少,即纳米晶材料晶粒有显著的长大趋势。显著的长大一旦发生,纳米晶材料就会失去其独特的性能。因此,研究纳米晶材料制备过程中的结晶和控制结晶,不仅对认识纳米晶材料的结构稳定性具有十分重要的意义,而且对纳米晶材料的应用也有重要意义。控制不同制备工艺的结晶过程,即可改变结晶过程中纳米晶体的晶粒大小、形态和晶体结构。因此,控制材料结晶过程中的晶粒大小是很有必要的,将其控制在纳米尺寸范围内,才能实现纳米晶材料的制备。

13.2.1　制备方法分类

原则上,制备晶体大小为纳米尺度的方法都适用于制备纳米晶材料[4]。纳米晶的制备方法可分为自上而下和自下而上两种。将较大的颗粒变为较小的颗粒,即称为自上而下的技术,如铣削、湿法研磨及高压均质法;而自下而上的技术是由单个分子生长成纳米颗粒,如受控流空化法(controlled flow cavitation)、喷雾法(spray drying)、超临界反溶剂法(supercritical antisolvent)、溅射法(impinging jet crystallization)、微乳液法(emulsion method)等。自下而上的技术通常是一种沉淀或结晶技术,是制备纳米晶体的原始技术。

纳米晶材料的制备技术还可以按照起始材料的不同来区分[5],主要包括以下三类:① 气相法,例如气体冷凝法、活泼氢-熔融金属反应法、溅射法、流动液面上真空蒸镀法、通电加热蒸发法、混合等离子法及激光诱导化学气相沉积法等;② 液相法,例如沉淀法、喷雾法、水热法、溶剂挥发分解法、溶胶-凝胶法及电沉积法等;③ 固相法,例如高能球磨法和非晶晶化法等。

这些制备方法按其界面形成过程又可分为三大类:① 外压力合成,如超细粉冷压法、机械研磨法等;② 沉积合成,如电解沉积、气相沉积、溅射沉积、激光烧蚀沉积等;③ 相变界面形成,如非晶晶化法等。

上述方法都有各自的优点和缺点,并不是所有方法都适用于制备所有类型的纳米晶材料。例如,非晶晶化法涉及急冷,不适用于大尺寸的非晶晶体的制备。为此,根据各种方法的独特优势开发新的制备模式发展新一代的纳米晶制备技术已成为各国努力的方向。不难发现,采用简单的工艺制备大块组织均匀、高致密、晶粒细小均匀且热稳定性好的纳米晶材料是推动纳米技术飞速发展的关键。目前,纳米晶材料制备技术的关键是需要发展和完善制备大量及各种组分的纳米晶材料的方法,研究制备过程中外部条件对纳米晶材料形成的影响规律,寻求工业化制备纳米晶材料的新技术,挖掘出纳米材料的更大潜力。

以下简要介绍纳米晶材料制备的常用方式,并通过一些实例介绍如何控制材料制备过程中的结晶。

13.2.2　化学气相沉积法

化学气相沉积(chemical vapor deposition,CVD)法是一种常用的沉积方法,用于制备高品质、高性能的固体材料,一般在真空下进行。沉积时将基材暴露于一个或多个挥发性靶材,这些靶材在被加热的基材表面或附近发生反应和/或分解,从蒸气中沉积固体材料,产生所需的沉积薄膜。利用化学气相沉积或电化学沉积技术,控制适当的工艺参数即可获得纳米晶材料,但因沉积厚度的限制,利用这些方法获得的纳米晶材料一般为薄膜材料,实验流程如图13.3 所示。

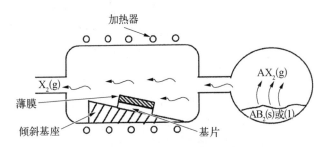

图 13.3　CVD 方法制备纳米晶薄膜示意图

化学气相沉积法的优点有以下几个方面[6]:

(1) 气相工艺通常比液相工艺所获得的反应物纯度更高。液相工艺中,即使是高超纯水也含有微量矿物质,对电子级半导体有害。只有在真空和气相系统中才能避免这些杂质。

(2) CVD 工艺在制备复杂的化学结构方面具有一定的优势,这些化学结构有助于生产多组分材料,如高温超导体等。

(3) CVD 的工艺过程与产品性质的对应性好。颗粒尺寸、结晶度、团聚度、孔隙度、化学均匀性、化学计量比等特性都可以通过调整工艺参数或增加额外的工艺步骤(如烧结或粒度分级)来控制。

韩国的金雄圣等[7]成功利用传统的等离子增强化学气相沉积技术制备了纳米晶硅。为了提高生长初期的结晶速度,他们在等离子体增强的化学气相沉积法(plasma enhanced chemical vapor deposition,PECVD)设备和干法刻蚀设备中,利用 H_2/SF_6 等离子体对 SiN_x 薄膜表面进行处理。在制备纳米/微米晶粒结晶硅时常用的氢气稀释条件下,沉积得到了小于 10 nm 的纳米晶硅。

13.2.3　磁控溅射法

以离子束溅射为例,它由离子源、离子引出极和沉积室组成,在高真空或超高真空中溅射镀膜。利用直流或高频电场使惰性气体(通常为氩)发生电离,产生辉光放电等离子体,电离产生的正离子和电子高速轰击靶材,使靶材上的原子或分子溅射出来,然后沉积到基板上形成薄膜。离子源内的由惰性气体产生的离子具有较高的能量(通常为几百至几千电子伏特),可以通过一套电气系统控制离子束的性能,从而使离子轰击靶材时产生不同的溅射效应,靶材最终沉积到基片上形成纳米材料[8],原理如图 13.4 所示。

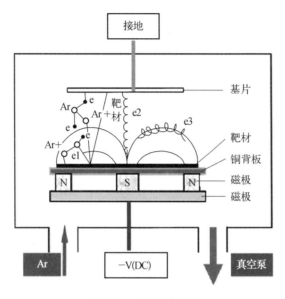

图 13.4　磁控溅射原理

　　磁控溅射的优点是能实现工业化生产且低成本,生长的薄膜附着力较好,但在溅射生长过程中,对薄膜的晶化、纳米晶粒的平均尺寸以及空间分布较难控制。不过这种技术在高温条件下生长容易结晶。杨瑞东等[9]采用磁控溅射设备,在基片温度为 500 ℃时,在 Si(100)基片上磁控溅射生长 Ge/Si 多层膜样品。样品的分析结果表明,通过控制 Ge 埋层的厚度,可以调节 Ge 的结晶及晶粒尺寸,获得晶粒平均尺寸和空间分布较均匀的多晶 Ge/Si 多层膜。李浩等[10]采用磁控溅射加炉内退火的工艺制得了 SiO_xN_y 薄膜样品,通过对溅射生成的 SiO_xN_y 薄膜进行退火后的分析发现,SiO_xN_y 薄膜中存在 N 元素流失的现象,N 流失的量也因采用不同的溅射和退火工艺而不同。定性和定量的分析表明,随着 N 在薄膜样品中流失量的增加,Si 的结晶现象更明显,这种现象的产生与退火过程中 Si 在基体中的扩散和团聚能力的增加有关。

13.2.4　粉末冶金法

　　目前,高能球磨受到广大材料科学研究者的重视。这种方法包括两个方面:

纳米粉末的制备和烧结。该方法主要用以制备金属或合金纳米晶粉体。将纯金属粉按要求加入高能行星球磨机,在一定条件下经机械合金化处理,即可得到金属或合金纳米晶粉体,如图 13.5 所示。机械合金化工艺采用的原料既可以是单质元素粉末,也可以是预合金粉。目前纳米粉末的制备技术已经相对成熟,因此关键是烧结技术。纳米烧结的最大问题是纳米粒子在烧结过程中因晶粒长大而导致纳米特性丧失,因此,在烧结过程中减少晶粒长大和增大烧结致密度是结晶的关键。目前纳米粉末烧结常用的是特种烧结法,通过加入第二相物质、施加外力、快速烧结等来抑制晶粒生长,并由此发展出超高压烧结、放电等离子烧结方法。超高压烧结法是在烧结时对样品施加极高的压力,抑制晶粒长大并降低烧结温度,得到纳米晶块体。现已用该方法成功得到了 CBN 纳米晶块体[11],研制出了高性能的纯 PCBN 刀具材料。

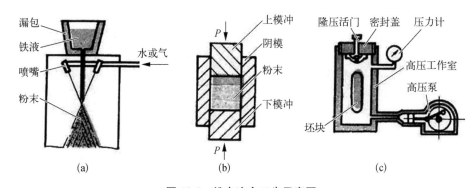

图 13.5 粉末冶金工步示意图

(a) 雾化制粉;(b) 模压成形;(c) 热等静压

放电等离子烧结又称为等离子活化烧结,是利用脉冲能、放电脉冲压力和焦耳热产生的瞬时高温场来实现烧结。它既能使样品致密,又能使晶粒保持在纳米级,是比较合适的块体纳米晶材料烧结方法。目前已可利用一定细度的 α-Fe_2O_3 和 ZnO 粉体制备 Zn 铁氧体纳米晶。

13.2.5 机械合金化法

机械合金化法,即机械研磨法,是将粉末装入密封的高强度罐里,根据盛粉的多少和粉罐容积来配备一定比例的高强度金属球或陶瓷球,在强烈的振动冲击作用下,通过机械研磨的方式,在各种调控手段下控制结晶,从而得到纳米级的微晶,如图 13.6 所示。

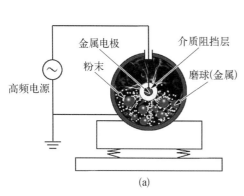 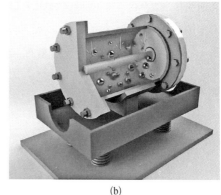

(a) (b)

图 13.6　机械合金化法示意图

(a) 机械合金化过程；(b) 机械合金化装置

机械合金化是由 Benjamin 等[12] 提出的一种制备合金粉末的高能球磨技术，它最初主要用于制备氧化物弥散强化镍基合金。1990 年，Schlump 等[13] 发表了机械合金化制备纳米晶材料的报道，使该技术更加引人注目。目前，采用机械合金化法制备的几类纳米晶材料主要有高强度铝合金（如 2024 铝合金、Al - Fe - Ni 合金和 Al - Ti 合金等典型的耐热铝合金）、铜合金、难熔金属化合物纳米晶（Ta_2N 粉末、TiC 粉末、RuAl 金属间化合物粉末）、金属储氢材料（如纳米晶 $Mg - 35\%FeTi_{1.2}$ 和 Mg_2Ni 储氢合金）和复相稀土永磁材料等。控制制备过程中的结晶，可得到不同组织性能的材料。采用机械合金化技术制备纳米晶材料，不仅工艺简单、生产效率高，而且能合成许多采用熔体快淬、蒸发冷凝等技术无法获得的新型合金或化合物材料。因此，作为一种制备纳米晶材料的重要方法，机械合金化技术受到人们的极大关注，有望发展成为一条制备纳米晶材料的实用化途径。但这种方法也存在晶粒尺寸不均匀、易引入杂质的缺点，很难得到洁净的纳米晶体界面，对一些基础性的研究工作不利。

13.2.6　非晶晶化法

非晶晶化法通过控制非晶态固体的晶化动力学过程，通常采用等温晶化，使晶化过程的产物成为纳米尺寸的晶粒。通过控制退火温度和时间，获得完全晶化的三维纳米晶体样品，这种制备纳米软磁材料的技术，已在工业化中广泛应用。卢柯等[14] 先用单辊急冷法将 $Ni_{80}P_{20}$ 的熔体制成非晶态合金条带，然后在不同温度退火，使非晶带晶化成由纳米晶构成的条带，他们采用该方法成功地制备出纳米晶 Ni-P 合金条带。许并社等[15]在电子束照射和金属纳米粉微粒的催化作用下用非晶态碳膜成功地制备了富勒烯薄膜。目前已利用该方法制备出 Ni 基、Fe 基、Co 基、Pd 基等多系列的纳米晶体,该方法工艺过程简单、成本低、产量大,并且晶粒度和变化易控制,界面清洁、致密,样品中无微孔隙。

13.2.7 溶胶-凝胶法

溶胶-凝胶法(sol-gel method,S-G 法)就是以无机物或金属醇盐作为前驱体,将这些原料在液相均匀混合,并进行水解、缩合化学反应,在溶液中形成稳定的透明溶胶体系。溶胶经陈化,胶粒间缓慢聚合,形成三维空间网络结构的凝胶,凝胶网络间充满失去流动性的溶剂,形成凝胶。凝胶经过干燥、烧结固化,制备出分子乃至纳米亚结构的材料。溶胶-凝胶法的工艺过程如图 13.7 所示。目前人们已制得(Pb,Ca)TiO_3 纳米晶[16]、TiO_2 纳米晶、正温度系数热敏电阻纳米晶。

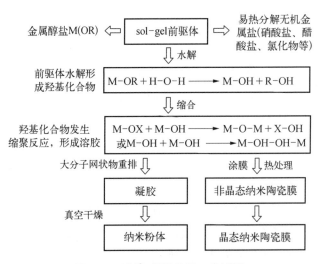

图 13.7　溶胶-凝胶法的工艺过程

与其他方法相比,溶胶-凝胶法具有许多独特的优点:① 由于溶胶-凝胶法中所用的原料首先被分散到溶剂中而形成低黏度的溶液,因此,可以在很短的时间内获得分子水平的均匀性,在形成凝胶时,反应物之间很可能是在分子水平上被均匀地混合;② 由于经过溶液反应步骤,很容易均匀定量地掺入一些微量元素,实现分子水平上的均匀掺杂;③ 与固相反应相比,化学反应更容易进行,而且仅需要较低的合成温度,一般认为溶胶-凝胶体系中组分的扩散在纳米范围内,而固相反应时的组分扩散是在微米范围内,因此溶胶-凝胶体系中的反应更容易进行,反应温度更低;④ 采用合适的条件可以制备各种新型材料。但是,溶胶-凝胶法也存在一些问题,例如,原料金属醇盐成本较高;有机溶剂对人体有一定的危害性;整个溶胶-凝胶过程所需时间较长,常需要几天或几周;存在残留小孔洞;存在残留的碳;在干燥过程中会逸出气体及有机物,导致材料收缩。

13.3　纳米晶材料的晶粒长大

13.3.1　晶粒长大

多晶材料中发生晶粒长大,界面能降低,从而使系统总能量降低。纳米晶材料具有高度无序的大界面组分,处于高能态,因此晶粒长大的驱动力较高。纳米晶粒的固有稳定性是由晶粒尺寸分布、等轴晶形态、低能晶界结构、相对平坦的晶界结构和孔隙等结构因素所决定的。此外,研究者还发现晶界齐纳阻力和三结阻力对延缓晶粒生长有显著作用[17]。

只有当平衡熔化温度 T_m 低于 600 ℃时,在室温或更低的温度下,一些单相纳米晶材料的晶粒显著长大(24 h 内晶粒尺寸增加一倍)[4]。对于 T_m 较高的金属,如 Cu 在 100 ℃时,Pd 在 250 ℃时[4],Ti - Mg 在 450 ℃时,晶粒长大缓慢[3]。

等温退火条件下,正常晶粒生长动力学可以表示为

$$d^2 - d_0^2 = Kt \tag{13.1}$$

式中,d 为 t 时刻的晶粒尺寸;$t=0$ 时的平均初始晶粒尺寸为 d_0;K 为常数。理论预测也与上述趋势一致。只有在接近熔点的温度下才符合上式。假设 $d > d_0$,经验方程为

$$d = K't^{\frac{1}{n}} \tag{13.2}$$

式中,K' 为常数;n 为晶粒生长指数。式(13.2)能较好地表达低温下金属晶粒的生长行为。n 的取值范围为 2~3。晶粒长大的活化能 Q 可以由以下公式计算:

$$K' = K'_0 \exp(-Q/RT) \tag{13.3}$$

式中,K'_0 是指数前常数;R 是气体常数。

由于纳米晶材料晶粒尺寸难以准确测定,纳米晶材料的晶粒长大研究十分困难。尽管如此,仍有研究者使用 TEM、差示扫描量热法(differential scanning calorimetry,DSC)、X 射线衍射和拉曼光谱技术对晶粒生长进行了一些研究。

纳米晶材料的晶粒生长研究采用直接显微观察或根据 X 射线衍射峰的峰宽值估算等方法测定晶粒尺寸,研究在不同温度下晶粒尺寸随时间的变化。研究表明,DSC 技术可以用来确定纳米晶材料晶粒长大过程的参数。由于界面密度高,在纳米尺寸的晶粒生长过程中释放的热量足够大,可以用量热计检测[18]。

13.3.2　影响纳米晶材料晶粒长大的因素

纳米晶材料问世以来,晶粒长大问题一直是研究人员关注的焦点。纳米晶的晶粒长大可以分为正常晶粒长大和异常晶粒长大。正常晶粒长大的主要特征是晶粒长大过程中晶粒尺寸保持基本均匀,而异常晶粒长大的主要特征是大部分晶粒的生长受到阻碍而极少数晶粒迅速长大。通常多晶材料晶粒长大的驱动力来源于晶界的界面能。在晶粒长大过程中,晶粒平均尺寸的增长对应界面总面积的下降,从而使系统自由能降低,因此,晶粒长大在热力学上是一个自发的过程。晶粒长大是通过晶界的迁移来实现的,晶界总是向它的曲率中心方向移动。

由于晶粒尺寸由纳米尺度增至亚微米甚至微米尺度时,会导致材料一些物理或力学性能迅速下降或纳米材料一些特异性能的消失,因此,研究纳米晶粉末的热稳定性和晶粒长大特性具有非常重要的科学意义和实用价值。

许多因素都有可能影响晶粒长大过程的进行,如制备方法、杂质含量、溶质浓度、第二相粒子、初始晶粒尺寸、微观应变等[19]。这些因素与晶界相互作用,降低驱动力(晶界自由能)或者晶界迁移速率,从而抑制晶粒的长大。在此情况下,材料仍为亚稳态,只是发生晶粒长大的时间延长,晶粒长大的温度更高。下面主要讨论溶质原子、第二相粒子、孔洞和微观应变等对纳米晶材料晶粒长大行为的影响。

1) 溶质原子

Kirchheim[20]认为溶质原子对纳米晶长大的影响是因为溶质原子的存在改变了体系内的自由能。随着退火温度的升高,晶粒长大的激活能升高,这是由杂质在晶界的偏聚所导致的。Malow 等[21]研究了高能球磨制备的纳米晶 Fe 的长大,发现在低温和高温退火,纳米晶 Fe 的长大具有不同的机制,这与球磨过程中引入的杂质 Cr 有关,而两种机制之间的转变取决于温度和时间。Natter 等[22]研究了纳米晶 Pd 的晶粒长大行为。在等温退火初期,没有观察到明显的晶粒长大;随后观察到两种尺度晶粒共存的结构,小晶粒的长大遵循线性规律,而大晶粒在等温退火初期快速长大。这种异常长大行为与制备中引入的杂质在晶界的偏聚有关。在晶粒长大过程中,晶界总面积减小,高浓度杂质的钉扎作用阻碍了小晶粒长大,而在杂质浓度较低的地方,大晶粒迅速长大。但是,在纳米晶 Ni 中,均匀分布的杂质提高了纳米晶晶粒尺寸的稳定性。

2) 第二相粒子

在普通多晶材料中,第二相粒子除明显改变动力学特征外,在一定条件下还将诱发异常晶粒长大,从而可能完全中止正常晶粒长大过程。在纳米晶材料中也观察到类似的现象。例如,Hibbard 等[23]研究了电镀法制备的纳米晶 Ni 的长大行为,发现在初期的均匀长大结束后,晶粒在进一步的长大过程中呈现不均匀长大,部分晶粒发生异常长大,而且异常长大的晶粒具有平直的长大界面,他们认为这可能与富 S 的第二相粒子的偏聚有关。

3) 孔洞

目前,用于制备纳米晶材料的大部分方法都会产生相当多的残余孔洞,而残余孔洞是影响材料某些性质的重要微观结构。孔洞对纳米晶晶粒长大的阻碍作用与溶质原子相似。Dong 等[24]研究了纳米晶 Al 的长大行为,发现制备过程中引入的孔洞影响了纳米晶的长大行为。文章指出,在纳米晶的长大过程中,孔洞起到了阻碍作用,提高了长大所需的激活能。在长大初期,由于小孔洞与纳米晶之间较好的接触,在较低的驱动力下,具有高比表面的小纳米晶很容易长大。随着温度进一步升高,由于大孔洞的强阻碍作用,大纳米晶需要在高的驱动力下才能发生明显的长大。

4) 微观应变

Lu 等[25]研究了晶粒尺寸相同的电解沉积纳米晶 Cu 和电解沉积后冷轧处理得到的纳米晶 Cu 的晶粒长大行为。结果表明,微观应变影响晶粒的长大。对于微观应变很小的电解沉积纳米晶 Cu,其晶粒长大过程发生在微观应变释放之前,晶粒长大的温度范围较宽,微观应变释放的温度范围较窄;对于轧制态纳米晶 Cu,微观应变释放过程早于晶粒长大过程发生。这说明在纳米晶 Cu 中,微观应变的大小与纳米晶 Cu 的长大有密切的关系。随微观应变的增加,晶粒长大的起始温度升高而微观应变释放的起始温度下降,微观应变释放所需的激活能也下降。这是由于纳米晶 Cu 的微观应变值较大时,样品中高密度的位错与晶界相互作用阻碍了晶界移动,使晶粒长大的温度升高。纳米晶材料的应力释放过程来源于各种位错的湮灭。微观应变值较大时,晶格中高密度的位错为应力释放提供了较大的驱动力,因此,位错湮灭的起始温度下降。电解沉积纳米晶 Cu 的等温长大激活能接近多晶体 Cu 的晶界的扩散激活能,这说明纳米晶材料的晶粒长大机制与传统的多晶体材料相似,都是由晶界扩散控制长大。

13.3.3　计算机模拟晶粒长大

除了从实验上研究纳米晶的长大行为外,许多学者还用计算机模拟了纳米晶的长大行为。对显微组织及其演变过程的计算机仿真与系统分析,既可实现对相关理论模型的检验和验证,又可为显微结构层次的材料设计提供参考和依据。计算机模拟纳米晶晶粒生长的方法大体可分为三种:蒙特卡罗方法、元胞自动机法、扩散界面相场变量模型的方法。不同的方法各有优点与缺点。

Haslam 等[26]用计算机模拟方法研究纳米晶合金的长大过程,指出晶粒长大机制包括晶界迁移和晶粒转动两种。这些工作证明纳米晶的长大仍可在一定程度上用描述普通多晶长大的基本方程(如 Burke 方程)进行研究。但是,纳米晶长大的机制以及影响因素与普通多晶材料有明显的不同。

应该指出的是,大部分的计算机模拟主要集中于二维系统,虽然能够在一定程度上提供与晶粒长大有关的动力学和拓扑学信息,但是,所有二维晶粒长大的模拟都是基于某种特定的假设或简化。任何多晶体材料中的晶粒都是三维的,因此,模拟三维晶粒的长大更具有实际意义。

13.4　本章小结

纳米晶材料的合成和制备为材料、物理化学等学科开辟了一个新的领域。虽然纳米晶材料的研究才刚刚起步,但对其结构和性能的研究已经愈来愈引起人们的重视。随着纳米晶材料制备工艺和材料加工技术的日益完善,以及对其结构研究的不断深入,需要继续探索纳米晶材料制备过程中的结晶和晶粒长大的规律和机理,实现纳米晶材料的结晶控制,推动纳米晶材料的实际应用。

参考文献

[1] 齐晓华,佟慧,徐翠艳. 纳米材料量子尺寸效应的理解及应用[J]. 渤海大学学报(自然科学版),2006,27(4):362-363.

[2] Gusev A I, Rempel A A. Nanocrystalline materials [M]. Cambridge: Cambridge International Science Publishing, 2004.

[3] Suryanarayana C. Nanocrystalline materials[J]. International Materials Reviews, 1995, 40(2):41-64.

[4] Birringer R. Nanocrystalline materials[J]. Materials Science and Engineering：A，1989，117：33 - 43.

[5] 张立德，牟季美. 纳米材料学[M]. 沈阳：辽宁科学技术出版社，1994.

[6] Kruis F E, Fissan H, Peled A. Synthesis of nanoparticles in the gas phase for electronic，optical and magnetic applications：a review[J]. Journal of Aerosol Science，1998，29(5)：511 - 535.

[7] 金雄圣，金原奭，柳在一，等. 利用等离子增强化学汽相沉积生长初期快速结晶的纳米晶硅[J]. 液晶与显示，2006，21(5)：6.

[8] 贾嘉. 溅射法制备纳米薄膜材料及进展[J]. 半导体技术，2004，29(7)：70 - 73.

[9] 杨瑞东，陈寒娴，邓荣斌，等. Ge/Si 纳米多层膜的埋层调制结晶研究[J]. 功能材料，2008，39(2)：328 - 330.

[10] 李浩，杜希文，孙景，等. SiOxNy 薄膜退火过程中 N 元素的流失对于 Si 结晶的影响[J]. 实验技术与管理，2007，24(10)：33 - 36.

[11] 邓雯丽. cBN 超高压高温塑性变形行为规律及聚结机理研究[D]. 北京：中国矿业大学，2020.

[12] Benjamin J S. Dispersion strengthened superalloys by mechanical alloying [J]. Metallurgical Transactions，1970，1(10)：2943 - 2951.

[13] Schlump W, Grewe H. Technical note：nanocrystalline materials by mechanical alloying [J]. International Journal of Materials and Product Technology，1990，5(3)：281 - 292.

[14] Lu K, Wei W D, Wang J T. Microhardness and fracture properties of nanocrystalline NiP alloy[J]. Scripta Metallurgica Et Materiala，1990，24(12)：2319 - 2323.

[15] Xu B S, Tanaka S I. Behavior and bonding mechanisms of aluminum nanoparticles by electron beam irradiation[J]. Nanostructured Materials，1999，12(5)：915 - 918.

[16] 包定华，翟继卫. (Pb,Ca)TiO₃纳米晶粉末的溶胶凝胶合成及表征[J]. 功能材料，1999，2：182 - 183.

[17] Lu K. The thermal instability of nanocrystalline NiP materials with different grain sizes [J]. Nanostructured Materials，1993，2(6)：643 - 652.

[18] Kulkarni S A, Myerson A S. Methods for nano-crystals preparation：NATO science for peace and security series a：chemistry and biology[M]. Dordrecht：Springer，2017.

[19] 吴志方，曾美琴. 纳米晶材料的晶粒长大[J]. 金属功能材料，2005，12(3)：31 - 34.

[20] Kirchheim R. Grain coarsening inhibited by solute segregation[J]. Acta Materialia，2002，50(2)：413 - 419.

[21] Malow T R, Koch C C. Grain growth in nanocrystalline iron prepared by mechanical attrition[J]. Acta Materialia，1997，45(5)：2177 - 2186.

[22] Natter H, Löffler M S, Krill C E, et al. Crystallite growth of nanocrystalline transition metals studied in situ by high temperature synchrotron X-ray diffraction[J]. Scripta Materialia，2001，44(8 - 9)：2321 - 2325.

[23] Hibbard G D, Mccrea J L, Palumbo G, et al. An initial analysis of mechanisms leading to late stage abnormal grain growth in nanocrystalline Ni[J]. Scripta Materialia，2002，47(2)：83 - 87.

[24] Dong S, Zou G, Yang H. Thermal characteristic of ultrafine-grained aluminum produced by wire electrical explosion[J]. Scripta Materialia, 2001, 44(1): 17 - 23.

[25] Lu L, Wang L B, Ding B Z, et al. Comparison of the thermal stability between electro-deposited and cold-rolled nanocrystalline copper samples [J]. Materials Science & Engineering A, 2000, 286(1): 125 - 129.

[26] Haslam A J, Moldovan D, Phillpot S R, et al. Combined atomistic and mesoscale simulation of grain growth in nanocrystalline thin films[J]. Computational Materials Science, 2002, 23(1): 15 - 32.

第**14**章 非晶合金的晶化行为研究进展

本章简要介绍了非晶合金的发展历程,非晶合金晶化过程发生的结构转变,多晶型晶化、共晶型晶化、初晶型晶化等不同的晶化类型以及非晶晶化动力学过程。以非晶态 Ni - P 合金晶化、非晶态 AlNiLa 合金晶化、非晶态 $Zr_{48}Cu_{36}Ag_8Al_8$ 合金等温晶化的研究为例,介绍了非晶晶化过程的结构变化和物理机制,提出了非晶材料晶化研究的发展方向。

14.1 非晶合金的研究历程

非晶合金也称为金属玻璃(metallic glass),是 20 世纪 60 年代发展起来的一种新型材料,被称为 21 世纪的新型材料。由于超快速凝固,合金凝固时,原子来不及有序排列结晶,因此,得到的固态合金具有长程无序、短程有序的结构特点,其与晶态合金的最大区别在于不具有晶格和晶界等特征。非晶合金具有优异的磁性、耐蚀性、耐磨性以及高的强度、硬度和好的韧性,已经在电子、能源、国防、航空等领域得到广泛应用[1-3]。

非晶合金最早由德国科学家 Kramer[4] 在 1934 年首次制备而成,他采用蒸发沉积法成功制备出了非晶薄带。此后二十年左右的时间里,Brenner[5]、Cohen 等[6] 对非晶合金的制备与模型的建立起到了推动作用。1960 年,Duwez 等[7] 采用快速凝固的方法(熔体急冷法)成功制备 Au - Si 系($Au_{70}Si_{30}$)非晶合金薄膜。1969 年,Pond 和 Maddin[8] 采用此法制备出了具有一定连续长度的非晶薄带,这一技术的产生为大规模生产非晶合金创造了有利条件,激发了对非晶合金的研究和开发工作。

20 世纪 70~80 年代,人们在大量的合金体系中获得了非晶,并逐渐建立了非晶形成理论。1974 年,陈鹤寿[9] 等用石英管水淬法等抑制非均质形核,在淬火速率大于 10^3 K/s 的速度下制备出了直径为 1~3 mm 的 Pd - Ni - P 和 Pd - Cu - Si 非晶圆棒,块体非晶材料制备的曙光初现。

在我国,非晶合金也得到了蓬勃快速的发展。20 世纪 70 年代中期,在国家科技部的高度重视和支持下,我国开始对非晶合金材料进行研究。为了更好地鼓励新材料的发展,在非晶合金领域,国家提供了国家自然科学基金、国防科技项目、863 项目等资助,大大加快了非晶材料产业化的发展。

由于非晶材料在热力学上属于亚稳态,在合适的条件下,它将转化为其他亚稳定相或者稳定相。近年来,非晶态薄带材料的制备技术和工艺日益成熟。人们发现,在适当的退火条件下,利用玻璃薄带材料可以得到颗粒均匀弥散在玻璃体中的复合结构,或者完全晶化的纳米晶体材料,其中颗粒的尺寸只有几十纳米。这一方法称为玻璃晶化法。此方法因工艺简单、成本低廉、晶粒度容易控制,并且,所制备纳米晶体材料具有不含微空隙的优势,因而得到了广泛的发展。

14.2 非晶合金的晶化

对于非晶合金,为保持非晶态的优异性能,一方面,需要阻止非晶晶化的发生;另一方面,为使材料获得更加优越的性能,需要控制非晶态转变为晶态的过程。非晶晶化过程与凝固结晶过程非常相似,都是由形核长大机制所控制。非晶合金是高度无序的,它们缺乏晶态材料所具有的周期性结构,是一种不稳定的状态。通过急冷得到的非晶合金,与有序合金相比,是一个熵增的体系,处于热力学的亚稳态。在加热或长时间保温条件下,当外界提供的能量足以使其越过向稳态转变的势垒时,非晶合金将会发生晶体的形核和长大,最终转变为稳定的晶体相,这一过程称为非晶的晶化。为了研究非晶材料的热稳定性问题,研究人员对晶化过程的各种现象、晶化热力学和晶化动力学进行了广泛的研究。当非晶材料发生非晶态向晶态的转变,某些优良性能就会降低或消失。因此,为了更好地利用非晶合金,就要对其晶化行为做进一步研究,从而通过控制工艺条件避免非晶合金的晶化。

14.2.1 晶化的途径

晶化的发生过程大致可以分为以下三种情况:

(1) 连续加热金属玻璃,随温度的升高,金属玻璃在初始晶化温度(T_x)发生晶化。

(2) 在过冷液相区玻璃化转变温度(T_g)和初始晶化温度(T_x)之间对金属玻璃进行等温处理,在一定时间后,金属玻璃将发生不同程度的晶化。

(3) 在近 T_g 温度下长时间缓慢加热,金属玻璃在某个温度也将发生部分晶化,析出亚稳相,该相镶嵌在玻璃基体上,形成纳米晶析出。

非晶态的结构转变过程很复杂,在低温时,许多材料常常不是直接转变成稳定的晶态,而是要经过一些中间阶段。这样就可以避免因一次转变而需要克服很高的势垒。通过几步转变经过更多的亚稳态,需要克服的势垒就会小很多。因此,非晶态的晶化过程很多是分几步完成的,而且有些中间相又常常包含多种相,可见在某些情况下,晶化过程也是比较复杂的。强非晶形成能力的非晶合金晶化时通常形成两相或多相共存组织。例如,$Zr_{65}Al_{7.5}Ni_{10}Cu_{17.5}$ 非晶合金最终晶化相为 Zr_2Cu 相和 Zr_6Al_2Ni 相[10],而 $Zr_{41.2}Ti_{14.8}Cu_{12.5}Ni_{10}Be_{22.5}$ 非晶合金则通过相分离先后析出 $MgZn_2$ 型 Laves 相和 Zr_2Be 等[11]。

14.2.2　非晶合金的晶化类型

非晶晶化过程与凝固结晶过程非常相似,都是由形核长大机制所控制。其相变驱动力来自非晶相与晶相的自由能之差,晶化产物及形态取决于晶化方式。根据非晶合金的晶化产物不同,可以将晶化分为三种类型,即多晶型晶化、共晶型晶化和初晶型晶化[12]。

(1) 多晶型晶化:非晶相晶化成与之成分相同的过饱和合金或晶化相(亚稳态或稳态)。这种类型的晶化只能发生在单质或合金靠近相图中金属间化合物成分附近。所形成的过饱和相会通过随后的析出反应而分解;亚稳的晶化相也会发生相变而成为稳态的平衡相。多晶型晶化的最终产物是金属间化合物或固溶体。$Fe_{33}Zr_{67}$、$Co_{33}Zr_{67}$ 等非晶合金都是典型的多晶型晶化。此类非晶合金中的形核通常为无规则形核,并持续长大到彼此互相接触而合并。

(2) 共晶型晶化:非晶相晶化成两种晶相。这种晶化类型的相变驱动力最大,可发生在固溶体与金属间化合物之间的成分区间内。晶化产物的结构呈层状,晶化产物的平均成分与非晶一样。$Ni_{80}P_{20}$ 金属玻璃的晶化就是典型的共晶型晶化。共晶型晶化与多晶型晶化一样,属于非连续反应,晶体与非晶体的总成分相同,而且非晶基体一直保持不变,当晶体/非晶体界面扫过它时,其晶核的长大速率与多晶型晶化的长大速率相似,但是与多晶型不同的是,共晶型晶化通过长程扩散来调整两个晶体相中的溶质分布。

(3) 初晶型晶化:如果非晶相的成分既不在多晶型晶化的成分附近,也不在共晶型晶化的成分范围内,那么首先会在非晶基体上析出一个初晶相。初晶相可以是过饱和固溶体,也可以是金属间化合物,按晶相的成分而定。剩余的非晶相还可以再次晶化,再次晶化可以是上述三种类型之一,弥散的初晶相可能成为剩余非晶相晶化的优先形核位置。在非晶的初晶型晶化过程中,晶化界面前沿会产生浓度梯度,所以在晶化过程中长程扩散会起很大的作用。在初晶相和剩余非晶相达到亚稳平衡以后,进一步的生长会通过陈化(ripening)以很低的生长速率进行,在剩余非晶相再次晶化之前,晶化相的体积不会发生变化。金属玻璃晶化伴随着1%左右的体积收缩,相当于其熔化潜热一半的热量释放,以及其他所有物理性质的显著变化。这些在晶化过程中发生显著变化的物理性质都可以用来监测晶化过程,确定其动力学参数,如晶化温度、结晶速率、激活能等。由于非晶合金的晶化是形核和长大的过程,所以转变的总速率将反映形核和长大与时间和温度的关系。当大块非晶在过冷液相区退火时,其在发生初晶晶化前会先分解成两个不同成分的非晶相,即发生相分离,这种相分离可能会对其后的晶化产生影响。大块非晶内的杂质元素,尤其是氧,对其晶化有很大的影响。大块非晶在制备过程中的保温温度和冷却速率等因素也对其晶化有很大的影响。通过控制晶化条件,在大块非晶中还可以得到准晶和纳米晶。

从热力学观点看,非晶态是一种亚稳态,具有较高的内能,有自发向其稳定的晶态转变的趋势;从动力学观点看,非晶态的原子从亚稳态位置运动到稳态位置必须翻越一定的能量势垒。这种能量的获得,有很多种方法。目前采用最多的方法有直接加热(即等温晶化退火)、高压变形、电磁场、机械球磨和激波等。

14.2.3　非晶晶化动力学

非晶合金处于一种亚稳状态,在相同温度下其对应的自由能既高于平衡条件下的晶态相,也高于非平衡过程的其他所有亚稳相,因为任何其他亚稳相的形成都比非晶相更依赖于原子扩散和重排。当其被加热到足够高的温度时,非晶即可能开始发生晶化。非晶晶化过程需要经过原子的扩散、弛豫和结晶几个阶段。在较低温度下,非晶会向能量较低的另一种亚稳非晶态转变,这种过程称为结构弛豫。在较高温度下,原子克服能垒重新排布成平衡晶态。原子的扩散在晶化过程中起到重要作用,因为非晶合金中的结构弛豫、玻璃转变、相分离以及晶化过程都与原子的运动密切相关[13-16]。

一般来说,非晶合金的晶化动力学可以用描述固态转变的形核和长大过程的 Johnson - Mehl - Avrami(JMA)方程来表征[17]。该方程一般表述为

$$\ln[-\ln(1-x)] = n\ln(K) + n\ln(t) \tag{14.1}$$

式中,K 是有效速率常数;n 是 Avrami 指数,其在不同扩散控制型转变机制下

取值的具体规律如表 14.1 所示;x 是时间 t 时的结晶体积分数。JMA 方程一般适用于扩散型相变。

表 14.1 JMA 方程在扩散控制型转变机制下的 n 值和条件

条 件	n 值
从小尺寸开始的各种形状的生长,形核率随时间增加	$>5/2$
从小尺寸开始的各种形状的生长,形核率不随时间改变	$5/2$
从小尺寸开始的各种形状的生长,形核随时间下降	$3/2 \sim 5/2$
从小尺寸开始的各种形状的生长,最初形核后形核率下降为零	$3/2$
初始体积较大的颗粒的生长	$1 \sim 3/2$
有限长度的针状或片状的生长,沉淀物间距大于沉淀物尺寸	1
长圆柱状沉淀物的加粗	1

事实上,在过去很长一段时间里,人们对传统的急冷非晶合金中的原子扩散做了大量研究,发现原子扩散具有三种不同形式:① 与晶态材料类似,原子扩散是伴随空位迁移的单原子跃迁;② 无空位参与的多原子协同扩散;③ 受非定域热缺陷控制的多原子协同扩散。由于传统的急冷非晶合金大多不具有足够宽广的过冷液态区,所以对非晶合金中原子扩散行为的研究主要限于玻璃态。

14.3 非晶合金晶化典型实例

14.1 节和 14.2 节已对非晶合金的晶化概念、晶化类型、经典非晶合金晶化动力学行为进行了简单的阐述,本节将通过对镍基非晶合金、铝基非晶合金、锆基非晶合金的实例分析,进一步阐述非晶合金晶化行为,加深对非晶合金晶化的理解与研究方法的认识[18-22]。

14.3.1 非晶态 Ni‐P 合金晶化

实验采用高纯 Ni(99.9%)和 P($>$99.5%),在高纯 Ar 保护下用单辊甩带法(辊速为 38 m·s^{-1})制备宽约为 2.3 mm、厚约为 20 μm 的非晶条带。引入一种预退火处理工艺,即把激冷非晶态样品快速升温至某一预定退火温度,保温一定时间后快冷到室温,把非晶态 Ni‐P 合金转变为晶态合金。下面介绍晶化过程。

(1)在非晶态基体中形成有序原子基团,并长大为取向无序的 Ni$_3$P 晶体微粒。

（2）在晶体形成与长大过程中，有序原子及晶体微粒可通过取向切变（取向改变）直接沉积在晶体前沿上。

晶体的长大过程和形核过程可用图 14.1 描述。

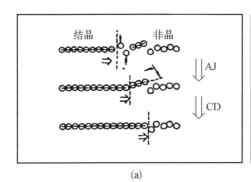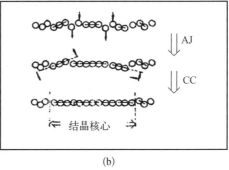

(a) (b)

AJ—单原子扩散；CD—有序原子集团切变沉积；CC—有序原子集团切变合并。

图 14.1 晶化微观机制一维示意图

(a) 晶体长大过程；(b) 形核过程

非晶 Ni‑P 合金在 DSC 中退火，部分晶化（在 565 K 保温 180 min）后，经双喷电解减薄制成透射电子显微镜样品，观察其中的晶体及未晶化的非晶态区域，如图 14.2 所示。观察区为两个长大的晶体前沿夹一块未晶化的非晶态区域，如图 14.2(b) 所示。图 14.2(c) 所示为明场像，图 14.2(d)～(f) 所示分别为三个对应于电子衍射谱［见图 14.2(a)］中的不同入射束的暗场像。从暗场像中可以明显地看出在晶体区域和非晶态区域内部都存在有一定取向的微小晶体颗粒（区域）或有序原子集团（暗场像中的亮点），大小约为 10 nm。如图 14.2(f) 所示，这些亮点在晶体区域中的分布有一定规则，亮点集中在下方晶体中，而在非晶态区域内的分布是随机的，没有一定的规则，不同取向的亮点（即有序原子集团）在非晶态区域内均随机分布。

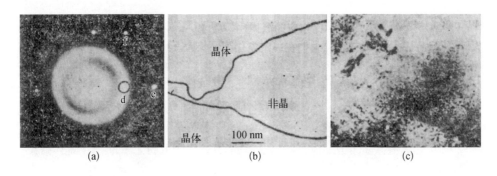

(a) (b) (c)

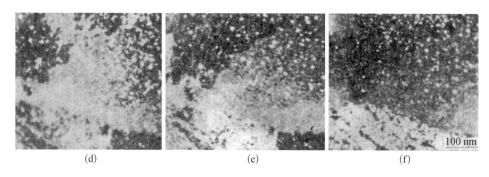

(d) (e) (f)

图 14.2　部分晶化非晶态 Ni‑P 合金的 TEM 像

(a) 电子衍射图；(b) 观察的非晶和晶体区域；(c) 明场像；(d)～(f) 暗场像

　　具有不同取向的有序原子集团在非晶态区域中呈无规则分布，而在晶体区域中呈一定取向的规则分布，可以理解为在晶体长大过程中，有序原子集团是通过切变（取向改变）沉积过程来实现由非晶态到晶体的转变的。

　　在部分晶化的非晶态 Ni‑P 合金样品中，通过大量实验观察，找到了大小为几十纳米的初生晶体，如图 14.3 所示。图 14.3 中的两个小晶体尺寸分别约为 40 nm 和 70 nm，形状不规则，而且可以明显地看出它们由更小的晶区（5～10 nm 大小）组成。初生小晶体内部的衬度不同，说明它们由不同相（或取向）的晶区组成，由于晶体尺寸太小，无法用电子衍射来确定其相结构。

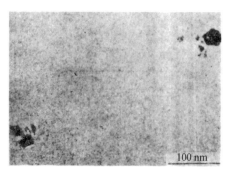

图 14.3　非晶态 Ni‑P 合金中的初生晶体 TEM 像

　　随着初生小晶体的长大，其形状变得规则起来。尺寸大于 200 mm 的小晶体其形状都呈规则的椭圆或圆（球）形，如图 14.4(a) 所示，这个初生小晶体仍是由更细小的晶区（5～10 nm）组成。晶体/非晶态界面不明显，似乎晶体前沿延伸到非晶态基体中约 10 nm 深（称为"粗糙区"），这种现象与 Walter 等[23]报道的结果相同。

　　初生小晶体的相结构可以由微衍射谱[见图 14.4(b)]和 X 射线衍射谱来确定。经标定发现，晶体由 Ni_3P 相和 Ni 固溶体相组成。衍射谱含体心四方结构 Ni_3P 相的[111]面和 Ni 固溶体相的[110]面，它们之间的取向关系与共晶晶化产物中大晶体内两种相的取向关系相同。

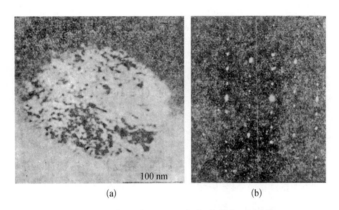

图 14.4　非晶态 Ni‑P 合金中的初生晶体

（a）长大的初生小晶体；（b）微衍射谱

　　在非晶态 $Ni_{80}P_{20}$ 合金中存在有两种配位有序原子集团：Ni‑P 团簇和 Ni‑Ni 团簇。在退火过程中,这些有序原子集团通过原子由无序态向团簇表面的激活扩散而逐渐长大,随着有序原子集团的长大,处于无序态中的原子数目减少,如果两个有序原子集团之间的无序态区中的原子都转变(扩散)到有序原子集团上,则这两个长大的有序原子集团就相互接触了。有序原子集团在非晶合金样品中的分布是随机的。在非晶合金样品中,如果某个区域内的有序原子集团分布比较稠密,则这个区域中的有序原子集团长大后就容易相互合并(通过一定的取向调整,即"切变合并")形成一个初生晶体。由于有序原子集团的分布和大小都是随机的,因此,刚开始由有序原子集团切变合并形成的初生晶体形状会不规则,如图 14.5(a)(b)所示。

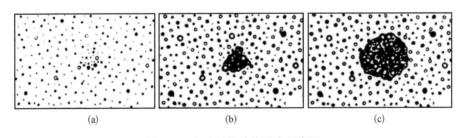

图 14.5　初生晶体结构形态示意图

（a）晶化初期的有序原子集团；（b）形状不规则的初生晶体；（c）长大之后的球形或椭球形晶体

　　形成的初生小晶体(由几个长大的有序原子集团组成)再继续长大,更多的原子和有序原子集团会向晶体表面扩散和切变沉积。为了减少整个系统的总自由能,晶体的形状尽量趋于比表面积(表面积与体积之比)最小的形状,即球形或椭球形,如图 14.5(c)所示。由于晶体的长大过程中既有单个原子的扩散过程(从非晶态到晶体表面),又有有序原子集团向晶体表面的"切变沉积"过程,那么晶体表面的粗糙区厚度应该接近有序原子集团的尺寸。在非晶态 Ni-P 合金晶化过程中形成的初生晶体由 5~10 nm 的微小晶区组成,可以认为这些微小晶区是由有序原子集团转变而来的,与初生晶体表面的粗糙区厚度(0~10 nm)是吻合的[15]。

　　基于上述研究,从微观角度分析非晶态金属-类金属(TM-M)型合金中的有序原子集团的存在及其结构特征,研究者提出非晶合金的晶化过程由两个不同过程组成:① 单个原子由非晶态向晶胚(形核过程)或晶体(长大过程)的表面跃迁或扩散过程;② 有序原子集团的长大及切变合并(形核过程)或切变沉积在长大的晶体表面(长大过程)。

14.3.2　非晶态 AlNiLa 合金晶化

　　实验采用高纯 Al(99.99%)、Ni(99.9%)、La(>99.5%)、Si(99.999 9%)、Co(99.9%)、Fe(99.99%)配制具有名义成分的合金。在高纯 Ar 气保护下,用电弧熔炼各成分合金锭 20 g。为保证合金成分均匀,各合金锭均反复熔炼 6 次。取四种成分的合金锭各 8 g,在高纯 Ar 气保护下用单辊甩带法(辊速为 38 m·s^{-1})制备宽约为 2.5 mm、厚约为 30 μm 的非晶条带。研究 $Al_{85.5}Ni_{7.5}La_5M_2$($M=Si$, Ni,Co,Fe)合金初始晶化过程中的原子结构演化差异,发现 Si、Fe 及 Co 置换 Ni 后体系的初始晶化均发生了显著改变。其中,Si 及 Fe 置换 Ni 后体系初始晶化温度(T_{x1})分别降低了 67 ℃和 15 ℃,而 Co 置换 Ni 后体系 T_{x1}增大了 33 ℃,如图 14.6 所

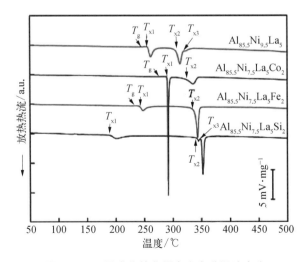

图 14.6　不同成分的非晶合金在升温速率为 20 ℃/min 下的 DSC 测试曲线

示,玻璃化转变温度 T_g 及各晶化峰初始温度 $T_{xi}(i=1,2,3)$ 均用箭头标示。

经逆蒙特卡罗(reverse Monte Carlo,RMC)模拟及沃罗诺伊镶嵌(Voronoi tessellation)分析得出结论,合金元素的添加并未显著改变合金的原子拓扑结构,因此,合金的初始晶化行为差异并非由于合金的原子拓扑结构。进一步分析表明,合金的初始晶化行为与体系平均键长和混合焓(ΔH^{mix})相关,而与混合熵及合金元素半径关系不大。T_{xi} 随体系平均键长的增大而降低,并且与 ΔH^{mix} 符合抛物线方程 $T_{xi}=-274.3(\Delta H^{mix})^2-7\,542.3\Delta H^{mix}-51\,552.0$(见图 14.7)。当合金混合焓达到一个稳定值时,合金具有较稳定的结构,热稳定性较高。过高或者过低的混合焓均不利于稳定结构的构成,促使合金在较低温度下启动晶化过程[24]。

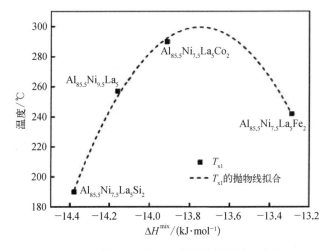

图 14.7　ΔH^{mix} 与 T_{x1} 的关系(虚线为抛物线拟合结果)

14.3.3　非晶态 $Zr_{48}Cu_{36}Ag_8Al_8$ 合金等温晶化

按照合金化学成分的配比称取纯度为 99.99% 的 Zr、Cu、Al、Ag 原料,通过高真空非自耗电弧熔炼炉反复熔炼 4 次并进行吸铸,获得横截面尺寸为 3 mm×50 mm 的 $Zr_{48}Cu_{36}Ag_8Al_8$ 非晶合金棒材。孙琳琳等[25]在 2021 年对 $Zr_{48}Cu_{36}Ag_8Al_8$ 非晶合金等温晶化行为进行了研究。Zr-Cu 基块体非晶合金相比于其他合金体系具有较强的价格优势以及高屈服强度、较高的断裂韧性及抗腐蚀性能等优异的性能。通过式(14.1)的 JMA 方程,对 $Zr_{48}Cu_{36}Ag_8Al_8$ 非晶合金形核及长大机制进行分析,可以揭示 $Zr_{48}Cu_{36}Ag_8Al_8$ 非晶合金晶化行为。

图 14.8 所示为等温晶化体积分数 α 与等温退火时间 $t - \tau$ 关系曲线。可看出,随着温度的升高,晶化速度加快,不同温度下的曲线均呈现 S 形变化。

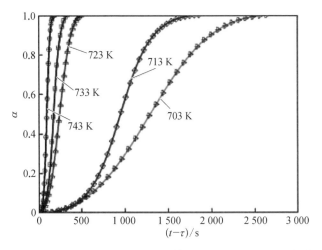

图 14.8　等温晶化体积分数 α 与等温退火时间 t-τ 关系曲线

从图 14.8 可以看出,混合形核理论模型与试验数据拟合得很好,所选的参数是合理的。通过拟合,可获得不同温度的形核激活能与生长激活能。不同温度下获得的生长激活能均小于形核激活能,说明瞬间爆发形核的同时也伴随晶粒的快速长大。

非晶合金是由许多具有原子短程有序的不同原子团组成,并相互牵制与依赖。图 14.9 为 $Zr_{48}Cu_{36}Ag_8Al_8$ 非晶合金在 733 K 退火不同时间后的 XRD 图谱。

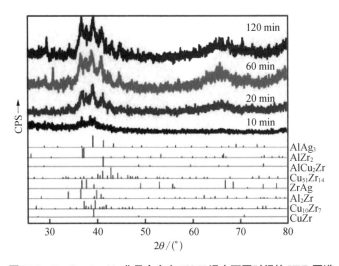

图 14.9　$Zr_{48}Cu_{36}Ag_8Al_8$ 非晶合金在 733 K 退火不同时间的 XRD 图谱

随着时间的延长,Al_3Zr_4 相消失,将转变为 Al_3Zr_2 及 $ZrAg$,$Cu_{10}Zr_7$ 相消失而形成 $AlAg_3$、$AlZr_2$、$ZrAg$ 及 $Cu_{51}Zr_{14}$ 等晶体相及一些未知相。当 $t=60$ min 及 $t=120$ min 时,析出相的产物基本不变。

图 14.10 所示为 $Zr_{48}Cu_{36}Ag_8Al_8$ 非晶合金在 733 K 分别退火 10 min、20 min、60 min、120 min 后晶化产物的明场像。在此温度下,非晶合金基体先析出枝晶状组织。随着时间的延长,这种星状继续长大,直到这种组织相互碰撞。当形成新的结晶核心而继续长大时,它们的生长相互影响,并彼此牵制,从而形成如图 14.10(d)所示的纳米晶组织。然而通过对比发现,晶化产物的尺寸随着时间的延长先降低,随后再缓慢增加[25]。

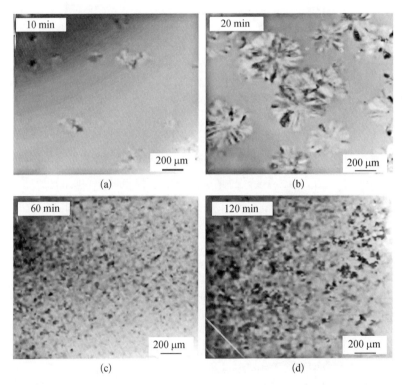

图 14.10　$Zr_{48}Cu_{36}Ag_8Al_8$ 非晶合金在 733 K 不同时间退火后的晶化产物形貌

(a) 10 min;(b) 20 min;(c) 60 min;(d) 120 min

根据前述关于 $Zr_{48}Cu_{36}Ag_8Al_8$ 非晶合金等温晶化的研究,可以得到下述结论:

(1) 通过混合形核的 JMA 模型计算,不同温度下获得的生长激活能均小于形核激活能,这说明瞬间爆发形核的同时也伴随晶粒的快速长大。

（2）$Zr_{48}Cu_{36}Ag_8Al_8$ 非晶合金在 733 K 等温退火过程形成的微观组织形貌为界面控制生长,此实验现象与混合形核的 JMA 模型获得的形核与生长规律一致,证实混合形核的 JMA 模型更适用于此非晶合金的晶化行为分析。

14.4　本章小结

本章首先通过对非晶合金的结晶行为概念、性质和发展的介绍,对非晶合金体系的结晶行为进行了系统而简明的知识构建。其次,针对非晶合金晶化行为的本质问题,探讨了非晶晶化过程中的动力学原理,介绍了经典的 JMA 模型。最后,通过对镍基非晶合金、铝基非晶合金、锆基非晶合金的实例分析,进一步阐述非晶合金晶化行为,加深对非晶合金晶化的理解与研究方法的了解。

大块非晶及其晶化的研究仍然是 21 世纪世界各国科学家的热门课题,今后的研究重点将主要围绕以下几个方面:① 研究大块非晶合金、纳米晶材料微观组织的形成机理以及微观组织与性能之间的关系,为进一步探索新型合金材料提供理论依据;② 继续开发能获得大块非晶、纳米晶的新型合金系,并研究该合金材料的力学、磁学等性能;③ 通过合金化进一步提高现有大块非晶合金、纳米晶材料的各项性能;④ 进一步研究影响大块非晶、纳米晶材料热稳定性的因素,加快它们在更多功能材料、结构材料等材料中应用的步伐。未来,随着对液态金属过冷状态、大块非晶合金以及大块非晶合金晶化等研究的不断深入,该领域将不断取得新的突破。

参考文献

［1］刘海顺,卢爱红,杨卫明,等. 非晶纳米晶合金及其软磁性能研究［M］. 徐州:中国矿业大学出版社,2009.

［2］王翠玲,吴玉萍. 非晶态合金的优异性能及应用［J］. 煤矿机械,2005,2:74 - 77.

［3］邢志娜. 非晶合金材料及其在国防领域中的应用展望［J］. 海军航空工程学院学报,2006,21(2):295 - 298.

［4］Kramer J. Nonconducting modifications of metals［J］. Annalen der Physik,1934,19:37 - 64.

［5］Brenner A,Burkhead P,Seegmiller E. Electrodeposition of tungsten alloys containing iron,nickel,and cobalt［J］. Research NBS,1947,39:1834.

［6］Cohen M H,Turnbull D. Molecular transport in liquids and glasses［J］. The Journal of Chemical Physics,1959,31:1164 - 1164.

[7] Duwez P, Willens R H. Continuous series of metastable solid solutionin silver-copper alloys[J]. The Journal of Chemical Physics, 1960, 31: 1136 - 1137.

[8] Pond J R, Maddin R. A method of producing rapidly solidified filamentary castings[J]. Composites, 1970, 1(3): 186.

[9] Chen H S. Thermodynamic considerations on the formation and stability of metallic glasses[J]. Acta Metall, 1974, 22(12): 1505 - 1511.

[10] 赵春志,蒋武锋,郝素菊,等. 非晶合金的性能与应用[J]. 南方金属,2015,2: 1 - 3.

[11] 李翔,吕方,陈晨,等. 非晶合金的性能、形成机理及应用[J]. 上海有色金属,2016,37 (5): 233 - 237.

[12] 王翠玲,吴玉萍. 非晶合金的优异性能及应用[J]. 煤矿机械,2005,2: 74 - 77.

[13] Wang H R, Gao Y L, Min G H. Primary crystallization in rapidly solidified $Zr_{70}Cu_{20}Ni_{10}$ alloy from a supercooled liquid region[J]. Physics Letters A, 2003, A314: 81 - 87.

[14] 卢柯,王景唐. 非晶合金晶化过程的一个新微观机制[J]. 金属学报,1991,27(1): 115 - 120.

[15] Afify N. A new method to study the crystallization or chemical reaction kinetics usingthermal analysis technique[J]. Journal of Physics and Chemistry of Solids, 2008, 69: 1691 - 1697.

[16] Al - Heniti S H. Kinetic study of non-isothermal crystallization in $Fe_{78}Si_9B_{13}$ metallic glass[J]. Journal of Alloys and Compounds, 2009, 484(1 - 2): 177 - 184.

[17] 何开元. 功能材料导论[M]. 北京: 冶金工业出版社,2005.

[18] Wellen R M, Canedo E L. On the Kissinger equation and the estimate of activation energies for non-isothermal cold crystallization of PET[J]. Polymer Testing, 2014, 40: 33 - 38.

[19] Sun Z, Wang X, Guo F, et al. Isothermal and nonisothermal crystallization kinetics of bio-sourced nylon 69[J]. Chinese Journal of Chemical Engineering, 2016, 24: 638 - 645.

[20] Li J F, Huang Z H, Zhou Y H. Crystallization of amorphous $Zr_{60}Al_{15}Ni_{25}$ alloy[J]. Intermetallics, 2007, 15(8): 1013 - 1019.

[21] Liu L, Wu Z F, Chen L. A kinetic study of the non-isothermal crystallization of a Zr-based bulk metallic glass[J]. Chinese Physics Letters, 2002, 19 (10): 1483 - 1486.

[22] 常宸源. 非晶铝合金晶化行为与性能的研究[D]. 包头: 内蒙古科技大学,2020.

[23] Walter J L, Rao P, Koch E F, et al. A microstructural study of the crystallization of the amorphous allay $Ni_{40}Fe_{40}P_{14}B_6$[J]. Metallurgical Transactions A, 1977, 8 (7): 1141 - 1148.

[24] 姚伟鑫,夏明许,曾龙,等. 非晶 AlNiLa 初始晶化行为的结构起源探究[J]. 稀有金属, 2019,43(9): 897 - 903.

[25] 孙琳琳,焦更生,王倩文,等. $Zr_{48}Cu_{36}Ag_8Al_8$ 非晶合金等温晶化行为研究[J]. 热加工工艺,2021,50(20): 73 - 75.

第*15*章 电沉积过程中的晶体生长及工艺因素的影响研究进展

电沉积中晶体的形核和长大是电结晶研究的基本问题。本章简述了电沉积定义和电沉积结晶的基本原理,介绍了一些研究者关于沉积电势、镀液添加剂、镀液 pH 值和镀种离子浓度、基体、外加电场等工艺参数对电沉积结晶形核长大影响的研究结果,分析了相关的作用机理,展望了电沉积过程中晶体生长的研究趋势。

15.1　电沉积定义

电沉积(electrodeposition)是指简单金属离子或络合金属离子通过电化学途径在材料表面形成金属或合金镀层的过程,通常称为电镀。电沉积过程如图15.1 所示,所镀金属或其他不溶性材料作为阳极,待镀基体作为阴极,镀层金属的阳离子在基体表面得到电子,还原形成镀层。为排除其他阳离子的干扰,使镀层均匀牢固,一般使用含镀层金属阳离子的溶液作为电镀液,以保持镀层金属阳离子的浓度不变。

金属的电沉积可分为以下四个过程:① 液相传质过程,溶液中的阴阳离子在电场作用下分别迁移至阳极和阴极;② 前置转化反应,迁移到电极表面的活性离子发生反应;③ 电子转移,活性粒子的电子被还原;④ 电结晶,新生的吸附态原子聚集形核长大。

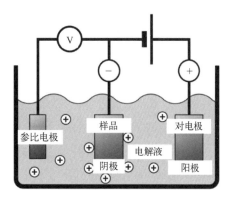

图 15.1　电沉积过程示意图

15.2　电沉积结晶原理

电沉积结晶的基本问题是电结晶的形核和长大问题。1920 年 Max Volmer

开启了对金属的电结晶的基础研究。Erdey‐Gruz 和 Volmer 首先认识到过饱和度(从气态转变为固态的驱动力)与过电位(电结晶的驱动力)的关系。20世纪 30 年代,Gorbunova 等研究了单晶衬底和电解液对电结晶的影响,首次报道电结晶过程中有机添加剂对金属晶须形成和生长的诱导作用。1960 年,Fleischmann 与 Thirsk 提出了电结晶过程中的多晶形核与长大理论,Armstrong 与 Harrison 在此基础上研究了多层形核生长理论。同一时期,Epelboin 与 Froment 开始利用 XRD、SEM、TEM 等研究电结晶薄膜组织的结构和组织演变行为[1]。

如图 15.2 所示,根据吸附金属原子与基板间的结合能以及吸附原子与基板晶格间的晶体学错配,一般可以将电镀层生长的初始阶段分为三种模型:三维生长 Volmer‐Weber 模型(V‐W 模型)、二维生长 Frank‐Van der Merwe 模型(F‐M 模型)以及层核生长 Stranski‐Krastanov 模型(S‐K 模型)。

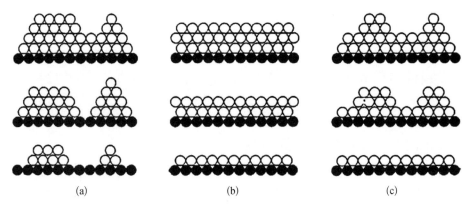

(a)   (b)   (c)

图 15.2   描述镀层生长的三种模型

(a) V‐W 模型;(b) F‐M 模型;(c) S‐K 模型

在三维晶体生长模型中,薄膜的生长过程可以分为形核阶段、小岛阶段、网络阶段和连续薄膜阶段;在二维晶体生长模型中,基片为单晶体,吸附原子可以与晶体形成共晶格并沿外延生长;以上两种模型结合就是层核生长,即首先在基片表面形成 1~2 个原子层,这种二维结构受基片晶格的影响强烈,晶格错配将导致较大的晶格畸变,而后在其上吸附原子以三维模型的方式生长成小岛,并最终形成连续薄膜[2]。

在吸附原子‐基板间反应较弱的情况下,根据岛状生长模式在过沉积电势范围内会形成沉积金属的三维集群,在这种模式下没有晶格错配的产生,如铜在无定型碳或者多晶 Ag 基板上的电沉积[3];而强的吸附原子‐基板间反应则导致在欠电势沉积下,形成沉积金属二维原子层,这种生长模型产生了晶格错配。如果有限的晶格错配出现,沉积金属的层-层生长则随之产生(Frank - Van der Merwe 模型);而如果晶格失配正逆向同时发生,则会在该欠电势沉积金属二维原子层上形成三维小岛(Stranski - Krastanov 模型)。

水溶液中,在外来基板上的金属电沉积通常发生 V - W 模型小岛生长[4]。在这种模型下,具体的电结晶生长过程如下:吸附于基片表面的沉积原子通过在基片表面迁移,结合形成原子团簇,甚至形成稳定的晶核。各个稳定的晶核通过捕获吸附原子或直接接受入射原子,在三维方向上长大形成小岛,小岛在生长过程中相遇,合并成大岛,大岛进而形成网状薄膜。网状薄膜中的沟道,通过网状薄膜的生长或新的小岛在沟道中的形成,最终逐渐填满而形成连接薄膜。在上述过程中,电镀薄膜的结构(包括纳米结构)与性能很大程度上是由小岛生长的动力学决定的。比方说,小岛成核与生长的机理决定了小岛的形状、取向、位密度等参数,控制小岛宏观尺度上的晶粒尺寸与结构,并最终决定了电镀薄膜的结构与性能。

15.3　工艺参数对电沉积结晶的影响

在电沉积过程中,电结晶的生长受到多种因素的影响。沉积电势、镀液组成、基体情况和外加电场条件等,都会影响镀层晶粒的生长。对于上述影响因素,后文将介绍其相关研究实例和进展。

15.3.1　沉积电势

以电镀铜为例,在玻碳电极上电沉积铜时,沉积电势主要影响 Cu 的形核密度与大小,形核密度随沉积电势的负向增大而增大。由于一定条件下溶液中可参与沉积的活性铜离子数量恒定,形核密度越大则形核尺寸越小,故形核尺寸随沉积电势增大而减小。这可以用沉积电势的大小决定活性位的数量来解释。

为分析沉积电势与晶粒形核之间的关系,研究人员从实验和模拟的角度出发,对循环伏安扫描中的初始相形成进行了研究。由于多数实验对电结晶初始阶段机制的研究是基于对恒电位电流密度瞬态变化的分析以及电镜观察,考虑到形核间的相互影响,这种瞬态研究与直接观察电极表面团簇生长的结果往往具有显著差异。因此,需要开发更宏观的电化学研究方法以研究初始相形核。循环伏安法在该方面的研究上具有一定潜力,但相关理论还处在发展阶段。

Grishenkova 等[5]研究了晶粒的瞬时和渐进成核过程以及扩散控制生长过

程对循环伏安扫描速率的依赖,评估了利用循环伏安法确定成核机制的可能性并且推导了瞬时成核、逐步成核以及扩散控制生长过程中循环伏安图和核尺寸的解析表达式。利用所推导的方程,对电流与过电位的关系进行数值模拟。发现瞬时成核时,电流与扫描速率的$-1/2$次幂成正比;发现渐进成核时,电流与扫描速率的$-3/2$次幂成正比。最大电流和最小电流对扫描速率幂函数的一次函数斜率可作为上述成核/生长机制的诊断标准。

为验证这一计算结论,研究者分析了在 KNO_3- $NaNO_3$- $AgNO_3$ 熔体中 Ag 在 Ir 上电沉积/电溶解过程中的循环伏安曲线,如图 15.3 所示。从图 15.3 中可以发现,峰值电流对扫描速率的$-3/2$次幂形成了良好的一次函数关系,为进一步验证渐进成核,在某扫描速率下,通过电子显微镜检测并统计了最大银团簇的数量和大小,在曲线对应点上以小组形式引入晶核统计数据。实验结果与计算结果吻合良好,明确了循环伏安法在分析结晶成核长大模式上的应用前景。

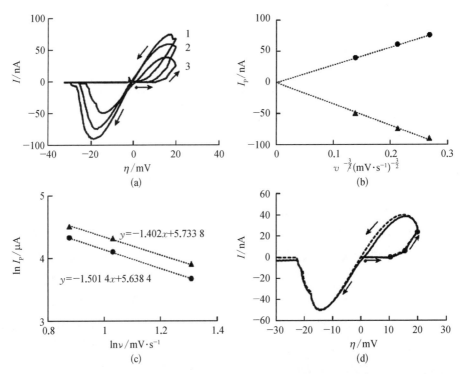

图 15.3 KNO_3- $NaNO_3$- $AgNO_3$ 溶液中 Ag 在 Ir 上电沉积/电溶解过程中的循环伏安曲线

(a) 在不同扫描速率下记录的一系列实验循环伏安曲线;(b) 峰值电流对扫描速率$-3/2$次幂的一次函数关系;(c) 峰值电流对数与扫描速率对数一次函数关系;(d) 某扫描速率下实验曲线与理论曲线的对比

15.3.2　镀液添加剂

镀液添加有机添加剂是最有效、最常用的控制电沉积过程与镀层质量和性能的方法。添加剂通过不同的机理影响电极/溶液界面的电化学反应,从而改善沉积层的亮度、平整度、硬度和延展性等。

关于添加剂对电结晶过程的影响,已经有很多研究见报。Grujicic 等[6]通过 AFM 研究了各种电沉积条件对铜的电结晶过程的影响。结果表明,添加剂改变了铜在电极表面的成核速度和成核数密度,有的添加剂甚至改变了铜的成核机理,从而提高了镀层的平滑度和光亮度。黄令等[7]研究认为,硫酸和 2 - 巯基苯并咪唑的存在不改变铜的电结晶机理,2 - 巯基苯并咪唑的加入有利于晶核的形成。

关于经典硫酸铜电镀体系添加剂,即加速剂、整平剂、抑制剂、氯离子体系的研究非常广泛。电化学和扫描隧道显微镜研究结果表明,加入 Cl⁻ 仅仅提高了沉积反应的速度,而加入聚乙二醇对电极动力学的影响相对较小。其他添加剂,如硫脲、明胶、聚丙烯酰胺及其混合物,通常用于铜的电沉积过程以得到光亮、平滑的铜镀层,它们的作用机理不同,效果不同。明胶和聚丙烯酰胺影响的是传质过程,因为它们能够在电极表面附着形成黏性膜。相反,硫脲影响放电过程,通过 S^{2-} 的作用及 CuS 沉积物的形成,阻化电极的活性点。采用扫描隧道显微镜和原子力显微镜研究电沉积生长过程中添加剂对沉积的形成和原子移动的影响,结果发现,具有阻化作用的添加剂优先吸附在缺陷处,苯并三氮唑和聚丙烯酰胺对铜沉积生长形貌的影响在于它们对表面扩散的影响;苯并三氮唑不影响成核,但阻碍某些晶面的生长[8]。

目前,研究者往往结合实验与多种模拟手段解释添加剂在电结晶中的作用。以山梨醇对焦磷酸盐镀铜影响的研究为例,研究者通过电化学分析、分子动力学模拟和量子化学计算相结合的方法,揭示了山梨醇的整平作用的机理[9]。

图 15.4 所示为在没有山梨醇和存在山梨醇的情况下,焦磷酸铜溶液在不同的电位步骤中的计时电流曲线。如图 15.4 所示,随着铜的成核和核数的增加,曲线呈急剧上升趋势。达到峰值后,曲线再次衰减,表明电荷转移率随外加过电位的增加而增加,在足够大的外加过电位下,曲线可能接近科特雷尔(Cottrell)行为。计时电流曲线中存在最大电流值(j_m),当步进电位为负值时,j_m 值增大,说明这是一个典型的三维成核过程,通过比较图 15.4(a)与图 15.4(b)可以发现,

加入山梨醇后的 t_m 值(对应 j_m 的测量时间)小于前者,说明添加山梨醇时更容易实现对电荷转移反应的控制。

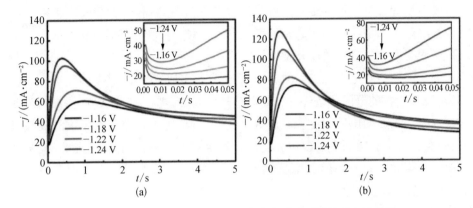

图 15.4 焦磷酸盐镀液在缺乏和存在山梨醇时的计时电流曲线

(a) 缺乏山梨醇;(b) 存在山梨醇

进一步采用 Scharifker 和 Hills 模型,将成核过程分为瞬时成核和渐进成核两种极限情况,研究了无山梨醇和有山梨醇的焦磷酸盐浴中铜的成核机理。图 15.5 是采用 Scharifker 和 Hills 模型的三维瞬时成核和渐进成核图。通过对比理论计算曲线,可以看出实验结果更接近理论的瞬时成核模型,说明铜离子在两种条件下的形核过程均遵循瞬时形核机制。

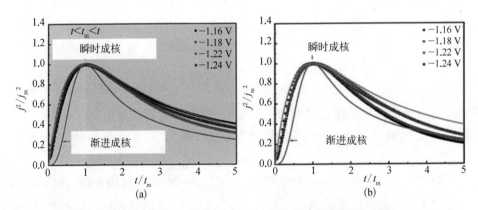

图 15.5 采用 Scharifker 和 Hills 模型的三维瞬时和渐进成核图

(a) 无山梨醇;(b) 添加山梨醇

通过以上分析可以得出结论,在焦磷酸盐浴中加入山梨醇可以改变铜电结晶的动力学参数,但不影响成核机理。为明确山梨醇在电极表面的行为,进行分子动力学和量子化学模拟,模拟结果如图 15.6 所示。

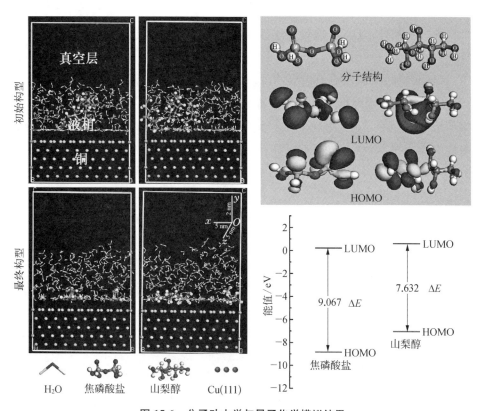

图 15.6　分子动力学与量子化学模拟结果

　　分子动力学模拟结果表明,焦磷酸盐和山梨醇在铜表面的吸附能分别为 $-138.05\ kJ\cdot mol^{-1}$ 和 $-209.85\ kJ\cdot mol^{-1}$。吸附能越大,说明添加剂在铜表面吸附需要的能量越大,更难吸附。焦磷酸比山梨醇具有更大的吸附能力,说明其吸附能力较弱。

　　量子化学模拟结果表明,两个分子的最低未占分子轨道和最高占据分子轨道中的氧原子对电子云密度的贡献都很显著,即轨道波函数正对应的黄色云团和蓝色云团。氧原子区域(可能是羟基)是焦磷酸盐和山梨醇在阴极表面吸附的可能反应位点。根据分子轨道信息,计算最低未占分子轨道、最高占据分子轨道的能值和能隙。可以看出山梨醇的能隙比焦磷酸盐小,一般情况下,最低未占分子轨道能量越低,电子接受能力越强,最高占据分子轨道能量越高,供电子能力越强,能隙越小,对阴极表面的吸附能力越强。因此,山梨醇的吸附能比焦磷酸盐低。

15.3.3　其他镀液条件

除添加剂外,pH 值、镀种离子浓度等其他镀液条件也对晶体生长有显著影响。

以铜镀种为例,在铂电极表面沉积铜时[9],当电解液 pH＝1 时,Cu 在不同沉积电势下均按瞬时形核机制形成,而在 pH＝2 或 3 时,实验结果无法用任何成核机制来确定。这很可能是由于较大的 pH 值下溶液电阻的补偿。铂电极的粗糙表面增加了 Cu^{2+} 在电极基板的还原趋势,因此,Cu^{2+} 的电还原不受溶液电阻的影响。

在玻碳电极上电沉积 Cu 时,不同 Cu^{2+} 浓度对形核尺寸分布以及调节机制也有影响[10]。在较低浓度下,Cu^{2+} 更加分散,在以原子态分散到阴极基板并聚集形核以减小表面能时,低浓度下 Cu^{2+} 的扩散距离更大,因而低浓度下形核数目更多但尺寸更小,形核的大小也决定了扩散区的大小。这在 Scharifker - Hills 模型中也能得到验证,在对沉积物的原子力显微镜表征中也验证了这一结论。

15.3.4　基体

基体的表面形貌对晶体形核和初期生长有重要影响。电镀初期,基体表面生成一层均匀铺展的晶粒细小的镀膜,并出现由于放电诱导而产生的金属-离子匮乏层。金属-离子匮乏层的厚度与放电程度有关,最初在基体表面,金属-离子匮乏层的厚度是随机分布的,存在微小的高低起伏。基体表面存在两种不同的区域:一种区域是金属离子得到供给(即金属离子能在此处放电),称为凸点;另一种区域是金属离子得不到供给,称为凹点,显然,金属离子在扩散过程中首先遇到金属-离子匮乏层中的凸点处,在凸点处优先放电,放电后产生的热量使凸点处的温度升高,加速该处电极反应进程;极少部分的金属离子能够到达凹处放电,因为缺少金属离子,限制了凹处的原子沉积,最终结果是凸点处的原子沉积速率远远高于凹处。随着沉积时间增加,凸点处总是不断增厚,厚度达到一定值时发生原子的流溢扩散填补凹处,使得凹处也增厚。凸点处膜厚总是高于凹处,这种效应可归结于局域优先放电性质。

一般认为,过电位的大小影响镀层表面的粗糙度。当电流密度较小时,单位时间单位面积上发生放电的金属离子数量较少,衬底表面凸点之间的距离较远,于是电荷作用影响较小,服从局域性优先放电原则,生成的镀层表面较粗糙。反之，当电流密度较大时，单位时间单位面积上发生的放电金属离子数量较多，凸点密集，于是同样带正电的金属离子靠近时将会产生巨大的排斥力，这些金属离子在衬底表面重新排布，不再服从优先于凸点处放电，这样就使得生成的镀层表面厚度较均匀。

15.3.5　外加电场

除了直流电镀，脉冲电镀也是常用的电镀方法，而电流模式的改变对晶体的生长影响显著。脉冲电镀是控制沉积结构的有效方法。高的瞬时电流密度有利于成核，脉冲电镀导致铜晶粒结构的细化。当电流远低于脉冲极限电流和稳态电流时，沉积铜的结构不受所加的脉冲电流参数的影响，因为铜原子在节点和台阶处更多，而不是三维成核[11]。提高脉冲频率可以提高形核速率降低晶粒生长速率，进而使晶粒细化，甚至得到纳米级的晶粒[8]。

15.4　本章小结

电沉积过程中的晶体生长问题是长久以来相关领域的热点研究问题。随着原位表征技术等先进表征手段的发明和应用，以及多尺度模拟工具的引入，未来的电沉积晶体生长研究将向更小尺度、更短时间的方向不断发展，以实验支撑理论发展，以理论反哺实验深化，为开发相关技术提供坚实的基础理论指导。

参考文献

［1］屠振密，安茂忠，胡会利. 现代合金电沉积理论与技术［M］. 北京：国防工业出版社，2016.

［2］Bicelli L P，Bozzini B，Mele C，et al. A review of nanostructural aspects of metal electrodeposition［J］. International Journal of Electrochemcal Science，2008，3(4)：356 - 408.

［3］Brande P V，Winand R. Nucleation and initial growth of copper electrodeposits under galvanostatic conditions［J］. Surface and Coatings Technology，1992，52(1)：1 - 7.

［4］Guo L，Oskam G，Radisic A，et al. Island growth in electrodeposition［J］. Journal of Physics D：Applied Physics，2011，44(44)：443001.

［5］Grishenkova O V，Kosov A V，Semerikova O L，et al. Theoretical and experimental cyclic voltammetry studies of the initial stages of electrocrystallization［J］. Russian Metallurgy(Metally)，2021(8)：1016 - 1022.

［6］Grujicic D，Pesic B. Electrodeposition of copper：the nucleation mechanisms［J］. Electrochimica Acta，2002，47(18)：2901－2912.

［7］黄令,张睿,辜敏,等. 玻碳电极上铜电沉积初期行为研究［J］. 电化学,2002,8(3)：263－268.

［8］辜敏,付遍红,杨明莉. 硫酸盐镀铜的研究进展［J］. 材料保护,2006(1)：44－47.

［9］Lin C Y，Hu J P，Zhang Q Q，et al. Deciphering the levelling mechanism of sorbitol for copper electrodeposition via electrochemical and computational chemistry study［J］. Journal of Electroanalytical Chemistry，2021，880(1)：114887.

［10］Majidi M R，Asadpour-Zeynali K，Hafezi B. Reaction and nucleation mechanisms of copper electrodeposition on disposable pencil graphite electrode［J］. Electrochimica Acta，2009，54(3)：1119－1126.

［11］Chene O，Landolt D. The influence of mass transport on the deposit morphology and the current efficiency in pulse plating of copper［J］. Journal of Applied Electrochemistry，1989，19(2)：188－194.

第*16*章 钙钛矿薄膜制备及其结晶研究进展

本章详细介绍了钙钛矿薄膜的各种制备方法,分析了各种制备工艺存在的优点和缺点。在此基础上,本章介绍了近期大面积钙钛矿薄膜制备方法的研究进展,包括旋涂法、刮刀涂布法、狭缝涂布法、喷涂法以及喷墨打印法等,并对其基本原理进行了分析与讨论;对比了各种大面积钙钛矿薄膜制备方法的优缺点,对于大面积太阳电池制备的工艺难点等问题也进行了逐一分析,并提出了可能的解决方法。最后,对大面积钙钛矿薄膜未来研究和产业化过程中面临的问题进行了分析,对其发展前景进行了展望,以期为大面积、高效、稳定的钙钛矿模组的研究与开发提供有益的参考。

16.1 引言

随着 20 世纪 50 年代晶体硅太阳能电池的发明,人们对光伏器件和材料开展了广泛的研究。数十年来,多种太阳能吸收材料被开发出来,包括薄膜多晶材料、非晶半导体、半导体纳米颗粒、有机金属络合物染料以及有机半导体[1-4]。在过去的几年中,基于金属-卤化物的钙钛矿吸光材料的太阳能电池,特别是有机-无机杂化的钙钛矿材料,成为光伏领域的前沿材料[5]。有机-无机钙钛矿太阳能电池是一种新兴的太阳能电池技术,目前其光电转换效率达到了 25.5%[6-7]。钙钛矿太阳能电池的认证效率已经接近发展了六十多年的晶硅太阳能电池的效率。因具有制备工艺简单、成本低、低能耗、环境友好、商业潜力大等优点,钙钛矿太阳能电池展现出了强大的竞争力,具有广阔的应用前景和领域,适用于光伏建筑一体化、光伏电站的建设、便携式电子产品、艺术型装饰品等方面,有望实现产业化。目前,太阳能电池中钙钛矿薄膜的厚度约为 500 nm,一般为多晶薄膜。研究发现,在钙钛矿多晶膜的制造过程中,大多数形态差异可归因于钙钛矿成核过程。因此,控制成核的程度以及位置,可以帮助控制所形成的钙钛矿薄膜的形态和均匀性,从而改善光伏器件的性能。

16.2　溶液法制备钙钛矿薄膜的结晶

卤素钙钛矿离子晶体可以通过基于极性有机溶剂的前驱体溶液法制备出高质量、低缺陷浓度的薄膜。传统的半导体薄膜,如晶硅或砷化镓等,其制备工艺往往要求高真空、高温等,条件较为苛刻。

而溶液法制备半导体薄膜具有操作简单、低成本、产量大等优势。基于溶液法制备的钙钛矿晶体的形成过程涉及经典的成核/生长结晶机制,该机制包括三个阶段:溶液达到过饱和、形核过程以及随后的晶粒长大。图 16.1 所示的形核生长模型说明了晶体的成核和随后的长大过程。需要注意的是,过饱和溶液是成核的先决条件[8]。

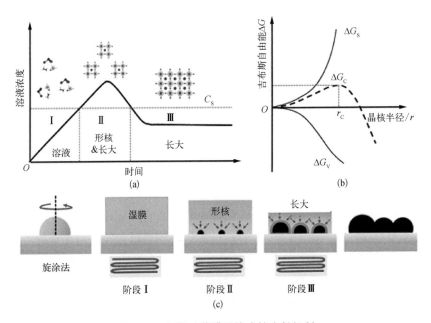

图 16.1　钙钛矿薄膜晶体成核生长机制

(a) 钙钛矿薄膜晶体成核与生长模型;(b) 吉布斯自由能随晶核半径的变化曲线;(c) 钙钛矿成核与晶体生长过程示意图

当前驱体溶液滴在基底上时,溶剂迅速蒸发,溶质浓度增加,溶液迅速达到饱和浓度。由于存在临界能垒,因此,在饱和浓度时,不会发生形核过程。此后,溶剂继续蒸发,当溶液浓度过饱和时,其吉布斯自由能高于新形核的表面能,此时,第二阶段即形核过程开始。溶液中的原子、离子或分子形成新的相,即形核。形核速率随过饱和度的增加而增加,因此,较高的过饱和度导致较高的形核速率和密度,即会产生更多的晶核。因此,这一阶段会产生大量较小的晶体。而一旦形核,这些晶体随后立即进行晶体生长。随着溶剂的进一步挥发,晶核生长随之发生。此时,薄膜获得初始的液固混合的中间形态,在此形态的薄膜中,少数残留的强配位溶剂分子会进一步缓慢挥发,促进钙钛矿晶体的进一步生长,即对应图 16.1(a)中的第Ⅲ过程。如图 16.1(b)所示,一旦形核,随后的生长过程迅速发生,且与形核过程同时进行。当溶质浓度高于最低浓度时,形核和生长是不连续的过程,并且它们的速度不同。

对于给定的溶液浓度,更高的成核密度会产生更多的晶核。最终的晶粒尺寸取决于成核密度和随后的溶质补充量。在经典形核理论中,形核速率(N)受成核因子(P)和原子扩散概率(Γ)的影响,由式(16.1)可知

$$N = P\Gamma = \left\{ \frac{C_0 KT}{3\pi\lambda^3 \eta} \right\} \exp\left(\frac{-\Delta G^*}{kT} \right) \tag{16.1}$$

式中,λ 是晶核的直径;η 是溶液黏度;C_0 是初始溶液浓度;ΔG^* 是临界能垒。该式表明,高的初始浓度或过饱和度有助于形成更多的晶核,而低的溶液黏度或临界能垒较低时,则有助于原子或者离子扩散到液-固界面上,然后结合到固体表面。为了提高高质量钙钛矿膜的覆盖率,科研工作者已经进行了许多工作来控制形核参数,例如改变溶液的挥发性和溶液黏度 η。

16.2.1　快速成核

快速成核有利于薄膜对于基底的全覆盖。研究人员通过一种反溶剂法来快速成核,即通过加入一种与宿主溶剂相混溶,但与钙钛矿前驱物不溶的非极性溶剂,使钙钛矿前驱体溶液瞬间过饱和,从而使其快速成核。它有助于在形成层的表面触发均匀成核,以促进形成光滑的钙钛矿膜。王峰等[9]提出了反溶剂工艺的方法,在旋涂的过程中滴加甲苯。类似地,Xiao 等[10]通过在自旋涂层过程中将氯苯滴入钙钛矿溶液中,迅速使溶质达到过饱和,促进了大量核的形成,形成了具有良好表面覆盖率且均匀的钙钛矿膜。其他类似的配合不同的钙钛矿组成的抗溶剂替代品如甲苯、氯仿等也被报道[11-12]。此外,已经发现正己烷、乙酸乙酯、乙酸甲酯等[13-14]是环保、绿色的抗溶剂,可进一步取代其他有毒的抗溶剂。

除了反溶剂法之外,通过气体辅助处理的方法也可以瞬间使钙钛矿溶质达到过饱和状态,例如气体辅助沉积和真空闪蒸辅助溶液处理。Huang 等[15]在自旋涂层过程中引入了在半湿膜上流动的 Ar 气,从而加快溶剂蒸发,使钙钛矿晶体从表面覆盖较差的树枝状结构转变为密实的晶粒。真空闪蒸辅助溶液处理通

过在真空室中放置半湿的钙钛矿膜,实现了溶剂的快速且可控的去除,是一种促进钙钛矿溶质快速过饱和的方法[16]。真空闪蒸辅助溶液产生了更均匀、没有针孔的薄膜,其晶粒尺寸在 400~1 000 nm 的范围内。

除了优化溶剂处理方式,还可以通过界面工程改变表面结构,实现快速成核的目的。成核主要分为异相或均相两类。当成核发生在异质核或表面时,由于表面的不同润湿性,需要考虑额外的表面能。在形成的情况下,通常非均相成核是钙钛矿晶体生长的主导机制,非均相成核所需自由能 $G_{Heterogeneous}$ 与均相成核所需自由能 $G_{Homogeneous}$ 之间的关系为

$$G_{Heterogeneous} = G_{Homogeneous} \frac{(2 + \cos\theta)(1 - \cos\theta)^2}{4} \tag{16.2}$$

这意味着异相成核的能垒比均相成核的低。较低的润湿角 θ 能促进非均相成核。因此,钙钛矿前驱体溶液的润湿性[使用极性溶剂如二甲基甲酰胺(N,N-dimethylformamide,DMF)和二甲基亚砜(dimethyl sulfoxide,DMSO)作为前驱体溶剂]将加速钙钛矿的成核。随着亲水性的增加,润湿性得到改善,这将有利于形成具有良好覆盖率和均匀性的高质量薄膜。

16.2.2 缓慢结晶

要获得高质量的钙钛矿薄膜,除了要做到迅速成核外,还要做到缓慢结晶。为此研究人员提出了形成路易斯酸碱加合物的策略。其中,碱给予电子对,酸接受电子对。氧、硫和氮的单齿或双齿配体可以作为电子对供体,与 PbX_2 形成加合物。近年来,DMSO 被广泛应用于 O 供体型路易斯碱[17-18]。

由于 DMSO 比 DMF 具有更强的路易斯碱度,在溶剂挥发时会形成 PbI_2-DMSO-MAI 中间相。Ahn 等通过红外光谱测定证实了含钙钛矿的 DMSO 溶液中的 PbI_2-DMSO-MAI 中间相,帮助制备了高度均匀的钙钛矿层[19]。没有 DMSO 的前驱体溶液存在针孔,相比之下,DMSO 的加入能够通过抑制晶体生长,调节膜的形态,从而获得高质量的无针孔钙钛矿膜。

除了形成路易斯酸碱加合物外,钙钛矿的成核和结晶速率也可以通过在前驱体溶液中加入其他溶剂来控制。与 Pb^{2+} 形成螯合是一种有效的方法。非均相成核在生长机制中占主导地位,若成核位点过少,钙钛矿生长域不能完全覆盖基底,导致膜上出现针孔。因此,可以通过控制钙钛矿前驱体溶液浓度来调节成核位点的数量。Jiang 等[20]研究了 DMF、N-甲基吡咯烷酮(N-methylpyrrolidone,NMP)、

DMSO、六甲基磷酰三胺（hexamethylphosphoric triamide，HMPA）等不同溶剂对 PbI$_2$ 旋涂成膜的影响，发现碱性越强的溶剂越容易与 PbI$_2$ 形成中间复合物，减缓其结晶过程，最终形成介孔形状的 PbI$_2$ 薄膜。这样的介孔结构有利于 MAI 或甲脒氢碘酸盐（formamidine hydroiodide，FAI）的扩散插层，与 DMSO 通过分子交换，提供足够的空间来满足晶体的体积膨胀，最终获得平滑均匀的钙钛矿薄膜。

　　另外，改进溶剂退火也是一种行之有效的方法。溶剂退火处理包括在热退火过程中引入与钙钛矿前体可溶或部分可溶的溶剂。Xiao 等[21] 在封闭的热退火环境中将 DMF 溶剂引入，DMF 蒸气促进晶粒生长，晶粒尺寸增大，如图 16.2（a）所示。Xiao 等[22] 证实了 DMSO 在热退火过程中晶界处形成的 MA$_2$Pb$_3$I$_8$（DMSO）$_2$ 中间体，降低了晶界活化能。图 16.2（b）展示了不同气氛下钙钛矿晶粒生长的工作机理。无论是否存在 DMSO，MAPbI$_3$ 都能在加热时迅速形成。存在 DMSO 溶剂

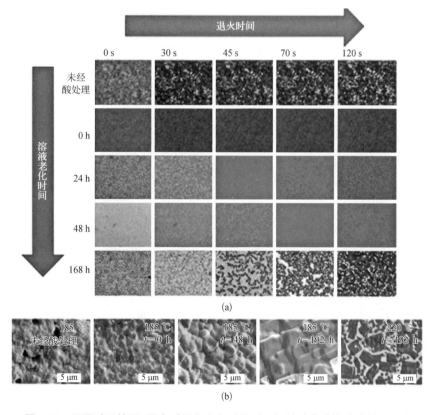

图 16.2　不同酸环境下，退火时间和老化时间对于钙钛矿薄膜的成膜效果影响

（a）在空气中加热 220 ℃后的成核薄膜（50 倍放大倍率）用前驱体溶液在不同时间内加酸或不加酸形成；
（b）添加/不添加盐酸制备的完全退火钙钛矿膜的扫描电子显微镜俯视图，其中溶液经过不同时间的陈化

时,热退火能获得更大晶粒尺寸的柱状结构。此外,湿度对钙钛矿生长动力学的控制也是一个热门话题,越来越多的研究表明水分对钙钛矿晶体初始生长有积极影响。Eperon 等[23]提出了在控制湿度条件下钙钛矿晶格的"自愈"机制以及捕获密度降低、光致发光增强的特点,这有利于钙钛矿太阳能电池的性能提升。

16.3 旋涂法工艺及薄膜结晶

讨论钙钛矿薄膜的结晶原理离不开具体的工艺。目前基于有机溶剂前驱体溶液法的涂膜工艺有多种。其中,研究最多的是实验室中小尺寸钙钛矿薄膜的制备工艺,即旋涂法[24-25]。旋涂法虽然可以使成膜质量较高,但是只能制备面积较小(小于 100 cm^2)的器件。为了实现钙钛矿薄膜的大面积制备,诸如狭缝涂布、刮刀法、喷涂法和气相沉积等工艺被逐渐开发出来[3,26-27]。

旋涂制备工艺主要分为一步法和两步法。一步法是用配制好的钙钛矿前驱体溶液,通过匀胶机在基片上旋涂成膜[28]。旋涂后溶液会在表面张力的作用下形成液态薄膜,之后置于热台上退火,溶剂挥发,形成钙钛矿固态薄膜,详细过程如图 16.3 所示。一步法操作简单,但是这种方法制备的钙钛矿薄膜十分敏感,成膜会受

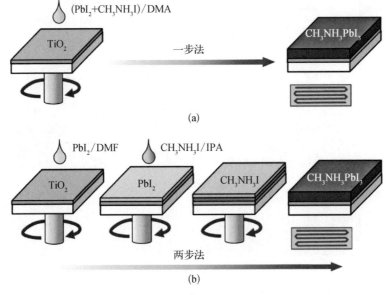

图 16.3 旋涂法制备钙钛矿薄膜工艺

(a) 一步法;(b) 两步法

溶液浓度、前驱液组成、退火温度等因素的影响,薄膜形态及厚度不容易控制。

对于典型的 MAPbI$_3$钙钛矿薄膜的制备过程,最常用的溶剂包括二甲基甲酰胺(DMF)、γ-丁内酯(GBL)、N-甲基吡咯烷酮(NMP)、二甲基亚砜(DMSO)等[29-32]。这些溶剂都具有较高的沸点和室温下较低的蒸气压,这就意味着溶剂的蒸发过程十分缓慢,而这也限制了形核速率,因此,会导致低的形核密度和快速的晶粒长大速率[见图 16.4(a)]。当在室温下将前驱体的 DMF 溶液(MAI:PbI$_2$=1:1)旋涂到基板上时,由于低的形核密度和晶粒的快速生长,MAPbI$_3$钙钛矿膜的独特的树枝状结构立即形成。如图 16.4(b)所示,分支状的晶体图像显示低的表面覆盖率。为了解决这个问题,2014 年,蒙纳士大学的 Xiao 等报道了一种反溶剂诱导的快速结晶沉积(fast crystallization deposition,FDC)一步法[29]。该方法先旋涂前驱体溶液,然后将其立即暴露于氯苯中。氯苯作为反溶剂快速提取溶液,使溶质高度过饱和,最终产生质量更高的薄膜。如图 16.4(c)所示,这种方法可以很容易地制备致密而均匀的钙钛矿薄膜。尽管此过程有助于结晶并可以产生更好的薄膜形态,但是钙钛矿薄膜的质量和性能仍会随着时间和反溶剂用量的增加而明显变化,这使得该方法难以控制且难以扩大规模。

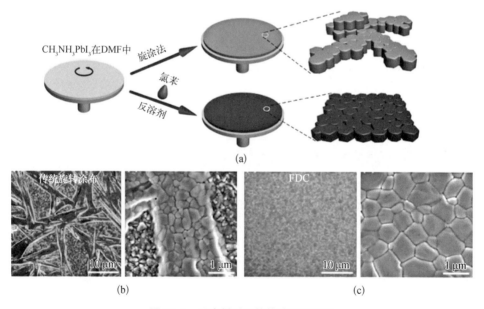

图 16.4　反溶剂诱导的快速结晶沉积

(a) 反溶剂协助一步法工艺示意图;(b) 传统的旋涂方法制备的 MAPbBr$_3$的钙钛矿薄膜的 SEM 图像;(c) 反溶剂协助一步法制备的 MAPbBr$_3$钙钛矿薄膜的 SEM 图像

两步旋涂法就是将卤化铅溶液和铵盐溶液分别依次进行旋涂,通过后续的热退火步骤即可以完成相互扩散和反应,从而形成钙钛矿相。Burschka 等在 2013 年首次通过两步旋涂法成功制备钙钛矿太阳能电池,该电池获得了 15% 的光电转换效率,创造了纪录[33]。随后,由于两步旋涂法可操作性强,性能再现性好,研究人员又进行了后续的研究工作[34]。更重要的是,两步旋涂法在钙钛矿反应/生长机理方面取得了很大的进展,引出了更多的改进方法,改善了钙钛矿的质量,提高了器件的性能。通常,第二步旋涂最佳的 MAI 浓度可以优化钙钛矿薄膜,减小复合损失,制备出的钙钛矿薄膜可以吸收大部分可见光。此外,基于两步旋涂法的互扩散策略,进一步提高了钙钛矿薄膜的质量,是制作高性能高质量钙钛矿太阳能电池的有效途径。

对于两步沉积法,转换过程是固态的卤化铅层与有机卤化物溶液之间发生相互扩散的异质反应。研究者提出了 $MAPbI_3$ 钙钛矿的两种形成机理:一种是在低浓度的 MAI 情况下,发生的固-液界面反应;另一种是在高浓度 MAI 情况下,发生的溶解结晶过程[35]。Fu 等进一步研究了这两种可能的形成机理[36]。如图 16.5(a)所示,当 MAI 的浓度不超过 8 mg/mL 时,会在 2 分钟内进行原位转化(此处即界面反应)。当 MAI 的浓度高于 10 mg/mL 时,则仍会通过固-液界面反应,并立即形成 $MAPbI_3$ 钙钛矿晶体,但是 MAI 与潜在的 PbI_2 的进一步反应被抑制,导致反应不完全。当 MAI 浓度 $\geqslant$20 mg/mL 时,形成的 $MAPbI_3$ 晶体和下层的 PbI_2 将与 I^- 反应,形成 PbI_4^{2-}。当 PbI_4^{2-} 的浓度达到饱和时,PbI_4^{2-} 将与 MA^+ 进行重结晶并形成大的 $MAPbI_3$ 晶体,如图 16.5(b)所示。

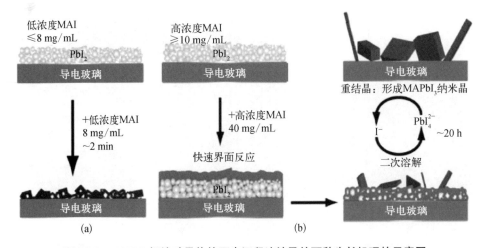

图 16.5　$MAPbI_3$ 钙钛矿晶体的两步沉积法涉及的两种生长机理的示意图

(a) MAI 浓度较低时的固-液界面反应机理;(b) MAI 浓度较高时的溶解-重结晶生长机理

　　界面反应的转化要快于溶解-再结晶的生长,溶解-再结晶过程通常需要一个多小时才能将 PbI_2 转化为 $MAPbI_3$ 晶体膜。两步沉积法的主要问题是转化时间长和 PbI_2 转化不完全。较长的转化时间会由于过程存在陈化而导致大晶体的不均匀分布。PbI_2 的不完全转化会导致钙钛矿中存在未反应的 PbI_2。Rahimnejad 等[37]也提出了相关见解,PbI_2 的不完全转化也导致铅的配位不足,这将导致结构缺陷并增加载流子复合。所有这些问题将严重降低最终设备的性能。

　　为了克服转换时间长和转换不完全的问题,可以采用后处理方法制备多孔 PbI_2 层,并采用添加剂来增加 PbI_2 晶体与 MAI 溶液之间的接触面积[38-41]。除了制备多孔 PbI_2 层,延迟 PbI_2 的结晶过程或预膨胀 PbI_2 的层状结构也被认为是有效的方法,可以获得良好的结晶度和平滑的表面。图 16.6 中列出了采用不同溶剂后处理方法制备的钙钛矿薄膜。Wu 等使用 DMSO 代替 DMF 溶解 PbI_2。

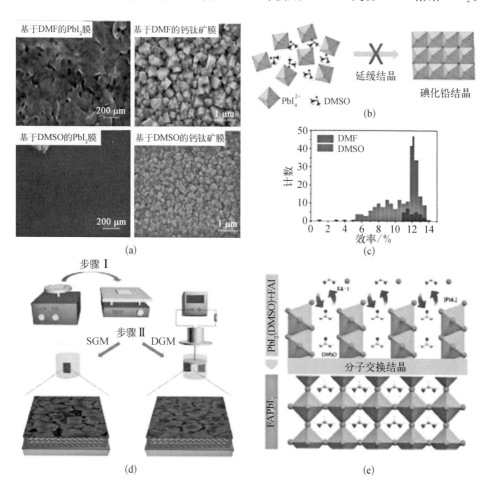

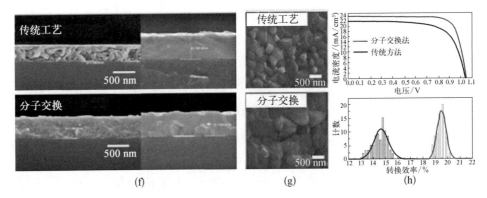

图 16.6　采用不同溶剂后处理方法制备的钙钛矿薄膜

(a) 基于 DMF 的 PbI$_2$ 膜和基于 DMSO 的 PbI$_2$ 膜的 SEM 图像；(b) 用于阻止 PbI$_2$ 结晶的强配位 DMSO 溶剂；(c) 由基于 DMF 的 PbI$_2$ 膜和基于 DMSO 的 PbI$_2$ 膜制成的太阳能电池的能量转化效率分布图；(d) 钙钛矿薄膜的静态生长法 (static growth method, SGM) 和动态生长法 (dynamic growth method, DGM) 的制造工艺；(e) FAPbI$_3$ 的分子内交换过程示意图；(f) 转换过程之前和之后的横截面 SEM 图像；(g) FAPbI$_3$ 钙钛矿的 SEM 图像比较；(h) 用分子内交换法和传统方法制成的基于 FAPbI$_3$ 的钙钛矿太阳能电池的 J-V 曲线

由于 DMSO 与 Pb^{2+} 的强配位作用，成功地阻止了 PbI$_2$ 的结晶[42]。与基于 DMF 的 PbI$_2$ 膜的层状晶体相比，基于非晶 DMSO 的 PbI$_2$ 膜表现出更均匀的表面，如图 16.6(b) 所示。基于非晶 DMSO 的 PbI$_2$ 可以在短时间内完全转化为均匀的 MAPbI$_3$ 钙钛矿薄膜。与基于 DMF 的 PbI$_2$ 获得的太阳能电池相比，基于 DMSO 的 PbI$_2$ 的太阳能电池表现出更好的性能[见图 16.6(c)]。据报道，另一个成功的工作是通过 DMSO 与 FAI 之间的分子内交换过程来制备 FAPbI$_3$ 钙钛矿薄膜[43]，在这项工作中，制备了 PbI$_2$(DMSO) 前驱体溶液。如图 16.6(e)(f) 所示，DMSO 分子嵌入在边缘共享的 [PbI$_6$] 八面体层之间，并扩展了 PbI$_2$ 的层状结构。PbI$_2$(DMSO) 前驱体溶液暴露于 FAI 后，在 1 min 内通过分子内交换形成 FAPbI$_3$ 钙钛矿薄膜。与常规方法制备的钙钛矿薄膜相比，分子内交换形成的钙钛矿薄膜的表面致密且均匀，且晶粒较大[见图 16.6(g)]。通过这种方法，能量转化效率显著提高，达 20.1%[见图 16.6(h)]。

16.4　大面积涂布技术及薄膜结晶

在过去十年的时间里，钙钛矿太阳能电池小面积器件（<1 cm^2）的光电转换效率已经从 2009 年的 3.8% 迅速飙升至 25.5%；而其小模块级组件（10～

800 cm²）的光电转换效率已提升至 21％；模块组件（＞800 cm²）的光电转换效率也已经提高到 16.1％。小面积器件和模块级组件效率失配的关键因素之一是高质量、高均一性的大面积钙钛矿薄膜沉积困难。小面积器件钙钛矿成膜通常使用的溶液旋涂法存在原料浪费严重、不适用于大面积等缺点。当前，大面积钙钛矿薄膜的沉积技术尚处于多样化的研究当中，未形成稳定的工业化生产规模。迄今为止，已报道的大面积钙钛矿薄膜的制备方法主要有刮刀涂布法、狭缝涂布法和喷涂法，如图 16.7 所示。

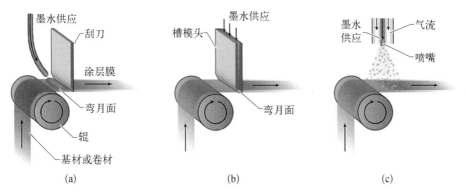

图 16.7　钙钛矿薄膜大面积制备工艺

（a）刮刀涂布法；（b）狭缝涂布法；（c）喷涂法

16.4.1　刮刀涂布法

刮刀涂布（blade die）法，即将钙钛矿前驱体溶液加载到基底上，通过刮刀刷过基底表面使前驱体溶液在基底上铺展开，制得大面积、任意厚度的钙钛矿薄膜，成本较低。然而，在直接利用刮刀涂布法制备钙钛矿薄膜的过程中，钙钛矿晶粒的形成速率极易受到溶剂挥发速率的影响，这限制了大面积均匀钙钛矿薄膜的制备。刮刀涂布的重要工艺参数包括溶液浓度、闸刀与基底之间的空隙宽度、涂布速度和退火温度等。此外，刮刀涂布法在工艺控制方面与狭缝涂布法具有很高的相似度，可方便地转移到片对片、卷对卷等连续薄膜沉积工艺中去。与狭缝涂布技术相比，刮刀涂布法虽然在涂布液的供给方面自动化程度较低，但对小批量实验室研究而言，其溶液消耗量较少，且设备的清洗维护更简单。

2018 年，Deng 等通过添加表面活性剂，抑制涂层中液体的流动，提高了刮刀涂布薄膜的质量，同时表面活性剂在器件中还能起到钝化的作用。最终在 57.8 cm² 的模块中得到了 14.8％ 的光电转换效率，在 0.075 cm² 的器件中得到了

20.3％的光电转换效率[44]。表面活性剂可以减小刮涂过程中薄膜表面的粗糙度,如图 16.8(a)所示。含有表面活性剂的溶液制备的钙钛矿膜比没有表面活性剂的溶液制得的薄膜具有更好的质量和更高的光电转换效率,这与添加表面活性剂降低表面张力有关,由表面活性剂引起的表面张力可抑制局部微尺度流动。2019 年,通过在钙钛矿中添加双侧烷基氨控制钙钛矿结晶过程,黄劲松课题组利用刮刀涂布法,在 0.08 cm² 的反式器件中获得了 21.7％的光电转换效率,在 1.1 cm² 的反式器件中获得了 20％的光电转换效率。这是目前刮刀涂布法报道的最高效率[45],图 16.8(e)所示为双侧烷基氨对钙钛矿晶粒的影响。

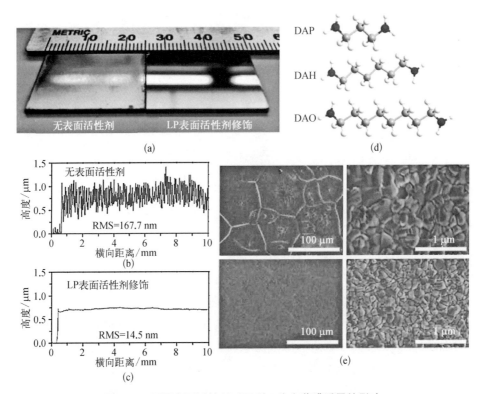

图 16.8 不同表面活性剂对于刮刀涂布薄膜质量的影响

(a) 样品;(b) 无表面活性剂时刮刀涂布法制备钙钛矿薄膜表面粗糙;(c) 加入 LP 表面活性剂时刮刀涂布法制备钙钛矿薄膜表面光洁;(d) 分子结构;(e) 表面形貌 SEM

16.4.2　狭缝涂布法

狭缝涂布(slot die coating)法发明于 1951 年,是一种高精度涂布工艺。工作时前驱体溶液由存储器通过供给管路压送到喷嘴处,并从喷嘴狭缝处喷出。同时,基底以一定的速度相对于刀头滑动，从而将前驱体溶液均匀地铺在基底表面，常需要气刀辅助溶剂挥发，如图 16.9(a)所示。注液速度、刀头相对于基底的高度、涂布速度是狭缝涂布的重要工艺参数。狭缝涂布法具有低成本、高产量、易连续等优点，是一种具有产业化前景的钙钛矿薄膜大面积沉积制备技术，可以通过控制系统的参数进行精确的数字化设计。例如，沉积液膜的厚度可通过涂布头与基底的缝隙宽度、基底移动速度、储液泵给料速度、风刀压力大小等进行设定和控制[42]。

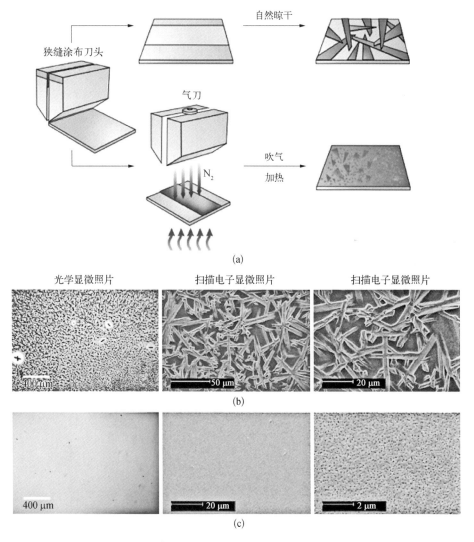

图 16.9　狭缝涂布法工艺和制得 PbI₂ 薄膜的微观形貌图

（a）狭缝涂布法工艺示意图；（b）自然风干表面照片；（c）风刀辅助挥发表面照片

2015 年,Hwang 等第一次将狭缝涂布法工艺应用于钙钛矿电池的制备。通过分别涂覆 PbI_2 和 MAI 的两步法工艺,并利用风刀辅助溶剂挥发,器件光电转换效率达到 11.96%[46]。2018 年,Whitaker 等通过控制狭缝涂布过程中的技术参数,如注液速度、基底移动速度、退火温度等,以及在前驱体溶液中添加 MACl 等,成功制备出了 5 cm×11.5 cm 的均匀钙钛矿薄膜和光电转换效率为 18.0% 的小面积器件[47]。

16.4.3 喷涂法

喷涂法(spray coating)是一种通过对喷枪内的钙钛矿前驱液施加压力,使溶液从喷嘴喷出后分散成微小的液滴并均匀沉积到基底上的一种液相薄膜沉积技术,该方法是一种易于扩展的大面积钙钛矿薄膜沉积技术。典型的喷涂系统包括用于储存钙钛矿溶液的压力罐、气动喷雾嘴和热板。喷涂法是适合规模化生产的低温涂布技术。喷涂法已有各种应用,包括制备薄膜和绘画。如图 16.10(a) 所示,喷涂涉及四个连续阶段:① 液滴的产生;② 液滴向基材的传输;③ 聚结液滴形成湿膜;④ 干燥过程。

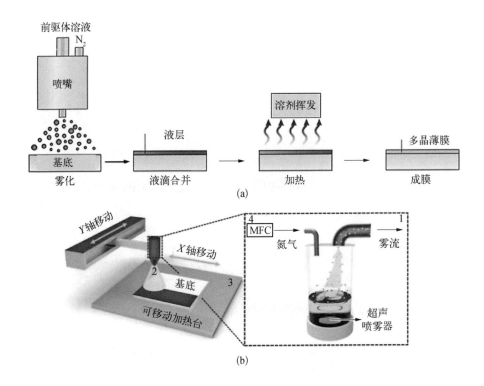

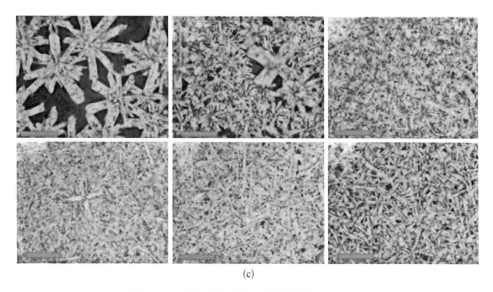

(c)

图 16.10　喷涂法机理和制得薄膜的微观形貌图

(a) 喷涂法流程图；(b) 兆频超声波喷雾示意图；(c) 不同基底温度形成的钙钛矿薄膜形貌

一般来讲，按照动力来源可将喷涂分为三类，即气动喷涂（动力来源为高压气体）、超声喷涂（动力来源为超声波震动）以及电喷涂（动力来源为电斥力）。喷涂成膜法方便快捷、低成本，并且可大面积制膜，符合商业化生产需求。喷涂成膜法利用压缩气体从喷嘴中喷出形成压差，进而将涂料从容器中吸出，并被气流吹成雾状，随后黏附在物体上形成均匀薄膜。喷涂法制备的薄膜质量随涂料组成和喷涂工具的不同，有较大差异，因此，需要对喷涂参数进行优化，从而得到高质量薄膜。喷涂法可以通过控制基底的加热温度和喷涂速率等参数来调控材料的沉积量。利用喷涂法沉积钙钛矿太阳能电池中的致密氧化物层时，通常使用气动喷涂和超声喷涂。同样，钙钛矿层也可使用超声喷涂法喷涂。在超声喷涂法中，微米级别大小的液滴位置是随机的，通常需要在一个位置上叠加多层液滴来保证薄膜覆盖完全，如图 16.10(b) 所示[48]。此外，新液滴在沉积过程中可能会溶解已经沉积好的材料，这也增加了工艺复杂性。

喷涂法制备的钙钛矿薄膜质量受基底温度、溶剂成分、溶液浓度等因素影响，其中，基底温度是重要因素。图 16.10(c) 所示是在其他制备条件相同（纯 DMF 溶剂，钙钛矿质量分数为 20%），基底温度分别为 110 ℃、130 ℃下制备的钙钛矿薄膜。110 ℃下制备的薄膜较致密，但存在树枝晶，典型的正常晶粒尺寸为 1.66 μm。树枝晶的存在破坏了薄膜的均一性，对太阳能电池的性能有不利影响[49]。130 ℃条件下制备的薄膜致密且较均匀,表面相对光滑,消除了树枝晶,晶粒尺寸较大,可达 2.4 μm。研究结果表明,大晶粒尺寸钙钛矿薄膜作为光吸收层,可以增强电池器件的光电转换效率。这一方面是因为晶粒尺寸的增大减少了单位面积的晶界数目,而光生载流子会在晶界处大量复合,因此,大晶粒薄膜可以降低空穴-电子复合率,提高光生载流子的迁移能力;另一方面,大尺寸钙钛矿晶粒也可以更好地阻挡空穴的渗透。但是,基底温度过高会造成钙钛矿薄膜的分解,因此,上述实验均在基底温度为 130 ℃的条件下进行。值得指出,130 ℃基底喷涂条件制备的钙钛矿晶粒与已有报道的晶粒尺寸相比有所增大。

16.4.4　喷墨打印法

喷墨打印法是一种钙钛矿薄膜沉积的光伏功能层大规模制造方法,通过一种非接触式的方式,将产生的压力通过脉冲驱动前驱体墨水并打印到预沉积基底上,如图 16.11(a)所示[50]。油墨的流变性质对于能否产生稳定的液滴有至关重要的作用。通过调节喷头与基底之间的相对运动速度、脉冲的频率等实验参数,可以对液滴大小和轨迹进行精细的控制。

成膜的质量在很大程度上取决于干燥过程中油墨的扩散、聚结、凝固和均匀性。从根本上来说,这些是由墨滴与基底的相互作用决定的,例如墨滴在基底上的接触角、基底的表面粗糙度等,都会产生影响。目前,该方法的难点在于如何控制打印过程中钙钛矿薄膜的结晶速率和如何解决多层钙钛矿容易在打印过程中产生堆叠的问题。因此,打印参数的合理优化仍是一个挑战[51-52]。

Wei 等[53]在 2014 年首次通过精确控制图案和界面的喷墨打印法,开发了一种钙钛矿太阳能电池。他们设计了一种碳/CH_3NH_3I 混合墨水,将 PbI_2 原位转化为 $CH_3NH_3PbI_3$,与单独使用碳墨水相比,其结晶度更高,电荷重组明显减少,钙钛矿/碳电极界面的质量也得到了改善。这种方法为制造低成本、大规模的钙钛矿太阳能电池提供了一种思路。

Li 等[54]开发了 PbI_2 和甲胺碘(MAI)前驱体油墨在介观 TiO_2 结构上的一步喷墨打印法,研究了打印台温度和甲基氯化铵(MACl)油墨添加剂对钙钛矿薄膜的形貌和结构的影响。结合这两个参数的优化,在介观 TiO_2 上实现了均匀的钙钛矿层,器件功率转换效率高达 12.3%。结果表明,喷墨打印技术是一种高效、低成本的大规模生产钙钛矿太阳能电池的方法。绿色环保的按需喷墨技术比现有的旋涂、喷涂和真空沉积的制造方法更有前途。

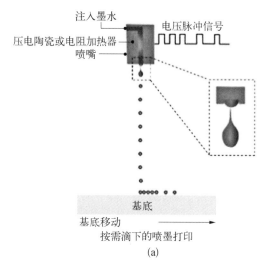

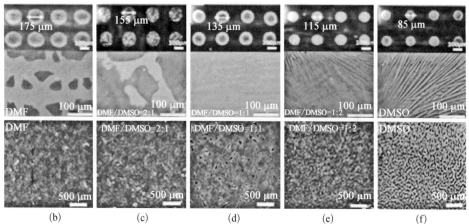

图 16.11　喷墨打印法工作机制和按需打印出的复杂图形的微观形貌图

（a）喷墨打印方法示意图；（b）～（f）不同体积比 DMF/DMSO 混合溶剂下的打印点和薄膜以及 PbI_2 的表面形貌

　　之后，有研究者[55]进一步通过控制不同 DMF：DMSO 比例的前驱体溶液进行喷墨打印，实现将等间距的液滴准确排列成大面积均匀液膜的操作。如图 16.11（b）～（f）所示，高比例的 DMF 和高比例的 DMSO 打印膜分别呈现出团聚状和棒状。当 DMF 和 DMSO 的体积比为 1：1 时，溶剂的蒸发速率、溶质的结晶速率与膜厚之间达到了最佳的平衡，液滴的快速完全润湿保证了液膜的精确均匀，有利于溶质的均匀分布，避免了溶质的随机扩散和对流，最终得到了均匀涂覆的 PbI_2 结晶膜。

喷墨打印法是一种制备高质量钙钛矿薄膜的简便方法。这些研究将促进喷墨打印的集成和应用。其应用不仅局限在太阳能电池方面,还可以用于其他光电子器件方面,如场效应晶体管、发光二极管和探测器等。目前,喷墨打印方法已经成功实现了大规模工业化,如由科迪华(Kateeva)公司和乐金电子(LG)公司生产的下一代 OLED 生产线。这一进步极大地激发了该制造技术在钙钛矿器件中的应用。

16.5 本章小结

成核以及生长速率极大地影响着钙钛矿薄膜的质量,制造高质量的薄膜对成核和生长工艺提出了较高的要求。目前,通过反溶剂、气体辅助处理、界面工程改变表面结构等方式可以加快成核的速度,有助于薄膜对基底的全覆盖,而形成路易斯酸碱加合物、与 Pb^{2+} 形成螯合、溶剂退火等处理方式则会减缓晶体的生长速率,但有助于钙钛矿成膜后的性能。在晶体成核和生长理论的指导下,钙钛矿薄膜的大面积制备工艺在持续地创新和进步。实验室常用的溶液旋涂法有利于高质量钙钛矿薄膜的制备,但是其原料利用率低、固有的边缘效应和制备器件尺寸限制有碍其向规模化发展,因而只适用于实验室的基础研究,难以向未来的产业化方向发展。钙钛矿薄膜制备需要向大面积稳定的方向前进。当前,钙钛矿薄膜的光电转换效率已经可以与传统的晶硅太阳能电池相媲美,大面积、高效率、高稳定性模组的制备技术将是其未来商业化应用的必经之路;高质量钙钛矿薄膜的大面积沉积技术也必将成为未来各大光伏生产商的核心竞争力。距离实现钙钛矿模块的商业化,还有几个重大挑战:模块的结构设计还需要进一步优化;模块的切割问题;大面积制膜的工艺都还不完善;对模块的光伏性能缺乏一个公认的测试标准;模块的稳定性和封装问题;大规模生产的成本问题。

大面积钙钛矿薄膜规模化沉积技术主要为刮刀涂布法、狭缝涂布法、喷涂法以及喷墨打印法等,每种方法都有其独特的优势。刮刀涂布法对于小批量实验室研究而言,其溶液消耗量较少,设备清洗、维护简单,易于操作;狭缝涂布法由于可以将前驱体溶液密封在一个储液罐中,保持其浓度不变,确保了实验的可重现性;喷涂法可以容易地调节前驱体溶液所用溶剂的挥发性和相应衬底的温度,在器件性能上取得良好的效果;喷墨打印法可以通过精确地控制喷头运动速度、数字脉冲的频率和幅度等控制钙钛矿薄膜的厚度,并且可以扩展为多喷头同时打印,以适应工业化生产的需求。相较而言,刮刀涂布法已取得了较好的实验结果,而其他几种制备技术的实验参数和条件需进一步优化。基于对多种大面积钙钛矿薄膜制备方法的分析和讨论,钙钛矿前驱体化学成分的优化设计是规模化制备高质量大面积薄膜有待解决的重要问题。

参考文献

[1] Yoshikawa K, Kawasaki H, Yoshida W, et al. Silicon heterojunction solar cell with interdigitated back contacts for a photoconversion efficiency over 26% [J]. Nature Energy, 2017, 2(5): 17032.

[2] Panigrahi J, Komarala V K. Progress on the intrinsic a-Si: H films for interface passivation of silicon heterojunction solar cells: a review [J]. Journal of Non-Crystalline Solids, 2021, 574: 15.

[3] Ma Y Z, Zhao Q. A strategic review on processing routes towards scalable fabrication of perovskite solar cells [J]. Journal of Energy Chemistry, 2022, 64: 538 - 560.

[4] O'Regan B, Gratzel M. A low-cost, high-efficiency solar cell based on dye-sensitized colloidal TiO_2 films [J]. Nature, 1991, 353(6346): 737 - 740.

[5] Snaith H J. Present status and future prospects of perovskite photovoltaics[J]. Nature Materials, 2018, 17(5): 372 - 376.

[6] Green M A. Dunlop E D, Hohl-Ebinger J, et al. Solar cell efficiency tables (version 58) [J]. Progress in Photovoltaics: Research and Applications, 2021, 29(7): 657 - 667.

[7] Min H, Lee D Y, Kim J, et al. Perovskite solar cells with atomically coherent interlayers on SnO_2 electrodes[J]. Nature, 2021, 598(7881): 444 - 450.

[8] Lee J W, Lee D K, Jeong D N, et al. Control of crystal growth toward scalable fabrication of perovskite solar cells [J]. Advanced Functional Materials, 2019, 29 (47): 1807047.

[9] 王峰. 空气中制备杂化钙钛矿太阳能电池的工艺及性能研究[D].成都:电子科技大学,2019.

[10] Xiao M, Huang F, Huang W, et al. A fast deposition-crystallization procedure for highly efficient lead iodide perovskite thin-film solar cells[J]. Angewandte Chemie International Edition, 2014, 53(37): 9898 - 9903.

[11] Dawit G, Asuo I M, Daniele B, et al. Solvent-antisolvent ambient processed large grain size perovskite thin films for high-performance solar cells[J]. Scientific Reports, 2018, 8(1): 12885.

[12] Taylor A D, Sun Q, Goetz K P, et al. A general approach to high-efficiency perovskite solar cells by any antisolvent [J]. Nature Communication, 2021, 12: 1878 - 1889.

[13] Bu T, Wu Z, Liu X, et al. Synergic interface optimization with green solvent engineering in mixed perovskite solar cells[J]. Advanced Energy Materials, 2017, 7 (20): 1700576.

[14] Zhou Y, Yang M, Wu W, et al. Room-temperature crystallization of hybrid-perovskite thin films via solvent-solvent extraction for high-performance solar cells[J]. Journal of Materials Chemistry A, 2015, 3(15): 8178 – 8184.

[15] Huang F, Dkhissi Y, Huang W, et al. Gas-assisted preparation of lead iodide perovskite films consisting of a monolayer of single crystalline grains for high efficiency planar solar cells[J]. Nano Energy, 2014, 10: 10 – 18.

[16] Li X, Bi D, Yi C, et al. A vacuum flash-assisted solution process for high-efficiency large-area perovskite solar cells[J]. Science, 2016, 353: 58 – 62.

[17] Lee J W, Dai Z, Lee C, et al. Tuning molecular interactions for highly reproducible and efficient formamidinium perovskite solar cells via adduct approach[J]. Journal of the American Chemical Society, 2018, 140(20): 6317 – 6324.

[18] Pham N D, Tiong V T, Chen P, et al. Enhanced perovskite electronic properties via a modified lead (ii) chloride Lewis acid-base adduct and their effect in high-efficiency perovskite solar cells[J]. Journal of Materials Chemistry A, 2017, 5(10): 5195 – 5203.

[19] Ahn N, Son D Y, Jang I H, et al. Highly reproducible perovskite solar cells with average efficiency of 18.3% and best efficiency of 19.7% fabricated via lewis base adduct of lead (II) iodide[J]. Journal of the American Chemical Society, 2015, 137(27): 8696 –8699.

[20] Jiang Q, Zhao Y, Zhang X, et al. Surface passivation of perovskite film for efficient solar cells[J]. Nature Photonics, 2019, 13: 460 – 466.

[21] Xiao Z, Dong Q, Bi C, et al. Solvent annealing of perovskite-induced crystal growth for photovoltaic-device efficiency enhancement[J]. Advanced Materials, 2014, 26: 6503 – 6509.

[22] Xiao S, Yang M, Zhang X Y, et al. Unveiling a key intermediate in solvent vapor postannealing to enlarge crystalline domains of organometal halide perovskite films[J]. Advanced Functional Materials, 2017, 27(12): 1604944.

[23] Eperon G E, Habisreutinger S N, Leijtens T, et al. The importance of moisture in hybrid lead halide perovskite thin film fabrication[J]. ACS Nano, 2015, 9(9): 9380 – 9393.

[24] Meng L, You J, Guo T F, et al. Recent advances in the inverted planar structure of perovskite solar cells[J]. Accounts of Chemical Research, 2016, 49(1): 155 – 165.

[25] Euvrard J, Yan Y, Mitzi D B. Electrical doping in halide perovskites[J]. Nature Reviews Materials, 2021, 6 (6): 531 – 549.

[26] Park N G, Zhu K. Scalable fabrication and coating methods for perovskite solar cells and solar modules[J]. Nature Reviews Materials, 2020, 5(5): 333 – 350.

[27] Li Z, Klein T R, Kim D H, et al. Scalable fabrication of perovskite solar cells[J]. Nature Reviews Materials, 2018, 3(4): 18017.

[28] Im J H, Jang I H, Pellet N, et al. Growth of $CH_3NH_3PbI_3$ cuboids with controlled size for high-efficiency perovskite solar cells[J]. Nature Nanotechnology, 2014, 9(11): 927 – 932.

[29] Xiao M, Huang F, Huang W, et al. A fast deposition-crystallization procedure for highly efficient lead iodide perovskite thin-film solar cells[J]. Angewandte Chemie, 2014, 126(37): 10056 - 10061.

[30] Fu L, Li H, Wang L, et al. Defect passivation strategies in perovskites for an enhanced photovoltaic performance[J]. Energy & Environmental Science, 2020, 13(11): 4017 - 4056.

[31] Jeong J, Kim M, Seo J, et al. Pseudo-halide anion engineering for α-FAPbI₃ perovskite solar cells[J]. Nature, 2021, 592(7854): 381 - 385.

[32] Bai S, Da P, Li C, et al. Planar perovskite solar cells with long-term stability using ionic liquid additives[J]. Nature, 2019, 571(7764): 245 - 250.

[33] Burschka J, Pellet N, Moon S J, et al. Sequential deposition as a route to high-performance perovskite-sensitized solar cells[J]. Nature, 2013, 499(7458): 316 - 319.

[34] Lee J W, Park N G. Two-step deposition method for high-efficiency perovskite solar cells[J]. MRS Bulletin, 2015, 40(8): 654 - 659.

[35] Yang S, Zheng Y C, Hou Y, et al. Formation mechanism of freestanding $CH_3NH_3PbI_3$ functional crystals: in situ transformation vs dissolution-crystallization[J]. Chemistry of Materials, 2014, 26(23): 6705 - 6710.

[36] Fu Y, Meng F, Rowley M B, et al. Solution growth of single crystal methylammonium lead halide perovskite nanostructures for optoelectronic and photovoltaic applications[J]. Journal of the American Chemical Society, 2015, 137(17): 5810 - 5818.

[37] Rahimnejad S, Kovalenko A, Forés S M, et al. Coordination chemistry dictates the structural defects in lead halide perovskites[J]. ChemPhysChem, 2016, 17(18): 2795 - 2798.

[38] Ko H S, Lee J W, Park N G. 15.76% efficiency perovskite solar cells prepared under high relative humidity: importance of PbI_2 morphology in two-step deposition of $CH_3NH_3PbI_3$[J]. Journal of Materials Chemistry A, 2015, 3(16): 8808 - 8815.

[39] Zhang H, Mao J, He H, et al. A smooth $CH_3NH_3PbI_3$ film via a new approach for forming the PbI_2 nanostructure together with strategically high CH_3NH_3I concentration for high efficient planar-heterojunction solar cells[J]. Advanced Energy Materials, 2015, 5(23): 1501354.

[40] El-Henawey M I, Gebhardt R S, El-Tonsy M M, et al. Organic solvent vapor treatment of lead iodide layers in the two-step sequential deposition of $CH_3NH_3PbI_3$ - based perovskite solar cells[J]. Journal of Materials Chemistry A, 2016, 4(5): 1947 - 1952.

[41] Yi C, Li X, Luo J, et al. Perovskite photovoltaics with outstanding performance produced by chemical conversion of bilayer mesostructured lead halide/TiO_2 films[J]. Advanced Materials, 2016, 28(15): 2964 - 2970.

[42] Wu Y, Islam A, Yang X, et al. Retarding the crystallization of PbI_2 for highly reproducible planar-structured perovskite solar cells via sequential deposition[J]. Energy & Environmental Science, 2014, 7(9): 2934 - 2938.

[43] Yang W S, Noh J H, Jeon N J, et al. High-performance photovoltaic perovskite layers fabricated through intramolecular exchange[J]. Science, 2015, 348(6240): 1234 - 1237.

[44] Deng Y, Zheng X, Bai Y, et al. Surfactant-controlled ink drying enables high-speed deposition of perovskite films for efficient photovoltaic modules[J]. Nature Energy, 2018, 3(7): 560 - 566.

[45] Wu W Q, Yang Z, Rudd P N, et al. Bilateral alkylamine for suppressing charge recombination and improving stability in blade-coated perovskite solar cells[J]. Science Advances, 2019, 5(3): 8925.

[46] Hwang K, Jung Y S, Heo Y J, et al. Toward large scale roll-to-roll production of fully printed perovskite solar cells[J]. Advanced Materials, 2015, 27(7): 1241 - 1247.

[47] Whitaker J B, Kim D H, Larson B W, et al. Scalable slot-die coating of high performance perovskite solar cells[J]. Sustainable Energy & Fuels, 2018, 2(11): 2442 - 2449.

[48] Park M, Cho W, Lee G, et al. Highly reproducible large-area perovskite solar cell fabrication via continuous megasonic spray coating of $CH_3NH_3PbI_3$[J]. Small, 2019, 15 (1): 1804005.

[49] Barrows A T, Pearson A J, Kwak C K, et al. Efficient planar heterojunction mixed-halide perovskite solar cells deposited via spray-deposition[J]. Energy Environmental Science, 2014, 7(9): 2944 - 2950.

[50] Peng X, Yuan J, Shen S, et al. Perovskite and organic solar cells fabricated by inkjet printing: progress and prospects [J]. Advanced Functional Materials, 2017, 27 (41): 1703704.

[51] Azzellino G, Grimoldi A, Binda M, et al. Fully inkjet-printed organic photodetectors with high quantum yield[J]. Advanced Materials, 2013, 25(47): 6829 - 6833.

[52] Villani F, Vacca P, Nenna G, et al. Inkjet printed polymer layer on flexible substrate for OLED applications[J]. Journal of Physical Chemistry C, 2009, 113(30): 13398 - 13402.

[53] Wei Z, Chen H, Yan K, et al. Inkjet printing and instant chemical transformation of a $CH_3NH_3PbI_3$/nanocarbon electrode and interface for planar perovskite solar cells[J]. Angewandte Chemie International Edition, 2014, 53(48): 13239 - 13243

[54] Li S G, Jiang K J, Su M J, et al. Inkjet printing of $CH_3NH_3PbI_3$ on a mesoscopic TiO_2 film for highly efficient perovskite solar cells[J]. Journal of Materials Chemistry A, 2015, 3(17): 9092 - 9097.

[55] Li P, Liang C, Bao B, et al. Inkjet manipulated homogeneous large size perovskite grains for efficient and large-area perovskite solar cells[J]. Nano Energy, 2018, 46: 203 - 211.